U0288177

厚积薄发

以厚积薄发四字篆印一方
赠高等教育出版社

李岚清
二〇〇七年初秋

生也有涯
学無止境

任继愈

教育部哲学社会科学研究后期资助项目

跨区域流域生态补偿理论前沿问题研究

Research on the Frontier Issues of Trans-regional River Basin Ecological Compensation Theory

○ 徐大伟 著

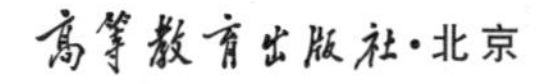

·北京

图书在版编目（ＣＩＰ）数据

跨区域流域生态补偿理论前沿问题研究 / 徐大伟著
. -- 北京 ： 高等教育出版社，2019. 10
ISBN 978-7-04-047273-8

Ⅰ. ①跨… Ⅱ. ①徐… Ⅲ. ①流域-生态环境-补偿机制-研究-中国 Ⅳ. ①X321. 2

中国版本图书馆CIP数据核字(2017)第022841号

KUAQUYU LIUYU SHENGTAI BUCHANG LILUN QIANYAN WENTI YANJIU

策划编辑 丁 扬　　责任编辑 王玉衡 丁 扬　　封面设计 张 志　　版式设计 范晓红
插图绘制 邓 超　　责任校对 吕红颖　　责任印制 尤 静

出版发行 高等教育出版社
社 址 北京市西城区德外大街4号
邮政编码 100120
印 刷 北京鑫丰华彩印有限公司
开 本 787 mm× 1092 mm 1/16
印 张 17.75
字 数 310 千字
插 页 2
购书热线 010-58581118

咨询电话 400-810-0598
网 址 http://www.hep.edu.cn
http://www.hep.com.cn
网上订购 http://www.hepmall.com.cn
http://www.hepmall.com
http://www.hepmall.cn
版 次 2019年10月第1版
印 次 2019年10月第1次印刷
定 价 79.00元

本书如有缺页、倒页、脱页等质量问题，请到所购图书销售部门联系调换

物 料 号 47273-00

总　　序

哲学社会科学是探索人类社会和精神世界奥秘、揭示其发展规律的科学，是我们认识世界、改造世界的有力武器。哲学社会科学的发展水平，体现着一个国家和民族的思维能力、精神状态和文明素质，其研究能力和科研成果是综合国力的重要组成部分。没有繁荣发展的哲学社会科学，就没有文化的影响力和凝聚力，就没有真正强大的国家。

党中央高度重视哲学社会科学事业。改革开放以来，特别是党的十六大以来，党中央就繁荣发展哲学社会科学作出了一系列重大决策，党的十七大报告明确提出："繁荣发展哲学社会科学，推进学科体系、学术观点、科研方法创新，鼓励哲学社会科学界为党和人民事业发挥思想库作用，推动我国哲学社会科学优秀成果和优秀人才走向世界。"党中央在新时期对繁荣发展哲学社会科学提出的新任务、新要求，为哲学社会科学的进一步繁荣发展指明了方向，开辟了广阔前景。在全面建设小康社会的关键时期，进一步繁荣发展哲学社会科学，大力提高哲学社会科学研究质量，努力构建以马克思主义为指导，具有中国特色、中国风格、中国气派的哲学社会科学，推动社会主义文化大发展大繁荣，具有十分重大的意义。

高等学校哲学社会科学人才密集，力量雄厚，学科齐全，是我国哲学社会科学事业的主力军。长期以来，广大高校哲学社会科学工作者献身科学，甘于寂寞，刻苦钻研，无私奉献，开拓创新，为推进马克思主义中国化，为服务党和政府的决策，为弘扬优秀传统文化、培育民族精神，为培养社会主义合格建设者和可靠接班人作出了重要贡献。本世纪头20年，是我国经济社会发展的重要战略机遇期，高校哲学社会科学面临着难得的发展机遇。我们要以高度的责任感和使命感、强烈的忧患意识和宽广的世界眼光，深入学习贯彻党的十七大精神，始终坚持马克思主义在哲学社会科学的指导地位，认清形势，明确任务，振奋精神，锐意创新，为全面建设小康社会、构建社会主义和谐社会发挥思想库作用，进一步推进高校哲学社会科学全面协调可持续发展。

哲学社会科学研究是一项光荣而神圣的社会事业，是一种繁重而复杂的创造性劳动。精品源于艰辛，质量在于创新。高质量的学术成果离不开严谨的科学态度，离不开辛勤的劳动，离不开创新。树立严谨而不保守，活跃而不轻浮，锐意创新而不哗众取宠，追求真理而不追名逐利的良好学风，是繁荣发展高校哲学社会科学的重要保障。建设具有中国特色的哲学社会科学，必须营造有利于学者潜心学问、勇于创新的学术氛围，必须树立良好的学风。为此，自 2006 年始，教育部实施了高校哲学社会科学研究后期资助项目计划，旨在鼓励高校教师潜心学术，厚积薄发，勇于理论创新，推出精品力作。原中央政治局常委、国务院副总理李岚清同志欣然为后期资助项目题字“厚积薄发”，并篆刻同名印章一枚，国家图书馆名誉馆长任继愈先生亦为此题字“生也有涯，学无止境”，此举充分体现了他们对繁荣发展高校哲学社会科学事业的高度重视、深切勉励和由衷期望。

展望未来，夺取全面建设小康社会新胜利、谱写人民美好生活新篇章的宏伟目标和崇高使命，呼唤着每一位高校哲学社会科学工作者的热情和智慧。让我们坚持以马克思主义为指导，深入贯彻落实科学发展观，求真务实，与时俱进，以优异成绩开创哲学社会科学繁荣发展的新局面。

教育部社会科学司

前　言

跨行政区域的流域生态补偿研究是国内外生态补偿研究领域的重点课题之一。本书在分析我国流域实施跨行政区域管理所面临生态环境问题的基础上，以跨行政区域的流域生态治理为研究目标，总结和剖析了流域生态补偿的基础理论和实践案例，运用理论规范分析和实证检验分析的研究方法，通过探索研究流域生态补偿的动力机制和补偿机理，在流域生态系统可持续发展目标的框架下，重点运用驱动力分析、水质水量综合指标法、水环境基尼系数、条件价值评估法（CVM）、效用无差异分析、完全信息动态博弈分析、制度经济分析和排污权交易理论，对流域生态补偿的理论基础、驱动因素、测算方法、支付意愿、行为策略、补偿模式、制度设计以及排污权分配等一系列问题进行了科学分析和系统研究。

生态是人类社会的最大财富。生态补偿是人类在追求社会经济发展过程中，以科学发展为指导思想，以实现人类社会生态（或环境）福利为目标的制度创新。流域生态补偿是以生态文明建设为宗旨，以政府为主导、以市场为主体，以流域生态资源可持续发展为目标，兼顾社会公平与经济效率的一项经济制度体系。流域生态补偿应将环境负荷能力（或生态承载力）应用于排污权总量的确定中，并将“排放效率”引入排污权交易的初始分配中，从而实现全流域的生态治理目标。跨区域流域生态补偿分配方案应当引入既不同于传统“指令配置”，也不同于“完全市场”的准市场模式，其实施依靠“民主协商机制”和“利益补偿机制”等辅助机制来保障，以协调流域各个地方利益的分配关系，实现流域生态可持续发展。跨区域流域生态补偿机制建设应该在利益相关者分析的基础上，将流域水体行政区界点河流水质和水量指标设定纳入生态补偿考核的综合指标值中，依据水权和对全流域国内生产总值（GDP）的贡献度或比例等多种方式进行流域生态补偿量的测算，同时结合自愿性环境规制和政策性环境规制手段来实现。生态补偿的实质是在环境物品和服务作为公共物品出现市场失灵时，政府通过介入形成正确的激励机制，改变生产者和消费者的行为模式，实现生态保护与经济发展的协调。

本书研究的是国内外关于生态补偿理论的最前沿问题。生态补偿理论是当代环境经济学、生态经济学、水资源管理学等学科的前沿理论，对于解决日益严重的流域生态环境问题具有非常重要的意义。因此，本书的研究成果属于公共环境管理与生态环境经济的交叉学科理论研究学术前沿。

目　　录

第一章　绪论

第一节　问题提出

一、研究的背景

水资源是人类生存和社会发展的重要自然资源之一。流域是以分水线为界的一个被河流、湖泊或海洋等所有水系覆盖的区域，以及由水系构成的集水区。流域被认为是一个从源头到河口的天然集水单元，也是水资源汇集以及供给的主要来源。

目前，我国的流域生态环境状况不容乐观。由于流域生态环境的恶化，对流域环境服务付费和流域环境保护所引起的损失或贡献进行生态补偿、服务支付，以改善普遍存在的水资源紧缺、生态损害及环境污染现象，已逐渐被各国政府和公众接受，并且成为目前国际上资源与环境经济学、生态经济学以及流域管理学等相关学科理论研究的重点和实践探索的热点。与此同时，在世界各地的不同流域出现了各种形式的生态服务补偿案例。

随着我国经济的快速发展和生态需求的不断增加，社会经济发展与环境保护、生态建设之间的矛盾越来越突出，具体表现在生态环境良好而当地人民生活贫困的“源头现象”、流域上下游区域发展与水资源及生态环境污染之间矛盾纠纷的增加、水资源过度开发利用、环境保护与生态修复投入的不足等方面。长期以来，由于我国流域管理上存在的区域行政管理与流域业务管理条块分割等矛盾非常突出，加剧了部分流域资源退化及其生态环境恶化，跨部门和跨地区利益冲突成为流域生态环境管理亟待解决的重要问题，也使得流域生态环境问题难以根治，这在一定程度上阻碍了我国自然、经济、社会可持续发展目标的实现以及构建和谐社会的发展进程。

生态补偿（Ecological Compensation，EC）最初源于自然生态补偿，是指对损害资源与环境的行为进行成本收费，加大该行为的成本以促使损害行为的主体减少其行为带来的外部不经济性，或对保护生态环境的行为进行补偿或奖励，以达到保护生态环境、促进区域协调发展的目的。目前，生态补偿正逐渐成为一种保护资源、生态及环境的重要经济手段和管理措施。从国内外研究进展来看，生态补偿由于兼顾了公平与效率，成为国际上生态与环境经济学研究的重点领域之一。近年来国内外学者对生态补偿理论与实践进行了积极的探索。目前，国外对生态补偿的研究集中在公路建设、森林资源、种群栖息地、海湾环境、生物多样性等领域；国内对流域生态补偿的研究大量集中在生态补偿理论内涵、类型模式、运行机制等理论体系方面，但对流域生态补偿的技术手段和标准方法研究的文献尚不多见。这主要是由于流域生态补偿的研究涉及多个学科（如资源与环境经济学、公共财政学、环境科学、水资源管理等）和领域（如生态评价、社会保障、财政支付等）。而流域生态补偿因其具有跨行政区域的特点，已经被确定为国内外生态补偿理论研究和实践探索的重点领域和难点问题之一。最早的跨区域（或越界）环境问题研究可以追溯到 20 世纪 70 年代迪·阿尔该（d'Arge）和经济合作与发展组织（OECD）的研究成果。由于跨区域环境问题具有可以转移的环境外部性，因此为世界各国政府所重视；而如何将被行政区域边界分割的环境物品进行有效配置与管理，已被视为环境经济学在 21 世纪的研究前沿问题之一。在本书中，“跨区域的流域生态补偿”被定义为各级地方政府之间在因行政管辖权划分而产生地方利益不同所导致的流域水资源分配和越界环境污染等问题上，旨在提高流域生态系统服务功能所进行的一种环境协商与利益博弈的经济补偿行为。

在过去的几十年中，我国经济得到了快速发展的同时，生态资源环境也面临着巨大的压力，尤其是流域生态问题日益突出，河流流域所提供的涵养水源、保持水土等生态服务功能已被严重削弱，这一问题对整个国家的生态系统构成了严重威胁。尽管流域生态系统为人类的生存和发展提供了重要的资源和环境条件，但是，由于其所提供的资源和服务的有限性（经济学上称为“稀缺性”），加上人类活动的不当干预、利用甚至破坏，影响和制约着一个国家或地区人口、社会与经济的发展。如果流域生态系统不能得到有效保护，其自我调节还原能力将不断衰竭，流域生态环境也因净化能力的削弱而不断恶化。

因此，流域生态系统服务补偿是目前实现人类社会健康发展以及生态资源可持续利用的一项重要措施。

近二三十年来，由于自然和人为的原因以及经济社会的快速发展，我国有相当一部分河流面临着水量日趋减少、水质日益恶化以及河流污染事故频繁发生的严重形势。例如，2005 年 11 月 13 日，中石油吉林石化公司双苯厂发生爆炸，导致对人体健康有危害的有机物——苯类污染物流入松花江，造成流域水质污染，属于重大水污染事件。2007 年 5 月底，太湖流域无锡地区大面积蓝藻爆发，近百万市民家中的自来水无法饮用。黄河是中华民族的母亲河，作为中国西北和华北的主要水源，它被喻为沿黄地区的生命线。1972 年以来黄河下游频繁断流，且 1996 年和 1998 年黄河源头也发生过前所未有的断流现象。黄河断流的形成被认为有两个原因：一是天然径流不足；二是人为影响。这其中人类对水资源的不合理利用和对环境的破坏是黄河断流的主要原因之一。同时，流域水资源管理不协调，黄河沿岸各地只从自身利益考虑，纷纷引水、蓄水、争水、抢水，水资源管理混乱，水量分配不合理，水荒矛盾更加突出，加重了下游水资源匮乏的程度。此外，据《2015 中国环境状况公报》对全国七大流域 423 条河流及 62 个重点湖泊（水库）监测表明，Ⅰ类水质占 2.8%，Ⅱ类占 31.4%，Ⅲ类占 30.3%，Ⅳ类占 21.3%，Ⅴ类占 5.6%；劣Ⅴ类占 8.8%。其中Ⅳ类、Ⅴ类和劣Ⅴ类水质占近 40%。鉴于我国流域地区水资源匮乏以及生态破坏、环境污染的严重性，加强河流水质、水量及其生态系统的保护，并防止发生流域重大污染事件，保障人民群众饮水安全和身体健康成为我国环保工作的重中之重。由此可见，制定流域生态系统服务补偿政策和建立生态体制也是建立生态补偿体制的首要任务。[①]

二、研究的意义

研究流域生态补偿对于缓解流域环境外部性所带来的生态压力、解决流域生态建设的资金困境、化解流域生态系统服务功能的供需矛盾等现实问题，从而实现我国流域水资源及其生态环境系统的可持续发展是非常必要的。

第一，流域生态补偿能够有效地缓解环境外部性带来的生态压力问题。

流域生态环境在某种程度上具有公共物品的性质，存在着外部性问题，而外部性问题必然导致市场在资源（包括流域生态环境资源）配置上的失灵。通常情况下，在利益

① 国家环境保护总局自然生态保护司副司长王德辉在“中国流域生态补偿：政府与市场的作用”国际研讨会上的主题发言，2006 年 9 月 15 日，北京。

机制的驱使下，一些人只顾自身短期和局部的利益，而忽略整个流域生态环境的长远发展，导致自然资源的浪费或不合理利用，以及生态破坏和环境的污染等。这样，外部不经济性所造成的流域生态在资源配置上的市场失灵，不仅会导致水资源利用的低效率，还会造成流域环境的污染和生态的破坏。因此，政府有必要综合运用经济手段和行政手段对流域生态环境实施补偿，如征收排污费、转让排污指标（许可证）、再生利用（押金制度）等，以有效纠正生态环境问题的市场失灵，解决由此引发的生态环境问题。若要避免市场失灵并实现流域内的生态保护与建设，就必须由政府来发挥其宏观指导作用，对包括流域在内的生态系统进行补偿。

第二，流域生态补偿能够解决流域环境保护与生态建设资金短缺的问题。

我国流域的生态区域主要集中在流域上游地区，并且绝大多数分布于欠发达的贫困山区和生态脆弱地区。这些地区仍旧处于传统工农业的发展阶段，资金、技术和人才严重短缺，特别是流域上游地区以自然资源（森林、矿产资源等）开发利用为经济增长点，结果导致生态退化加重、环境恶化加剧。例如，长江、黄河的上游地区天然防护林植被遭受砍伐，破坏严重，造成大面积水土流失，引发山洪、泥石流等灾害，造成人民生命和巨额财产的损失，其主要原因还是缺乏生态保护资金以及生态保护激励机制。这些事例充分说明，资金不足是我国生态保护所面临的主要现实问题，这也严重影响和制约着我国的流域生态保护建设及其可持续发展。因此，解决的好办法是实施生态补偿战略，加大财政转移支付力度，征收生态补偿费，提高水电费，发行环保债券或彩票，探索其他新的补偿方式，积极吸纳更多补偿资金投入流域生态环境的保护与建设。

第三，流域生态补偿能够化解流域生态系统服务功能的供需矛盾问题。

在流域的生态环境建设中，一方面，随着人们生活水平的提高，对自然生态景观、淡水水质等生态环境服务的需求也日益增加，如近年来蓬勃高涨的假日旅游经济、年轻人酷爱的极限漂流运动、炙手可热的公园式房地产、畅销的优质纯净水和矿泉水等；另一方面，多年来粗放式经济的发展、环境法律法规的不完善和贯彻不力以及大众环保意识相对薄弱，造成了对生态资源环境的严重破坏和浪费现象，导致流域所提供的生态环境服务大幅减少。并且，随着社会和经济的发展，二者的矛盾有愈演愈烈的趋势。一边是不断增加的生态环境服务需求，加剧着生态资源的耗竭和生态环境的进一步退化与恶化；另一边是逐渐缩减的生态环境服务供给，反过来又制约了社会和经济的发展。如果这些矛盾得不到及时解决，那么二者将会陷入相互影响的恶性循环之中。解决这一问题的根本途径是给予包括流域在内的生态系统合理、适当的补偿，尽快恢复生态系统的自我调节、净化等能力，从而使生态环境服务供给能力得到提高，满足我国社会对生态环境服务的需求。

第四，流域生态补偿能够实现流域生态环境与经济社会的可持续发展。

过去，我国是以粗放的方式发展经济，具体表现为高投入、高浪费、高污染、低效率、低产出。而且一直存在资源无价、原料低价、产品高价的扭曲价格体系和对环境资源的无偿或低价占有获得超额利润的现象，而生态环境资源价值没有得到补偿。实践证明，这不仅是以牺牲当前的生态环境利益为代价的，还是损害后代人的生态环境利益的短期行为。如果没有一种有效的生态补偿机制和政策来缓解目前流域内的各种生态环境问题，人类社会的可持续发展将面临严峻的挑战和更大的困境。因此，对包括流域在内的生态系统给予及时、合理和适当的资金、实物、技术或政策上的补偿，将会大大促进流域生态系统自我调节、承载、净化等能力的恢复，从而使得流域生态系统的各项服务功能得以为社会永续利用，实现人与流域生态环境的和谐发展。

三、研究的目的

本书在剖析国内外流域生态补偿的理论和实践的基础上，力图探索跨区域流域生态补偿的学术前沿问题。在研究过程中，本书以分析我国流域实施跨行政区域管理所面临的生态环境问题为基础，以跨行政区域的流域生态治理为研究目标，总结和剖析了流域生态补偿的基础理论和实践案例，运用理论规范分析和实证检验分析相结合的研究方法，通过探索性研究流域生态补偿的动力机制和补偿机理，在流域生态系统可持续发展目标的框架下，综合运用驱动力分析法、水质水量综合指标法、水环境基尼系数法、条件价值评估法（CVM）、效用无差异分析、完全信息动态博弈分析、制度经济分析和排污权交易理论对跨区域流域生态补偿的理论基础、驱动因素、测算方法、支付意愿、行为策略、补偿模式、制度设计以及排污权分配等一系列问题进行科学分析和系统研究。研究的目的在于，提出适合我国国情的跨区域流域生态补偿的理论体系和实践方法，为解决我国跨区域流域生态环境问题进行一系列的科研探索，并为我国政府开展流域生态补偿机制建设及试点工作提供具有参考价值和指导意义的政策建议与研究成果。

第二节 基本概念

一、流域及流域生态系统

流域是指被地表水或地下水分水线包围的范围，也即河流湖泊等水系的集水区域。流域是地球表层相对独立的自然综合体，流域以水为纽带，将上下游、左右岸连接为一个不可分割的整体。同时，流域是以水为媒介，由水、土、气等自然要素和人口、社会、经济等人文要素相互关联、相互作用而共同构成的自然—社会—经济复合系统，它包括流域自然和流域社会经济两个子系统。流域系统内的人类活动以及生物等和非生命系统间相互联系、相互影响，形成了一个发挥整体作用的有机体。[①] 流域有自然边界和行政边界之分，自然边界是流域的水力边界，是流域长年累月自然形成的；而行政边界是为了便于管理流域内的经济、社会事务人为划分的，两者的范围常常不一致。流域的空间整体性极强、各地区关联度很高，流域内不仅自然要素间联系极为密切，而且上中下游之间、干支流之间、各地区之间相互制约、相互影响极其显著。[②]

目前，流域跨界污染呈现以下四个主要特征：第一，区位性。污染往往发生在行政辖区的边界地带，关系到不同辖区的利益。在流域污染案例中，下游地区往往受到上游来水水质恶化的困扰，却由于行政边界的限制，无法直接进行规制，上游往往倾向于“搭便车”，向下游转移污染。第二，技术性。污染物质的种类以及可能造成的损失需要有特定的监测技术和专业研究才能够确定，远远超过常人所能够理解的信息范围，而且污染的后果具有潜伏性，用水户难以预先防范和及时发现。第三，广泛性。流域污染涉及相当多的当事人，包括流域上游众多的污染企业和流域下游众多受污染困扰的水用户。污染者众多意味着难以确定污染行为的责任方，受害人众多意味着污染危害范围广，在污染严重时，可能导致大规模的集体冲突。第四，复杂性。越界水污染涉及的利益主体广泛，不仅涉及具体的基层群众（如农民、养殖户、林地承包人、渔民等），而且涉及上下游的各级政府以及相关部门（如林业局、环保局、水利局等），各利益主体之间的策略互动以及利益关系复杂。

---

① 王礼先、李中魁：《试论小流域治理的系统观》，《水土保持通报》1993 年第 3 期，第 47~52 页。

② 陈湘满：《中国流域开发治理的管理与调控研究》，华东师范大学博士学位论文，2001 年。

二、流域水资源的特性与属性

（一）流域水资源的特性及其有效配置

水资源是地球生命系统和人类社会赖以存在和发展最重要的物质保障和环境要素之一。

从水资源的自然特性来看，流域水资源的自然赋存状态具有不确定性。水资源一直处在流动、蒸发和下渗等自然循环过程当中，在相当长的时间范围内，流域的水资源质量和数量都是比较有限的，不能够提高或者增加。流域水资源在时空分配上也不均匀，气候条件、地形地势对水资源的量和质都会产生影响。从严格意义上讲，水资源是一种可耗竭资源，而流域是水资源的重要集聚区。

从经济学角度看，在众多水资源用户竞争有限水资源的情况下，水资源在理论上最有效率的配置方式是让所有用户的边际净收益相等。如果水资源稀缺程度很高，那么有效率的配置方式需要考虑水资源用户采用替代资源或者节水技术的能力。

这里假定存在两个水用户 A 和 B，*MNB* 表示边际净收益，*Q* 表示水资源的供给量。我们可以比较一下在水供应充足（S_1）和水供应短缺（S_2）下的配置方案（见图 1.1）。水资源充足时，用户 A 获得的水量为 Q_A^1，用户 B 获得的水量为 Q_B^1。用户 A 的边际净收益曲线高于用户 B 的边际净收益曲线，这意味着在水供应量降低时，用户 A 不使用水资源所放弃的净收益较高。当水供应量降到 S_2 时，为使被放弃的收益（也可以视为成本）最小化，有效配置要求用户 B 所拥有的水资源相对较少。这样，用户 A 获得了所有水资源

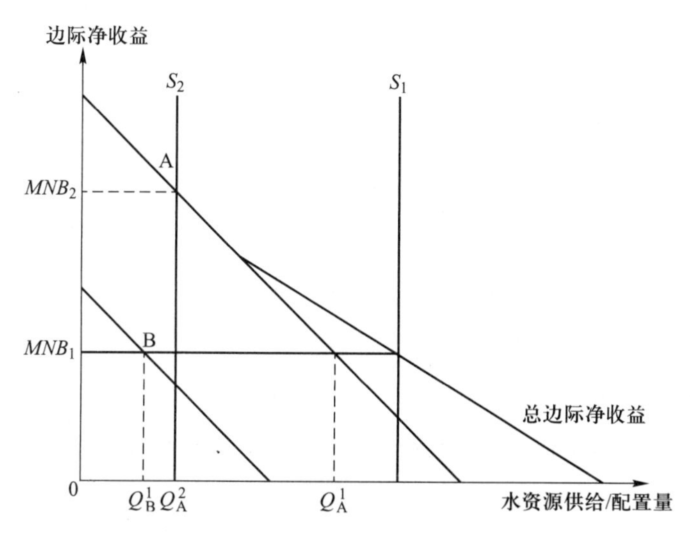

图 1.1　水资源的有效配置

（$Q_A^2=S_2$，$Q_B^2=0$）。

上述分析表明，水资源稀缺时，更容易获得水资源替代物品或者能更为便利地找到节约用水方法的用户所获得的配置水量较少，这是满足资源有效配置条件的配置方案。

流域水资源的自然特性限制了有效配置原则的运用，因为水资源用户在配置顺序上存在先后次序。上游水资源用户在取水上拥有地理上的优势，这为越界污染提供了便利。即使上游水资源用户在节水或者水技术上有相对大的潜力，在没有相应得到激励的条件下，上游水资源用户并不会考虑整个流域的水资源配给效率问题而采用节水措施，而是倾向于利用更多的水资源。更何况，流域水资源是一种重要的生产物质资源和生活保障条件。另外，流域上游地区的污染企业一般会为了节约治污成本而逃避环境治理义务，利用河水的流动性和整体性等物理特点向流域排放污染，以一种“搭便车”的方式将污染从上游转移到下游。

对整个流域的水资源用户而言，尽管水资源的使用是分散的，但是符合一定水质标准的水资源相当于联合供给的公共用品。每个水资源用户所能获得的水资源不仅取决于自身的使用行为，也取决于其他水资源用户的使用行为。总体来说，流域下游水资源用户在维护其用水权益时处在不利地位：对于任何一项法律上的权利，尤其是和财产相关的权利，它都必然要求权利客体的范围稳定不变，能够明确衡量，并以此为基础明确划定权利的边界。流域水资源的流动性和供应的不确定性意味着水质和水量都不易测量和监测，因此设置水资源用户的使用权利较为困难。

（二）流域水资源属性

首先，水资源具有自然属性。水资源的自然属性可以从多个方面来考察和衡量，主要可分为以下几种：①多种形态存在的普遍性与自然贯通性。水资源在全世界的很多地方可以在不同季节或不同的条件下，以气体、固体和液体三种形式中的一种或多种，广泛存在于空气、土壤、岩石、极地、冰山、河流、湖泊、海洋、湿地、动物、植物等载体中，并且在陆地与海洋、地上与地下、上游与下游、地面与空中等彼此之间相互贯通。②绝对数量的巨大性和相对数量的不足性。虽然地球表面 71% 的面积被水覆盖，水资源总量是非常巨大的，但是其中淡水（含盐量小于 0.1%）面积有 0.35 亿 km^2，占全球总水量的 2.5%，而淡水中冰川总面积达 1 622.75 万 km^2，占世界淡水总量的 68.7%，目前不能为人所用。[①] 在陆地上淡水资源又在时间和空间上分布不均，因此一定流域或区域内

① 《地球上的水到底从哪儿来》，《科技日报》2017 年 2 月 10 日，第 5 版。

可以利用的淡水资源量是有限的，在干旱和半干旱地区或经济发展用水增长较快的地区，其数量常常是相对短缺的。③循环运动的规律性与异常性。水资源运动的最主要特征就是时刻不停地循环活动，它通过海陆之间、陆陆之间以及海海之间蒸发、降水，不断地进行交换和循环。这种运动从总体上、长时期来看是有规律的，但也不排除局部地区、短时期的异常变化和特殊性。④由重力作用和地形、地貌因素形成的自高而低的流动性和对土壤、岩石等物质的腐蚀和侵蚀作用。这一特征既为人们带来了水力发电、引水灌溉等可利用之利，也会引发洪水暴发、水土流失、泥沙淤积等灾害。⑤化学分子结构特征使它既是自然和人类的天然清洁剂，又使它容易成为污染物的受害者和传播者。⑥地表水存在和运动的流域性。

其次，水资源具有社会属性。水资源作为一个社会涉及国计民生的重要资源，其社会属性具有非常重要的意义。水资源具有以下六个方面的社会属性：①水资源对社会存在和发展的广泛支撑性及破坏性；②水资源占有主体的不确定性；③水资源被享用机会的不均等性；④水资源利害主体的可转变性；⑤水资源对满足人类物质生活和精神生活需要的双重必要性；⑥水资源开发利用的区域性。

三、生态系统服务及其功能

（一）生态系统服务的概念

生态系统服务是指自然生态系统及其物种向人类提供能够满足及维持人类生活需要的条件和效用，向人类提供对人类生存及生活质量有贡献的直接生态系统产品和间接生态系统服务功能。人类能够直接或间接地从生态系统所提供的各种产品和服务功能中得到利益。

（二）生态系统服务功能

生态系统服务功能分为两类：直接的生态系统产品，如食物、工业原材料、药品等；间接的生态系统服务功能。其中，间接的生态系统服务功能体现在以下六个方面：①太阳能的固定。植物通过光合作用固定太阳能，使光能通过绿色植物进入食物链，为所有物种包括人类提供生命维持物质。②调节气候。生态系统对大气候及局部气候均有调节作用，包括对温度、降水和气流的影响，从而可以减缓极端气候对人类的不利影响。③涵养水源及稳定水文。在集水区内发育良好的植被具有调节径流的作用。植物根系深入土壤，使土壤对雨水更具有渗透性。有植被地段的径流比裸地的径流较为缓慢和均匀。一般在森林覆盖地区雨季可减弱洪水，旱季在河流中仍有流水。④保护土壤。凡有发育良好植被的地段，由于植被和枯枝落叶层的覆盖，可以减少雨水对土壤的直接冲击，保护土壤减少侵蚀，保持土地生产力；并能保护海岸和河岸，防止湖泊、河流和水库的淤积。⑤储存必需的营养元素，促进元素循环。生物从土壤、大气、降水中获得必需的营养元素，构成生物体。生态系统的所有生物体内都储存着各种营养元素，并通过元素循环，促使生物与非生物环境之间的元素交换，维持生态过程。⑥维持进化过程。生态系统的功能包括传粉、基因流、异花受精的繁殖功能以及生物之间、生物与环境之间的相互作用，这对于维持进化过程和环境效益有重要意义。流域提供的生态环境服务见表 1.1。

表 1.1　流域提供的生态环境服务

改善流域管理能提供的生态环境服务	生态环境服务的使用者			
	流域当地	流域下游	全国	世界
流域水土保持（保持土壤、肥力）	√			
水流调节（防洪、枯水季水流增加）	√	√		
水质提高（河道湖泊淤积减少、水浑浊度降低）	√	√	√ （全国游客）	
景观价值（游憩）	√		√	
关键生态功能保护（候鸟中转地、沙化屏障、地下水保持区，其他未知的生态系统功能）			√	√
碳固定（森林立木）			√	√
生物多样性保护（野生动植物栖息地）			√	√

资料来源：靳乐山、左停、李小云：《支付流域生态环境服务：市场的作用》，载王金南、庄国泰：《生态补偿机制与政策设计国际研讨会论文集》，中国环境科学出版社 2004 年版，第 174 页。

流域系统作为生态服务系统的重要组成部分，能提供水产品、水调节、生物多样性保护、废物净化、内陆航运、文化、休闲娱乐，以及流域森林的水土保持、水源涵养、木材生产和碳储存等多种生态环境服务。总体上看，流域生态服务功能可以归纳为产品提供（淡水、水产品、木材和碳储存等）、调节功能（水调节、水土保持、水源涵养、废物净化等）、生物多样性保护（生境提供）和信息功能（景观、休闲娱乐等）。整个生态系统（全球 16 种生物类群）提供着包括防风固沙、净化污染物、优美景观等在内的 17 种重要的服务功能。[①] 这些服务功能是人类赖以生存与发展的重要保障和物质基础。因此，

① Costanza R，d'Arge R C，Rudolf de Groot，et al.，"The value of the world's ecosystem services and nature capital"，*Nature*，1997（387），pp.253-260.

实施流域生态补偿对于整个流域地区的经济社会发展起到至关重要的作用。

四、生态补偿与流域生态补偿

（一）生态补偿

生态补偿是目前国际上生态与环境经济学研究领域中关于生态系统服务支付（Payments for Ecosystem Services，PES）的研究重点之一。生态补偿是一种以保护生态服务功能、促进人与自然和谐相处为目的，根据生态系统服务价值、生态保护成本、发展机会成本，运用财政、税费、市场等手段，调节生态保护者、受益者和破坏者经济利益关系的制度安排。[①] 生态补偿是实现环境有偿制度的政策手段之一。完善而强有力的补偿制度，能提供大量资金，解决利益矛盾，促进生态建设和环境保护顺利开展，因此其成为环境保护的动力机制、激励机制和协调机制。[②] 生态补偿的基本问题包括：补偿的主体与客体、补偿金额和补偿方式。

目前，国际上对生态补偿的理解一般是指生态（环境）服务支付，它表示企业、农户或政府相互之间对环境服务价值的一种交易行为。生态补偿的方式主要是进行生态系统服务购买和环境服务付费，也在寻求对维持生态系统服务成本的补偿方式。生态补偿是建立在产权清晰和交易成本较低的基础之上的。

（二）流域生态补偿

一个地区全流域的社会经济协调发展有赖于生态补偿机制的建立。在一般情况下，流域上下游生态补偿机制的核心就是下游地区对上游地区为保护生态环境而牺牲部分发展权给予必要的经济补偿。通过建立生态补偿机制，一方面可以减轻源区政府为保护环境所承受的压力，促使源区政府将外部补偿转化为自我积累、自我发展的能力，以最大限度地激活经济发展的潜能，解决环境保护与经济发展中的突出矛盾，使之在保护中发展、在发展中保护；另一方面，下游地区通过支付必要的经济补偿，可以稳定持久地获得更加充足的水源和高质量的生产生活用水，这就有助于解决不同地区、不同利益主体之间可能产生的矛盾，有利于互惠互利和可持续发展，从而实现全流域经济社会的和谐发展。[③] 流域生态补偿方式主要有：政策补偿、资金补偿、实物补偿、技术补偿、教育补偿等。

在流域生态补偿的理论研究与实践探索的基础上，本书认为流域生态补偿按照地区

---

① 王金南、万军、张惠远：《关于我国生态补偿机制与政策的几点认识》，《环境保护》2006 年第 19 期，第 24~28 页。

② 吴晓青等：《区际生态补偿机制是区域间协调发展的关键》，《长江流域资源与环境》2003 年第 1 期，第 13~16 页。

③ 黄宝明、刘东生：《关于建立东江源区生态补偿机制的思考》，《中国水土保持》2007 年第 2 期，第 45~46 页、55 页。

来划分由三部分组成：一是上游水源区的生态补偿；二是中游跨区域的生态补偿；三是下游入海口的生态补偿。本书选择“跨区域流域生态补偿”作为研究对象。

五、流域生态系统服务功能及其价值

随着我国政府及社会各界对流域水资源及其生态环境管理在国民经济与环境保护等方面的作用和功能认识的逐步深入，我国流域环境问题进一步凸显。目前，国内外对流域生态环境管理的研究主要以流域水资源的评价预测、水资源的合理配置、生态补偿机制、水权制度及水价等问题为主。

从国内外现有的研究进展来看，尽快建立中国流域生态补偿机制已成为当务之急，这也引起了我国学术界和政府与有关管理部门的高度重视。国际社会在生态系统服务补偿方面正逐步达成共识，如 1972 年 6 月联合国首次人类环境会议发布的《联合国人类环境宣言》和 1992 年在里约热内卢通过的《里约环境与发展宣言》中均有相关的阐述和约定，如“根据污染者原则上应该承担污染费用的原则，国家当局应该努力促使环境费用内部化以及经济手段的应用”。国务院、环境保护部以及中国环境与发展国际合作委员会等机构和组织也在积极呼吁、探索研究流域生态的治理与生态补偿机制及其政策。其中，跨行政区域的流域生态补偿是生态补偿机制建设和理论研究中的一个重要领域和学术热点。

生态补偿机制就是生态系统服务补偿机制，是生态受益者在合法利用自然资源的过程中，对自然资源的所有人或为生态保护付出代价者付出相应费用的做法，其具体方式有很多。生态补偿作为一种使外部成本内部化的环境经济手段，其核心问题包括：谁补偿谁，即补偿支付者和接受者的问题；补偿多少，即补偿强度的问题；如何补偿，即补偿渠道的问题。[①] 具体来讲，就是通过建立和完善生态补偿制度，改变把生态与环境当成公共产品来使用的问题，从而监督环境的使用，把环境成本真正纳入生产经营成本，实现环境成本由外部化到内部化的转变。[②] 1998—2001 年，中央财政投入天然林保护、退耕还林（草）、京津风沙源治理三大重点生态工程的资金就达 417.1 亿元，有效地促进了生态环境的补偿。[③]

生态补偿研究的核心是生态系统服务功能的价值评估问题。生态系统服务功能的经济评价是指对生态系统服务功能的货币价值进行评估。人们对生态系统服务的认识已有

---

① 毛显强、钟瑜、张胜：《生态补偿的理论探讨》，《中国人口・资源与环境》2002 年第 4 期，第 38~41 页。

② 沈满洪：《论水权交易与交易成本》，《人民黄河》2004 年第 7 期，第 19~22 页、46 页。

③ 邢丽：《关于建立中国生态补偿机制的财政对策研究》，《财政研究》2005 年第 1 期，第 20~22 页。

很长的历史，但是关于生态系统服务价值的评估从19世纪60年代中后期才开始，而近20年来生态系统服务价值研究已经成为生态学和生态经济学研究的一个热点领域。自20世纪70年代以来，生态系统服务功能开始成为一个科学术语及生态学与生态经济学研究的分支，其突出的特征就是发表论文的数量几乎呈指数上升。1991年国际科学联合会环境委员会发起了一次“怎样开展生物多样性的定量研究”的讨论，从而促进了生物多样性与生态系统服务功能关系的研究及其经济价值评估方法的发展。1995年科斯坦萨（Costanza）等人对全球主要类型的生态系统服务功能价值进行了评估，得出全球陆地生态系统服务功能价值为每年33万亿美元的结论，这一研究的发表揭开了生态系统服务功能价值研究的序幕。

生态价值评估作为一个新兴的应用领域，是生态系统服务研究的核心问题之一。1997年，生态系统服务功能研究领域发生了两件重要的事情，一是由格雷奇·戴利（Gretch Daily）等人编著的《自然服务：自然生态系统的社会依赖》（*Nature's Services: Social Dependence on Natural Ecosystems*）出版，该书不仅系统地阐述了生态系统服务功能的内容与评价方法，还分析了不同地区森林、湿地、海岸等生态系统服务功能价值评价的近20个实例。二是科斯坦萨等人在《自然》（*Nature*）上发表的题为《世界生态系统服务和自然资本的价值》（The value of the world's ecosystem services and nature capital）的论文，这篇论文发表后引起了学术界强烈反响。此后，许多经济学家和生态学家纷纷就生态系统评估的有效性和必要性发表文章表明自己的观点。1996年胡涛等人组织了中国环境经济学研讨班，共发表了两部论文集，其内容包括环境污染损失计量、环境效益评价、自然资源定价、生物多样性生态价值等。德·格鲁特（de Groot）等以科斯坦萨1997年的研究结果为基础，通过对100余项文献进行总结，提出了23项生态系统功能与评价方法间的关系，并认为调节功能主要使用非市场价值法；提供栖息地功能主要使用市场价值法；生产功能主要使用市场定价和生产要素收入法；信息功能主要使用条件价值评估法（文化以及精神信息、享乐价值、美学信息）和市场定价法（娱乐旅游以及科学信息）。同时，为了避免重复计算，以及使评估研究有更多可比性，德·格鲁特第一次将可采取的评估方法的先后顺序进行了总结。1999年欧阳志云等人对我国陆地生态系统的服务功能价值进行了研究，得出我国陆地生态系统服务功能的经济价值为每年14.8万亿元人民币。[①] 我国著名植物学家陈仲新和张新时于2000年根

① 欧阳志云、王效科、苗鸿：《中国陆地生态系统服务功能及其生态经济价值的初步研究》，《生态学报》1999年第5期，第607~612页。

据科斯坦萨等人的研究，按照面积比例对我国生态系统的服务功能经济价值进行了评估，得出我国生态系统服务功能的经济价值大约为20万亿元人民币的结论。[①] 所有这些都为生态系统服务功能价值研究提供了理论基础。

依据生态系统服务的市场发育程度，可将生态系统服务功能的经济价值评估方法分为以下三类：直接市场法（市场价值法、费用支出法）、替代市场法（替代成本法、影子工程法等）、假想（模拟）市场法（条件价值法、意愿调查法）。对于生态系统的直接利用价值，可通过直接市场法将市场价格作为其经济价值；间接利用价值，即以使用技术手段获得与某种生态系统服务相同的结果所需的生产费用为依据，间接估算生态系统服务的价值；而对于选择价值及存在价值，由于现行市场不够成熟，对这些价值的评估方法不完善，因此对它们的估测有待于进一步的研究。而德·格鲁特等人将生态系统服务价值评估的经济学方法分为四种类型，即直接市场定价法（DMP）、间接市场定价法（IMP）、条件价值法（Contingent Valuation Method，CVM）和集体评价法（Group Valuation Method，GVM）。李文华认为自然生态系统含有多种与其生态服务功能相应的价值，通常用市场价值法、影子工程法、机会成本法、费用支出法、避免费用法（Avoided Cost）、因素增收法（Factor Income）、旅行费用法（Travel Cost）、享乐价格法（Hedonic Pricing）、权变估值法（Contingent Valuation）、集体评价法（Group Valuation）等方法对生态系统的服务价值进行评估。

从目前的研究成果来看，生态系统服务价值评估的经济学方法中，市场价值评估方法是直接在交易中体现的价值的评估，主要适用于物质产品生产服务和信息服务功能及一些调节性服务功能的评估。虽然这种方法存在市场供给难以预测以及市场化程度和货币价格体现上的局限，但总体来说是较有说服力的方法。非市场价值评估方法用于对一些没有市场价值的生态系统服务进行评估，主要有替代成本法、旅行费用法和享乐价值法，这些方法以替代成本法使用得最多。但由于存在界定使用范围、评价者主观性以及缺乏可靠的信息等原因，其评估的准确程度受到质疑。条件价值法是目前生态价值评估应用最多的方法之一，国内外对此研究较多，该方法曾在众多的关于环境政策方面的研究中运用，也是近二十年来我国生态系统服务价值评估研究的主要手段。但是，由于条件价值法这一评估行为不是基于真实的市场行为，且存在着技术上和概念上的问题（如问题设计的合理性等），国内外对这种方法的争议较多。此外，集体评价法不是基于个人偏好

---

① 陈仲新、张新时:《中国生态系统效益的价值》,《科学通报》2000年第1期，第17~22页、113页。

的单独测定和简单加和，而是通过更加完整和公平的集体讨论形式来评估生态系统服务价值，因此该方法越来越受到理论界与学术界的重视。

第三节　研究意义

一、选题的理论价值

解决流域生态环境问题，将是我国流域生态环境保护长期的工作重点。本书针对我国跨行政区域流域生态环境综合治理中的生态补偿学术前沿问题，旨在从经济分析的角度出发，以环境经济学、公共管理学和制度经济学为主要研究工具，重点研究流域生态补偿的价值评估等问题，分析我国流域生态服务补偿的类型特点及主客体范围，比较国内外流域生态补偿的方法和技术，以探索适合我国国情的流域生态补偿机制。

因此，在分析和比较国内外流域生态补偿实践案例的基础上，本书重点研究了流域生态补偿标准的评估指标、计量模型、测算方法以及估算的程序与步骤，并对流域生态补偿的支付行为及其动力机制进行了理论探索，这将对流域生态补偿的理论研究做出一定的贡献。

二、选题的现实意义

流域地区的经济发展与流域生态环境状况的改善是我国环境保护工作的关键和难点，也是我国环境保护新阶段——“以保护环境优化经济增长”的工作重点。针对问题日益严重的流域生态破坏和环境污染事件，党中央、国务院在高度重视流域生态环境保护的同时，积极探索和推进流域生态环境保护工作的总体改革。

本书以跨行政区域的流域生态补偿为研究对象，综合运用自然资源学与环境经济学等学科的理论以及利益相关者分析、自然资源价值评估等方法，不仅探讨跨区域流域生态补偿标准的测算方法、基本模式和步骤程序，还将分析政府与个人在生态补偿中的支付行为和特征以及流域排污权和生态补偿绩效等一系列问题，提出有价值的研究结论和政策建议以及可操作性的措施，突破以往的研究定式，以期对我国流域生态系统服务补偿的总体改革提供政策参考价值和现实指导意义。

第四节　研究的前提假设与主要内容

一、研究的前提假设

本书以跨行政区域的流域生态补偿为研究对象，采用狭义的流域生态补偿模式，而非包含流域森林、矿产、土地以及水文、地质等的广义流域生态补偿，便于研究的集中论述，避免泛泛之谈。为了便于研究，本书将流域简化为一条跨越多个行政区域的自然河流，并不考虑多支流汇入与多支流流出的复杂情况。

同时，本书将研究中涉及的基本概念从国际普遍性与地区特殊性相结合的原则出发，视“生态补偿”与“生态系统服务支付”为一个基本概念与内涵，以使研究主线得以清晰，避免拘泥于理论研究的概念探索而迷失关键问题的研究探讨。二者的异同之处在本书第三章中做了具体阐述。

二、研究的主要内容

本书在分析我国流域实施跨行政区域管理所面临的生态环境问题的基础上，以跨行政区域的流域生态治理为研究目标，总结和剖析流域生态补偿的基础理论和实践案例，运用理论规范分析和实证检验分析相结合的研究方法，通过探索性研究流域生态补偿的动力机制和补偿机理，在流域生态系统可持续发展目标的框架下，综合运用驱动力分析法、水质水量综合指标法、水环境基尼系数法、条件价值评估法、效用无差异分析、完全信息动态博弈分析、制度经济分析和排污权交易理论对跨区域流域生态补偿的理论基础、驱动因素、测算方法、支付意愿、行为策略、补偿模式、制度设计以及排污权分配等一系列问题进行了科学分析和系统研究。

基于上述研究目标，本书的主要研究框架由 14 个部分组成，研究内容由第三章至第十三章构成。全书具体安排具体如下：

第一章，绪论。本章提出了跨行政区域流域生态补偿研究的背景、目的和意义，在介绍相关基本理论和概念的基础上，明确了本书研究的前提假设和主要内容。

第二章，流域生态补偿研究的文献评述。本章对流域生态系统服务支付及流域生态补偿的研究现状进行了理论分析和比较研究，剖析了国内外流域生态补偿的典型案例，最后对流域生态补偿量的测算方法进行分析总结，归纳了上述研究过程中存在的主要问题，为本书后续的研究提出了研究目标和分析框架。

第三章，流域生态补偿的基础理论分析。流域生态补偿的研究需要以相关理论作为研究基础支撑。本章首先在分析跨区域治理理论以及比较生态补偿（EC）和生态系统服务支付（PES）二者之间的概念、内涵及其理论依据的基础上，从可持续发展理论、公共物品理论、环境外部性理论、生态资产理论、生态系统理论、生态服务功能理论、自然资源价值理论及生态环境价值理论入手，对流域生态补偿的理论构成进行了系统的分析，重点探讨了流域水资源的价值理论和流域生态补偿的评估方法。

第四章，流域生态补偿的动力机制与补偿机理研究——以浑河为例。流域生态补偿机制的驱动力是生态补偿机制建立的动力因素。本章以辽宁省浑河流域为例，对流域生态补偿机制进行了驱动力分析，并构建了流域生态补偿的运行机理模型。

第五章，基于跨区域水质水量指标的流域生态补偿量测算方法研究。流域生态补偿量的测算是流域生态补偿研究的重点内容之一。本章将流域水体行政区界的河流水质和水量指标设定为生态补偿考核的综合指标值，提出了基于河流水质水量的跨行政区界的生态补偿量计算办法；运用综合污染指数法进行流域生态补偿的水质评价，并依据水权和对全流域 GDP 的贡献度或比率的方法进行流域水流量的测算，所提出的跨区域流域生态补偿量测算的原则、模式、流程及计算模型，为流域生态补偿的有效实施提供了执行的方法和依据。

第六章，水环境基尼系数的模型构建与排放量优化的实证研究。本章以辽河流域为研究对象，采用规范分析与实证研究相结合的方法，对辽河流域生态补偿的标准确定和机制实施进行了分析及研究。本章首先在分析辽河流域概况的基础上，从区域性生态公平的视角，分别计算出基于水环境容量、GDP 贡献度和人口数量的水环境基尼系数指标；其次，根据基尼系数最优化方程，求出了在基尼系数之和最小的情况下辽河流域不同区域 COD 的标准排放量；再次，根据标准排放量与实际排放量之间的差额以及单位 COD 价格，计算出辽河流域各行政单位的生态环境污染补偿额度；最后，对基于水环境基尼系数的辽河流域生态补偿标准测算结果进行分析和讨论。

第七章，基于 CVM 的辽河流域生态价值评估中 WTP 与 WTA 差异性实证分析。本章以辽河流域（辽宁段）为研究对象，通过对辽河流域干流源头的福德店和入海口的盘锦两地进行实地调研走访，在运用 CVM 方法测算辽河流域居民的生态受偿意愿及支付水平的基础上，着重探讨了受访者 WTP 与 WTA 的差异性，分析了引起这种生态价值支付行为差异性的社会经济影响因素。通过对调研数据的分析，发现受访者 WTP 与 WTA 的差异性存在着如下主要特征：一是从 WTP 与 WTA 的概率分布来看，二者存在较大差异；

二是从 WTP 与 WTA 各自的影响因素来看，WTP 受收入的影响而 WTA 不受收入的影响，收入效应很好地解释了受访者 WTA 超过 WTP 的原因；三是 WTA 与 WTP 的比值在经验范围以内为 2.357；四是引起 WTP 与 WTA 差异的社会经济因素有性别、职业和流域生态补偿政策对受访者的影响程度。此外，对上述特征进行分析后，还发现惩罚效应和模糊性也是导致辽河流域居民支付意愿和受偿意愿差异性的原因。

第八章，跨区域流域生态补偿中的地方政府行为策略研究。本章认为跨区域流域生态补偿的重点是确定流域上下游地方政府之间的行为策略，难点是确保补偿额度公平合理，落脚点是如何科学地确定流域上下游地方政府的补偿额度。为此，首先通过环境支付意愿的方法，运用效用无差异分析和完全信息动态博弈分析方法，确定了流域上游政府的接受补偿意愿下限和流域下游政府的支付补偿意愿的范围。研究认为相比于个人效用最大化时，流域政府间群体合作是可以实现帕累托最优的；其次，运用实地调研数据，计算得出辽河流域上游政府的接受补偿意愿为 3 782.5 万元人民币 / 年，下游政府的支付补偿意愿为 3 782.5 万元人民币 / 年 ~4 908 万元人民币 / 年，而此时上下游双方的效用将会有所改进；最后，论证了在确保流域上下游政府无差异效用和不确定支付的情况下，博弈分析在实施中的优缺点。

第九章，跨区域流域生态补偿制度设计的新制度经济学扩展性研究。本章以我国生态补偿的制度设计为例，在新制度经济学的理论分析基础上，首先通过综合运用规制经济学、环境经济学等理论工具，引入了中国传统思想中的惯例、习惯和文化对我国环境制度设计中的外部性、公共产权和环境制度进行了扩展性理论研究；其次，在揭示我国环境产权制度的缺失与政府环境规制低效的制度根源基础上，分析了我国在生态补偿的环境制度设计中存在的缺陷，并对我国环境治理机制的制度设计与制度安排提出了指导性的政策建议与理念性的设计原则；再次，介绍了美国生态补偿银行制度的发起、内容、选址因素、设计因素以及实施流程；最后，在上述基础上，具体分析并阐述了我国现有的生态补偿制度及其存在的主要问题，提出了我国在生态补偿制度设计上开展生态补偿银行制度的政策性建议。

第十章，流域生态补偿的主客体及其支付行为模式研究。本章在分析界定流域生态补偿主客体的基础上，引入 WTP/WTA 原理，分析和探索了流域生态补偿支付行为所构成的经济利益关系；然后，从消费者个体（或企业）与政府组织部门两个方面，按照其支付补偿行为和接受补偿行为两个角度分析了流域生态补偿的个体支付行为和政府支付行为，揭示了流域生态补偿支付方的相互关系，阐述了流域生态补偿的支付行为模型及其特点，提出了我国在开展流域生态补偿建设上的政策建议。

第十一章，基于演化博弈的流域生态补偿利益冲突分析。本章根据补偿的类型不同，将生态补偿分为资源型生态补偿和环境型生态补偿两个类型，通过以流域生态补偿为例，运用演化博弈的方法分析了流域生态补偿策略的特点和博弈结果。研究表明：流域生态补偿需要中央政府的适度干预，而且关键点是保证上游地方政府收益最大化；中央政府干预的力度是使上游政府群的收益在保护的情况下比在不保护的情况下收益要大，而干预的结果则是使（保护，补偿）成为演化博弈的长期稳定均衡。

第十二章，辽河流域行政区界排污权初始分配模型构建与实证测算。本章以辽河流域流经的河北省、内蒙古自治区、吉林省和辽宁省为研究对象，以生活污水和工业废水中排放的化学需氧量（COD）、氨氮（NH_3N）为排污权交易的对象，运用层次分析法（AHP），在保证公平性的基础上，综合考虑辽河流域各省区污染状况、经济发展、科技水平等因素，确定了辽河流域化学需氧量（COD）排污权的初始分配值，分别为河北省 56.24 万吨、内蒙古自治区 37.07 万吨、吉林省 36.6 万吨、辽宁省 45.9 万吨；辽河流域氨氮（NH_3N）排污权的初始分配值分别为河北省 5.78 万吨、内蒙古自治区 3.81 万吨、吉林省 3.29 万吨、辽宁省 4.72 万吨。这为下一步辽河流域排污权交易制度的建立提供了理论参考依据。

第十三章，辽河流域上游山区生态补偿绩效评估研究。本章阐述了生态补偿绩效评价的必要性与理论意义，以辽东山区 27 个农业县为例，通过熵值法计算生态补偿综合绩效。运用面板回归方法，研究发现在控制了行政区划、时间、环保投资和森林存量后，政策效应为 0.475。为避免样本选择问题，引入 Kernel 内核匹配法得出平均处理效应为 0.783。这说明两方法均支持补偿政策有效的结论。而对补偿组回归发现行政区划、财政赤字占比显著为正；经济因素中只有人均 GDP 显著；各时间变量显著为正，说明生态补偿政策效应在逐渐显现并趋于收敛。

第十四章，研究结论和政策建议。本章在总结上述研究内容的基础上，结合国内外先进的流域治理理论与实践经验，针对我国跨域行政管理和流域生态补偿中出现的具体问题，提出了我国在开展跨行政区域的流域生态补偿机制建设上的研究结论和政策建议。

第五节 研究方法与研究思路

一、研究方法

本书采用定性、定量与实证调研相结合的方法，多视角地考察国内外流域生态补偿的运行机制和管理模式等；采用分散与集中、规范研究与实证研究相结合的研究方法，使本书的研究更加具有系统性、灵活性和真实性，能够得到较为真实的估计结果和完备的理论体系。

另外，本书的研究还采用了理论与实践相结合的方法，以理论指导实践，又以实践丰富理论，从而使研究所提出的估计结果、运行机制、市场体系、管理模式和政策建议更加完善及切合实际，也使研究提出的措施和方案更加具有可操作性。

方法一：规范分析与实证分析相结合的方法。

本书既以环境经济学的研究方法论为基础，通过对国内外不同流域生态补偿机制的实践分析归纳出具有跨区域特性的生态补偿标准和流域区际水环境管理模式；又在实地调研、访谈的基础上，主要以我国东北地区典型流域——辽河为研究对象，运用环境管理和规制经济等理论，通过对地方政府水环境治理主体理性选择行为的微观考察来分析流域水资源不同环境治理制度的实施效果。

方法二：历史分析与比较分析相结合的方法。

本书对辽河流域水环境（水质、水量等）的时空变化进行历史性回顾分析，分析流域水污染变化和水资源枯竭的历史演进过程，从而揭示流域水污染纠纷、水资源利益失衡的本质原因和内在矛盾。同时，运用对比分析的方法，通过与现行的流域行政管理体系的对比分析，揭示了流域跨界水环境整治的模式和方法。

方法三：理论研究与政策建议相结合的方法。

本书在对辽河流域生态环境服务价值及保护成本进行评估研究和理论分析的基础上，系统研究了跨区域流域生态补偿的影响因素、计算模型、适用条件等内容，在学术领域探索前沿的空间维度环境经济学的理论研究领域，既采用模型演绎、理论分析、问题求证等定性分析方法，也采用数据分析、实证检验等定量分析，对研究假说和研究结论进行验证。同时，从环境经济政策和流域行政管理的角度，以横向生态补偿转移支付体系为研究重点，引入市场机制，构建以中央政府（或相关主管部门）为主导、地方各级政府为责任主体的新型流域生态补偿模式与机制，进一步探索辽河流域区际生态利益协调的模式选择、运行机制、制度条件与政策创新等问题。

二、研究思路

按照研究的目的和内容，本书的研究思路和结构框架如图 1.2 所示。

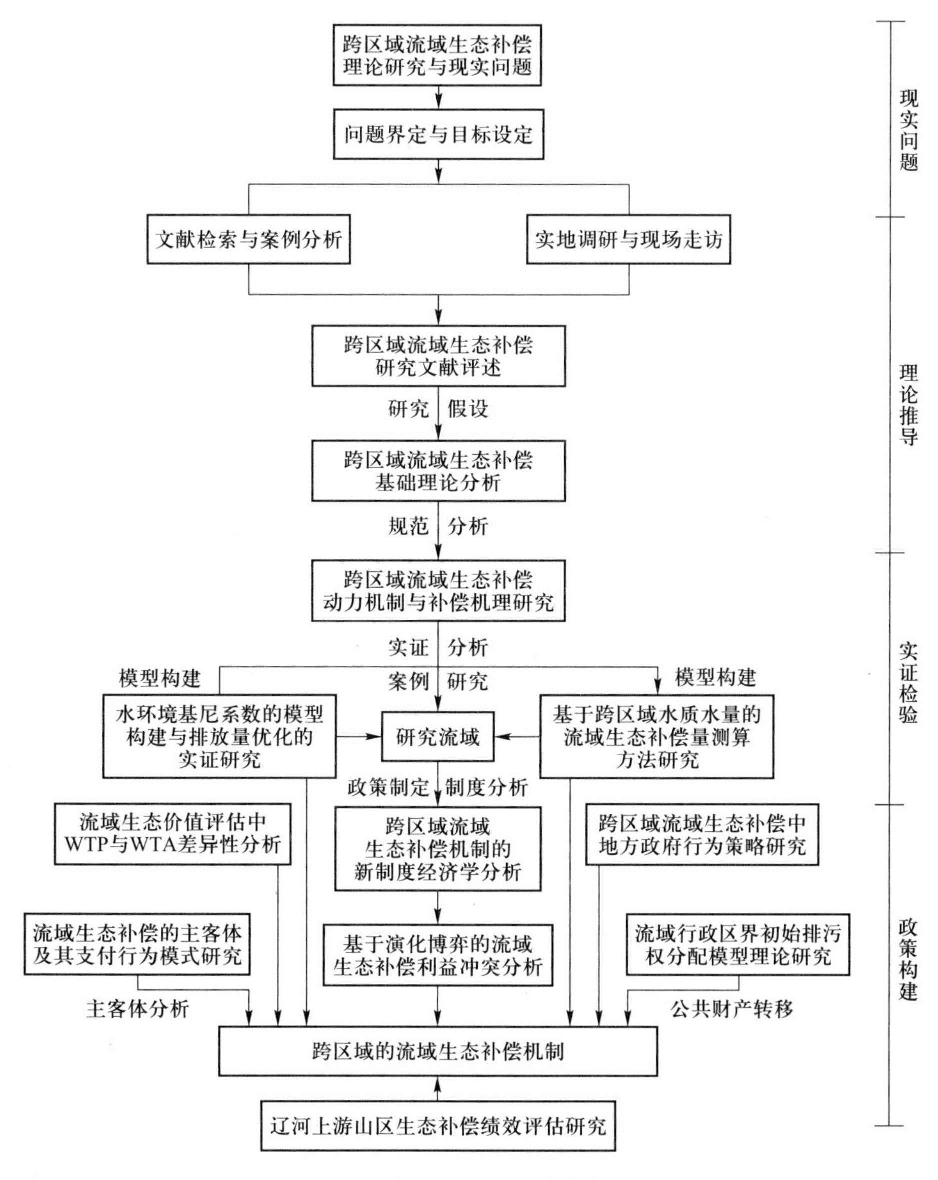

图 1.2　本书研究思路及结构框架

第二章 流域生态补偿研究的文献评述

第一节 流域生态系统服务支付与生态补偿的研究现状

一、国外流域生态系统服务支付与生态补偿的研究现状

国际上流域生态环境服务支付的研究最早起源于20世纪70年代，源于对水资源经济价值和河流生态系统及其休闲娱乐功能的概念和评估方法的经验探讨，提出了生态环境服务支付的概念和内涵，并对生态环境服务支付的模式、形成机制和评估方法等多个方面进行探讨，研究内容涉及生物多样性补偿、碳交易、森林生态效益补偿、流域生态服务功能及其价值评估等多个方面。[①] 一些国际组织，例如，英国国际发展部（Department for International Development，DFID）、国际环境与发展研究所（International Institute for Environment and Development，IIED）、美国的森林趋势（Forest Trends）组织、世界银行（World Bank）和国际热带木材组织（International Tropical Timber Organization，ITTO）等分别就流域、森林环境服务及其补偿机制在世界范围内的案例进行了研究，进一步探讨生态环境服务支付的内涵、模式、标准、机制和立法等。

目前，流域生态环境服务价值评估方法主要包括支付意愿调查法、市场替代法、旅

① Costanza R，d'Arge R C，Rudolf de Groot，et al.，"The value of the world's ecosystem services and natural capital"，*Nature*，1997（387），pp.253–260；Landell Mills N，Porras I T，*Silver Bullet or Fool's Gold？A Global Review of Markets for Forest Environmental Services and Their Impact on the Poor*，IIED，2002.

游费用法、概念模型、径流与流域生态服务关系的经验模型等方法。[①] 基于支付意愿调查的假设条件评估法（CVM）被公认为是生态环境服务价值评估的有效方法。1963 年，戴维斯（Davis）首次运用 CVM 研究了美国缅因州一处林地的游憩价值。[②] 此后，该方法被不断用于估算环境资源的游憩和美学价值，研究领域也涉及水质、空气质量、生物多样性生态系统、健康风险、供水和游憩等多个方面。埃伯特（Ebert）从边际意愿角度分析了受偿意愿和支付意愿在生态环境物品评估中的精确度，认为赫克曼（Heckman）方法在评估环境物品价值中精确度比较高。[③] 克拉森等人介绍了美国耕地保护计划如何用条件价值法评估农场主受偿意愿，据此制定合理的受偿标准，提高生态补偿的实施效益。[④] 萨兹－萨拉查（Saz-Salazar）等人在欧盟水框架协定出台背景下，对比不同利益相关方的受偿意愿和支付意愿，计算出恢复流域水质的社会经济效益。[⑤] 安娜·维拉里尔和霍尔迪·普格认为，在西班牙环境影响评价中的生态补偿标准远低于为避免环境资源净损失所预期的标准。[⑥]

二、我国流域生态系统服务支付与生态补偿的研究探索

我国流域生态环境服务补偿的实践在需求的驱动下，已经先于理论研究在国家、省（自治区、直辖市）、市县、村镇等不同层次展开。由于水资源产权属于国家，对流域及其自然资源和环境的保护也主要由政府投资。1998 年以来，由于全国范围内流域环境出现不同程度上的恶化，中央政府执行一系列大规模的、全国性的项目对流域环境服务进行国家购买和补偿，以恢复主要河流流域的生态环境，包括天然林保护工程、退耕还林还草项目和森林生态效益补偿项目等大型环境补偿项目，中央政府是生态系统服务的主

① Young R A，S L Gray，“Economic value of water：concepts and empirical estimates.Final rep.To the Natl.Water Qual. Comm”，*Contract Nwc*，1972，pp.70–280；Daubert J，R Young，“Recreational demands for maintaining in stream flows：a contingent valuation approach”，*American Journal of Agricultural Economics*，1981（04），pp.666–676；Ward F A，“Economics of water allocation to instream uses in a fully appropriate driver basin：evidence from a New Mexico wild river”，*Water Resources Research*，1987（03），pp.381–392.

② Davis R K，“Recreation planning as an economic problem”，*Natural Resources Journal*，1963（3），pp.239–249.

③ Ebert U，“Approximating WTP and WTA for environmental goods from marginal willingness to pay functions”，*Ecological Economics*，2008（66），pp.270–274.

④ Claassen R，Cattaneo A，Johansson R，“Cost-effective design of agri-environmental payment programs：U.S. experience in theory and practice”，*Ecological Economics*，2008（65），pp.737–752.

⑤ Saz-Salazar S D，Hernandez-Sancho F，Sala-Garrido R，“The social benefits of restoring water quality in the context of the Water Framework Directive：a comparison of willingness to pay and willingness to accept”，*Science of the Total Environment*，2009（407），pp.4574–4583.

⑥ Ana V，Jordi P，“Ecological compensation and environmental impact assessment in Spain”，*Environmental Impact Assessment Review*，2010（30），pp.357–362.

要购买者和资助者。同时，随着人们对生态环境服务价值认识的逐步深入，越来越多的个人、企业、地方政府和非政府组织愿意为生态系统服务支付一定的费用，以减少生态退化引发的生态服务减少及其导致的损失，出现了多种流域生态补偿类型，包括水权交易、异地开发、水电费补偿、流域上下游的共建共享等多种形式。地方政府对小流域生态补偿的自发活动和国家项目一起扮演着重要的角色。一些经济发达省份（如浙江、福建和广东等），为了保护水源对流域上游地区进行生态补偿，例如，广东省和上游江西省之间的东江源生态补偿模式，这促使我国跨区域的生态补偿机制得以初步建立。

我国对流域生态服务补偿的理论研究在 20 世纪 90 年代以来得以发展，由于实践的需求，最早起源于对森林生态效益补偿和生态服务功能的研究。[①] 张志强、徐中民等人以黑河流域 1987 年和 2000 年的 1∶100 万地球资源卫星技术手册（Landsat TM）图像解译数据为基础对 1987 年和 2000 年生态服务功能进行评价；并在 2002 年利用条件价值评估方法问卷调查了黑河流域居民对恢复张掖地区生态系统服务的支付意愿，结果表明：黑河流域 96.6% 的居民家庭对恢复张掖地区生态系统服务存在支付意愿，平均最大支付意愿每户每年为 45.9 元 ~68.3 元。[②] 王金龙和马为民对流域生态补偿问题进行了研究。[③] 赵同谦、欧阳志云等人对我国陆地地表水生态系统服务功能进行研究，认为我国地表水的服务价值为 2000 年国内生产总值的 11%。[④] 随后，流域生态补偿的概念被明确提出，开展了流域生态补偿的理论基础、概念、内涵的研究和探讨。[⑤] 环境保护部环境规划院在科技部“十五”重大科技攻关项目的资助下，开展了我国生态补偿机制和政策方案的研究，初步构建了中国生态补偿的框架。一些学者如张陆彪、郑海霞、靳乐山等人从市场的作用方面对流域生态服务支付进行了分析。曹明德、马燕等人从生态补偿制度和立法方面对中国生态补偿问题进行了分析。[⑥] 秦丽杰和邱红对松辽流域水资源区域补偿对策进行了研究。[⑦] 此外，英国国际发展部国际环境与发展研究所（IIED）项目“中国流域生态补偿：政府

---

① 侯元兆、王琦：《中国森林资源核算研究》，《世界林业研究》1995 年第 3 期，第 51~56 页；刘璨、吴水荣：《我国森林资源环境服务市场创建制度分析》，《林业科技管理》2002 年第 3 期，第 5~10 页；李文华等：《森林生态效益补偿的研究现状与展望》，《自然资源学报》2006 年第 5 期，第 677~688 页。

② 张志强等：《黑河流域生态系统服务的价值》，《冰川冻土》2001 年第 4 期，第 360~366 页、456 页。

③ 王金龙、马为民：《关于流域生态补偿问题的研讨》，《水土保持学报》2002 年第 6 期，第 82~83 页、150 页。

④ 赵同谦等：《中国陆地地表水生态系统服务功能及其生态经济价值评价》，《自然资源学报》2003 年第 4 期，第 443~452 页。

⑤ 王学军等：《生态环境补偿费征收的若干问题及实施效果预测研究》，《自然资源学报》1996 年第 1 期，第 1~7 页；沈满洪：《环境经济手段研究》，中国环境科学出版社 2001 年版；毛显强、钟瑜、张胜：《生态补偿的理论探讨》，《中国人口·资源与环境》2002 年第 4 期，第 38~41 页。

⑥ 曹明德：《对建立我国生态补偿制度的思考》，《法学》2004 年第 3 期，第 40~43 页；马燕、赵建林：《浅析生态补偿法的基本原则》，载王金南、庄国泰主编：《生态补偿机制与政策设计国际研讨会论文集》，中国环境科学出版社 2006 年版，第 139~146 页。

⑦ 秦丽杰、邱红：《松辽流域水资源区域补偿对策研究》，《自然资源学报》2005 年第 1 期，第 14~19 页。

与市场的作用”的研究，基于典型案例对中国流域生态补偿的方式和补偿机制进行探讨，分析政府和市场在流域补偿中所起的作用，其中金华江流域的案例从保护成本、污染损失和支付意愿等方面对生态补偿的标准进行定量评估和分析。[①]

2006年国家环境保护总局在赣粤闽等重点流域开展了生态补偿调研，并相继在浙江、广东等省份开展了流域生态补偿试点，为构建全国生态补偿机制框架和实践进行了有益的探索。中国水利水电科学研究院开展了“新安江流域生态共建共享机制研究”，从发电、供水、纳污、渔业、旅游、水保、饮料等方面对上游地区水生态效益的价值进行估算，提出新安江上游地区水生态效益分享与成本分担方式。[②]中国环境与发展国际合作委员会（CCICED）生态补偿课题组把流域、矿产资源开发、林业和保护区作为案例研究的方向，分别提出了相应的结论和初步的政策建议，如流域案例研究所提出的建议国家加强流域生态补偿立法，应尽快出台流域生态补偿技术导则等；矿产资源开发案例研究以煤炭资源为例，提出了生态补偿机制的初步设计；林业案例研究提出加大财政转移支付力度、培育发展森林生态效益补偿多元化融资渠道、完善森林生态效益补偿管理机制等；自然保护区案例研究针对不同保护区类型，提出了一些初步的政策建议。

因此，我国生态补偿机制得到了国家和各级政府的高度重视，国家的一系列政策文件，如《国民经济和社会发展第十二个五年规划纲要》《国务院关于落实科学发展观加强环境保护的决定》《国务院2006年工作要点》都明确提出了积极推进环境有偿使用制度改革，加快、抓紧建立生态补偿机制的要求，并在财政、价格、税收、信贷、贸易等领域提出了相应的改革政策。2005年12月，《国务院关于落实科学发展观加强环境保护的决定》指出“要完善生态补偿政策，尽快建立生态补偿机制”。2006年3月，十届人大四次会议《政府工作报告》指出“继续实施自然生态保护工程，抓紧建立生态补偿机制”。国家环境保护总局自然生态保护司副司长王德辉提出：“要按照‘谁开发谁保护、谁破坏谁恢复、谁受益谁补偿、谁排污谁付费’的原则，完善生态补偿政策，建立生态补偿机制。”[③]中央和地方财政转移支付应考虑生态补偿因素，国家和地方可分别开展生态补偿试点。例如浙江省政府制定了《关于进一步完善生态补偿机制的若干意见》，是首例地方

① 郑海霞、张陆彪：《流域生态服务补偿定量标准研究》，《环境保护》2006年第1期，第42~46页。

② 刘玉龙等：《从生态补偿到流域生态共建共享——兼以新安江流域为例的机制探讨》，《中国水利》2006年第10期，第4~8页。

③ 国家环境保护总局自然生态保护司副司长王德辉在“中国流域生态补偿：政府与市场的作用”国际研讨会上的主题发言，2006年9月15日，北京。

性质的生态补偿条例。2006 年 11 月,《中共中央关于构建社会主义和谐社会若干重大问题的决定》指出:“完善有利于环境保护的产业政策、财税政策、价格政策，建立生态环境评价体系和补偿机制，强化企业和全社会节约资源、保护环境的责任。”2007 年 3 月，十届人大五次会议《政府工作报告》指出“健全矿产资源有偿使用制度，加快建立生态环境补偿机制”。2007 年 9 月，国家环境保护总局发布了《关于开展生态补偿试点工作的指导意见》，将流域水环境保护的生态补偿列为开展生态补偿试点的四个领域之一。其中明确要求，开展跨区域流域生态补偿试点工作——各地应当确保出界水质达到考核目标，根据出入境水质状况确定横向补偿标准；搭建有助于建立流域生态补偿机制的政府管理平台，推动建立流域生态保护共建共享机制；加强与有关各方协调，推动建立促进跨行政区的流域水环境保护的专项资金。2007 年 10 月，党的十七大报告指出“实行有利于科学发展观的财税制度，建立健全资源有偿使用制度和生态环境补偿机制”。2008 年 3 月，十一届人大一次会议《政府工作报告》指出“改革资源税费制度，完善资源有偿使用制度和生态环境补偿机制”。

2011 年国家“十二五”规划明确指出:“加快建立生态补偿机制，加强重点生态功能区保护和管理，增强涵养水源、保持水土、防风固沙能力，保护生物多样性。加强水利基础设施建设，推进大江大河支流、湖泊和中小河流治理……”2013 年 11 月，十八届三中全会通过的《中共中央关于全面深化改革若干重大问题的决定》明确提出，实行生态补偿制度。2016 年 5 月 13 日，国务院办公厅发布《关于健全生态保护补偿机制的意见》。这些为我国进一步开展流域生态补偿研究和建立生态补偿长效机制，提供了政策保障。

三、流域生态系统服务支付与生态补偿研究存在的问题

目前，我国流域生态补偿市场不够成熟，政府在生态补偿机制的建立过程中扮演协调者甚至是购买者的重要角色，但是政府在实际购买模式中的突出问题是信息不充分、不对称。由于生态系统服务价值在实际应用中还难以计量和货币化，生态补偿的标准难以确定以及生态补偿受益方资金难以明确责任致使支付无法实现，等等。由于政府很难掌握每种生态系统或生态服务的生态价值，往往会出现支付成本过高的问题；并且，流域下游生态补偿数额与上游所提供的生态服务价值或污染所造成的损失难以达成统一的经济利益关系，从而导致补偿效率过低和交易成本过高等问题。同时，流域利益相关者的参与程度以及生态效益在不同利益相关者之间的平衡问题也决定着生态补偿政策的实

施效果。

近年来，很多学者对流域生态补偿机制和制度等方面进行了研究，并取得了一些成果。但也有许多局限性和不足之处，突出表现在以下四个方面：①对生态补偿的理论探讨较多，对生态补偿定量分析和评估研究较少；②单项和分散研究较多，对自然过程和经济分析的综合研究较少；③对流域生态补偿的研究及林业生态经济价值进行评估或定性的分析探讨较多，基于实地调查的流域环境服务价值定量评估和流域生态补偿机制的研究较少；④探讨政府作用的研究较多，且这些研究没有充分认识到农民等基层个体与群体在生态补偿中的重要作用，以往的研究多基于已有的统计数据，对基层农户对生态补偿的认知、支持、参与和支付或接受意愿以及对生态补偿执行地区农民收入影响的综合研究较少。同时这些研究没有从流域保护的主体——当地公众的角度出发，揭示流域生态变化的真正驱动力及造成的直接社会经济影响，因而研究结果具有很大的片面性，难以取得学术界、管理决策部门和公众的认同。

第二节　流域生态补偿的典型案例及其启示

一、国外流域生态补偿案例

最早的流域生态服务市场起源于流域生态管理。美国早在 1933 年就实施田纳西（Tennessee）河流域管理计划。目前，田纳西河流域已经在航运、防洪、发电、水质、娱乐和土地利用等方面实现了统一开发和管理，使流域经济与环境协调发展，成为流域管理成功的典范。1985 年美国开始实施耕地保护性储备计划（Conservation Reserve Program，CRP），为减少土壤侵蚀，政府通过与农民签订合同使之放弃在这类生态敏感的土地上耕作，并且种草种树，对流域周围的耕地和边缘草地土地拥有者进行补偿。保护性储备计划也是美国保护性退耕计划（Land Retirement Programs）的一个重要组成部分。美国纽约市与上游的清洁供水交易，也是通过环境服务交易实现流域环境和经济双赢的成功案例。20 世纪 90 年代，纽约市为改善饮用水水源的水质，对上游卡茨基尔（Catskills）河和特拉华河的农场主进行了补偿，并且要求其采用环境友好的生产方式以改善河流水质。纽约流域保护计划仅花费 5 亿美元，但是该计划的实施为纽约市节省了 60 亿美元水净化厂建设费用和每年 3 亿美元的运行维护费用。同时，水源保护项目的实施，保障了纽约市清洁用水的同时也使流域内多方利益相关者受益。

另外，哥斯达黎加 1995 年就开始进行环境服务支付项目（PES），成为全球环境服务支付项目的先导。美国为减少河流水资源的富营养化，改善水质，采用了污染信贷交易。澳大利亚在默里—达令（Mullay-Darling）流域实施了水分蒸发蒸腾信贷，以改善土壤质量；哥伦比亚为流域管理征收生态服务税；巴西的州级税收“商品和服务流通所得收入（ICMS）”的分配机制对各地保护林地的积极性则产生了消极的影响。①

国际社会上，一些环保组织和研究机构从宏观上统计了地区间的补偿量。中国环境与发展国际合作委员会的研究报告中引用的 2006 年生态系统市场矩阵中对生态系统服务补偿量的统计分析，见表 2.1。生态环境服务支付的方式、特点及属性见表 2.2。

表 2.1　选定生态系统服务补偿的估计量

生态系统补偿类型	全球当前补偿量估计（每年）	发展中国家当前补偿量估计（每年）
调整性生态系统补偿政策（包括美国湿地舒缓银行）	2 亿美元（私有部分，用于营利性湿地与河流）；总共为 10 亿美元	发展中国家有多少生态系统补偿通过美国电子工业联合会（EIA）推动的情况未知
水质交易（营养物 / 盐分交易）	700 万美元	发展中国家的规模与数量情况未知，大约 200 万美元
对与水相关生态系统服务的政府调停补偿	10 亿美元［纽约市约 1.5 亿美元；资源保护（WRP）2.4 亿美元；装备（Equip）估计 50% 的资金用于与水相关的方面，大约 5 亿美元］	墨西哥计划：1 500 万美元； 哥斯达黎加计划：500 万美元； 中国计划：10 亿美元以上
私人流域管理环境服务支付（PES）	500 万美元（许多公共 PES 都具有部分公有性）	哥斯达黎加的私人基金大约为 30%，厄瓜多尔也是如此，为公共事业收入的 30%
水交易	1 亿美元用于环境方面，总共约 20 亿美元（美国西部 500 亿美元）	智利、墨西哥的例子

资料来源：2006 年生态系统市场矩阵。转引自中国环境与发展国际合作委员会的研究报告。

① 参见 Danièle Perrot-Maitre Patsy Davis：《森林水文服务市场开发的案例分析》，张亚玲译，《湿地科学与管理》2002 年第 4 期，第 43~45 页。

表 2.2　生态环境服务支付的方式、特点及属性

方式	特点	属性
公共支付	公共支付是支付生态环境服务的主要形式。其特点是由政府来购买社会需要的生态环境服务，然后无偿提供给社会成员。政府购买模式中的支付费用，理论上应大于或等于生态资源使用的机会成本，同时小于或等于该地提供的生态环境服务的价值。现实中，因为生态环境服务价值难以计量和货币化，机会成本成了唯一现实的衡量标准。政府购买模式中的突出问题是信息不对称。此外，官僚体制本身的低效率、寻租腐败的可能性以及政府预算优先考虑领域的转移，都可能影响政府购买模式的实际效果	政府购买模式
一对一交易	交易双方基本上是确定的，只有一个或少数潜在的买家，同时只有一个或少数潜在的卖家。交易的双方直接谈判，或者通过一个中介来帮助确定交易的条件与金额。该中介可能是一个政府部门、非政府组织或者是一个咨询公司	市场支付方式
市场贸易	市场贸易具有大量并且不确定的买方和 / 或卖方，买卖的生态环境服务被计量为标准化了的商品单位	
生态标记	生态标记实际上是对生态环境服务的间接支付方式	

随着人们对流域生态服务价值的认识和研究的逐步深入，越来越多的个人、企业、当地政府和组织愿意为流域生态服务进行支付，以减少生态退化引发的生态服务减少由其导致的损失，各种形式和类型的流域生态服务补偿也随之出现。据兰德尔·米尔斯（Landell Mills N.）和波拉斯（Porras I. T.）在《银弹还是愚人金——森林环境服务及对贫困影响的市场开发的全球性展望》一文的研究中披露，世界上现已有 287 例森林环境服务交易，这些案例并非仅集中于发达地区，而是遍布美洲、加勒比海地区、欧洲、非洲、亚洲以及大洋洲等多个国家和地区。[①] 这些案例在参与人员的数目与类型、采用的偿付机制、竞争以及成熟程度等方面都有很大的不同，通常对当地和全球的福利也有不同的影响。

归纳起来，国际上对生态系统服务的购买类型可以分为四大类。

第一类：公共支付体系。

公共支付体系指政府主导的补偿方式，政府提供项目基金和直接投资的补偿支付方式。在重要水源区和大范围的生态保护功能区公共支付方式能发挥重要的作用，但存在着信息不对称和效率低的问题。

第二类：开放式的贸易体系。

---

① Landell Mills N，Porras I T，*Silver bullet or fool's gold? A global review of markets for forest environmental services and their impact on the poor*，IIED，2002.

政府限定某项资源需要达到的环境标准后，没达标和超标的部门进行公开交易。

第三类：自发组织的私人贸易。

这种方式是指服务受益方与提供方之间的直接交易，包括诸如自发认证、直接购买土地及其开发权、生态服务使用者与提供者之间的直接偿付体系。这种交易方式市场化程度较高，以市场主导补偿的标准和方式，通常限定在一定的范围和透明度内，对产权和可操作的规则要求较高。

第四类：生态标记。

生态标记是对生态环境服务的间接支付方式。生态标记是间接支付生态服务的价值实现方式，一般市场的消费者在购买普通市场商品时，愿意以较高的价格购买经过认证的生态友好商品，消费者实际上支付了商品生产者伴随商品生产而提供的生态服务。

二、国内流域生态补偿案例

案例一：京津冀北流域生态补偿[①]

1. 京津冀北流域概况

该区域是京津冀地区众多城市的重要供水水源地和水源涵养区，其中北京地区用水的83%和天津地区用水的94%来自该区域内桑干河、洋河、潮白河和滦河四条河流。

2. 生态补偿的目标

（1）保障流域下游的水资源和水环境安全；

（2）保障流域上游保护生态环境的积极性；

（3）促进北京北部生态屏障建设。

3. 流域生态补偿标准

仅以官厅水库为例，以水质、水量为主线，测算流域生态补偿的标准；借鉴《21世纪首都水资源可持续利用规划》等研究成果；以保护费用法来估算官厅水库流域生态补偿标准。

4. 流域生态补偿费用的分摊

张家口地区每年为官厅水库上游生态保护所付出的代价约为5.98亿元，这也是应该给予上游的最低生态补偿标准。按照2003年北京市、河北省、张家口市三地的人均GDP比例关系，给出三地每年为官厅水库上游生态补偿的比例为0.8：0.14：0.06。因此，

① 刘桂环等：《京津冀北流域生态补偿机制初探》，《中国人口·资源与环境》2006年第4期，第120~124页。

补偿标准分别为：北京市 4.78 亿元，河北省 0.84 亿元，张家口市 0.36 亿元。

5. 建立官厅水库流域生态补偿基金

北京市水资源费由原来的 1.1 元 / m^3 提高到 1.6 元 / m^3，自来水销售量按每年 6 亿吨计算，每年可以征收水资源费 9.6 亿元，其中的 50% 作为流域生态补偿基金，每年可以得到 4.8 亿元，可以达到北京出资 4.78 亿元的标准。河北省每年负担的 0.84 亿元流域生态补偿金，可以通过省内财政转移支付的方式直接划拨到张家口市有关部门。张家口市的水资源费由 0.2 元 / m^3 提高到 0.8 元 / m^3，自来水销售量定为每年 5 000 万 m^3，每年可以筹集水资源费 4 000 万元，也可以达到张家口市的出资标准。

案例二：粤赣东江流域生态补偿[①]

1. 东江流域概况

东江是珠海水系三大干流之一，发源于江西省赣州市，源区流域面积 3 502 km^2，约占东江全流域面积的 1/10，占东江年平均径流量的 10.4%。东江源区生态补偿机制如图 2.1 所示。

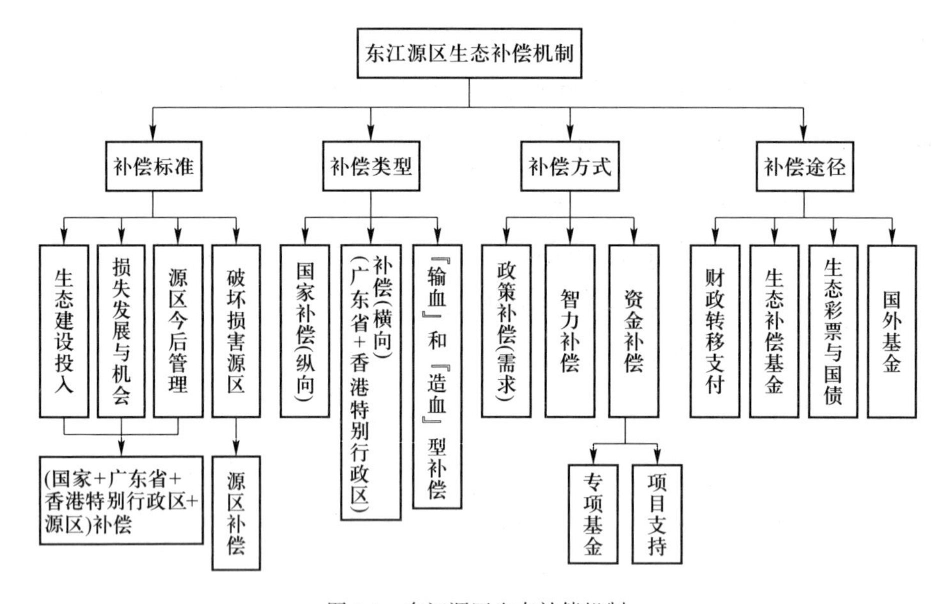

图 2.1　东江源区生态补偿机制

2. 东江流域生态补偿标准的测算

东江流域生态补偿标准的测算采用投入费用法和机会成本法，以水质、水量为主线。投入费用："十五"期间，源区生态建设已投入 1.349 亿元，"十一五"期间继续投

① 李远等:《流域生态补偿、污染赔偿政策与机制探索——以东江流域为例》，经济管理出版社 2012 年版。

资14.2亿元用于源区生态建设。未来为保护源区生态环境还需大量的管理和维护费用。

机会成本：自2000年以来，为保护源区生态环境，东江源区直接经济损失约达24.8亿元。另外，未来源区还将损失发展机会来保护源区的生态环境。

3. 东江流域生态补偿费用的分摊

根据东江流域内广东省人口和源区三县人口分别占东江流域总人口的比例，来分担对源区因保护生态环境而丧失的发展机会成本和对源区生态建设的投入。

按照东江源区流入东江水量占东江流域总水量比例来看，分享香港特别行政区支付广东省的水资源费，即广东省每年从25亿元水资源费用中拿出2.6亿元给源区三县。

4. 东江源区流域生态服务补偿运行过程和机制

东江源区流域生态服务补偿运行过程和机制如图2.2所示。

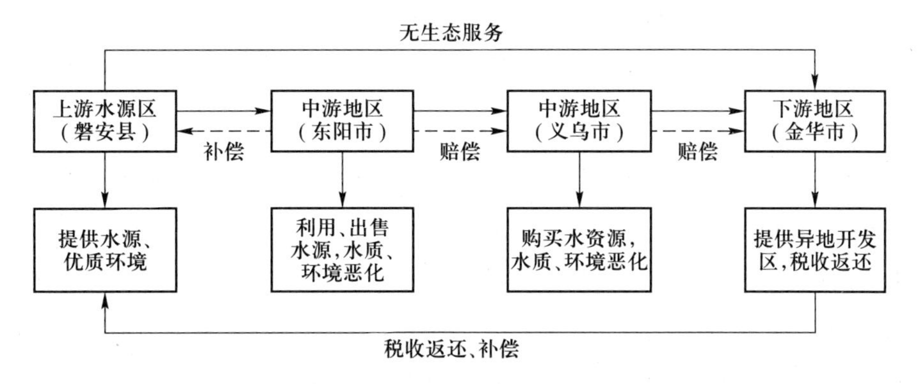

图2.2　东江源区流域生态服务补偿运行过程和机制

案例三：浙皖新安江流域生态补偿[①]

1. 新安江流域背景

新安江流域跨皖浙两省，是连接安徽省黄山市和浙江省杭州市的一条重要河流。长期以来，安徽省及流域市县政府在经济基础比较薄弱的前提下，先后投入数亿元用于退耕还林、自然保护区和水源涵养区建设等流域综合治理，为保护新安江流域优质的水资源做出了巨大的贡献。而流域地区2003年人均GDP只有2 752.6元，与库区其他地区差距较大，部分库区移民仍然生活在贫困线以下。2007年新安江流域被国家发展与改革委员会、财政部、水利部、环境保护部列为全国中小流域生态补偿机制建设四大试点流域之一。

① 郑海霞：《中国流域生态服务补偿机制与政策研究》，中国农业科学院，2006年。

2. 新安江流域生态补偿标准的测算

补偿成本的具体分析可借鉴中国水利水电科学研究院对新安江流域生态补偿标准的测算思路，即计算上游生态保护与建设的总投入；按受益比例来分担生态保护与建设的成本；建立生态保护投入补偿模型；提出流域生态共建共享机制。其本质是按各部门效益占国民经济总效益的比例来分担上游生态建设与保护的成本，所提出的基于水量水质的生态保护投入补偿模型。测算结果为：1996—2004 年下游地区需总共分担投入 6.63 亿元；2010 年下游地区需要分担上游生态保护投入 2.89 亿元；2020 年下游地区需要分担上游生态保护投入 3.29 亿元。

案例四：闽晋九龙江流域生态补偿[①]

1. 九龙江流域

九龙江是福建省第二大河流，干流长度 285 km，流域面积约 1.474 万 km^2，多年平均径流量 119 亿 m^3，发源于龙岩，流经漳州，从厦门入海。位于上游的龙岩的产业结构以资源消耗行业为主，经济发展相对落后，模式较为粗放，面临较大的污染防治与生态保护压力；流域中下游的漳州生态环境较好，但面临着发展与环境保护的矛盾；下游的厦门经济发达，城镇化水平较高，但水环境质量受上游影响较大。据统计，2005 年厦门市地区生产总值为 1 029.55 亿元，地方财政收入为 98.95 亿元，分别是漳州市的 1.6 倍和 3.7 倍，龙岩市的 2.7 倍和 4.8 倍（见表 2.3）。而环境监测结果表明，九龙江流域上游龙岩段的水质较差，影响下游及河口的水质。2003 年，九龙江流域成为福建省首个实行流域生态补偿的试点，在省政府的协调下，设立了专项资金。2003—2007 年，厦门市每年出资 1 000 万元，漳州和龙岩各自配套 500 万元，每年共计 2 000 万元。福建省环保局 2005 年起每年安排 800 万元，专项用于龙岩、漳州的流域环境综合整治。2003—2005 年补偿资金占当地流域环境污染治理投入的比例，龙岩为 12.3%，漳州为 15.1%。福建省财政厅、环保局制定了《九龙江流域综合整治专项资金管理办法》，对资金的配套、安排、使用程序和扶持重点作了明确的规定。针对畜禽养殖污染排放对流域主要污染物氨氮的贡献最大等突出问题，补偿资金用于补助养殖业污染治理和乡镇垃圾无害化处理项目建设。流域生态补偿机制的初步建立促进了九龙江流域水质的改善，Ⅰ~Ⅲ类水质达标率从 2004 年的 84.3% 提高到 2005 年的 88.9% 和 2006 年上半年的 89.5%。

① 黄东风等：《闽江、九龙江等流域生态补偿机制的建立与实践》，《农业环境科学学报》2010 年第 S1 期，第 324~329 页。丛澜、徐威：《福建省建立流域生态补偿机制的实践与反思》，《环境保护》2006 年第 19 期，第 29~33 页。

表 2.3　2005 年九龙江流域基本情况

流域	人口 / 万人	GDP/ 亿元	GDP 增长率 /%	财政收入 / 亿元
上游龙岩市	274	385.22	11.3	20.83
中下游漳州市	470	626.36	11.0	26.97
下游厦门市	225	1 029.55	16.0	98.95

九龙江流域已制定了水环境综合整治规划，流域水环境污染、生态环境破坏的趋势和主要污染物排放总量得到有效控制，污染严重的河段水环境质量明显改善，90% 以上的河段达到功能分区水质标准要求。“十一五”期间，龙岩和漳州两市规划了 88 个重点工程项目的建设，总投资 52 亿元。根据九龙江流域水污染与生态破坏综合整治绩效评估的研究结果，1999—2003 年流域投入效益与费用比为 1.89。2003—2005 年，用于九龙江的 7 680 万元的上下游补偿资金已产生 1.45 亿元的直接效益，将产生更为可观的经济与环境效益。2003—2005 年九龙江流域生态补偿资金情况见表 2.4。

表 2.4　2003—2005 年九龙江流域生态补偿资金情况

年份	龙岩市			漳州市		
	流域环境治理总投入 / 亿元	生态补偿资金 / 亿元	补偿资金占治理总投入比例 /%	流域环境治理总投入 / 亿元	生态补偿资金 / 亿元	补偿资金占治理总投入比例 /%
2003	1.11	0.12	10.81	0.76	0.12	15.79
2004	0.98	0.12	12.24	0.43	0.12	27.91
2005	1.02	0.14	13.73	1.35	0.14	10.37

2. 闽江流域

闽江是福建省最大的河流，年径流量 621 亿 m^3，流域面积约占福建省总面积的一半，主要涉及山区的三明、南平等市和沿海的福州。闽江流域是福建省重要的经济区之一，在全省经济、社会和环境的可持续发展中占有十分重要的地位。

2005 年，福州市地区生产总值为 1 482.06 亿元，财政收入为 97.45 亿元，是上游三明市的 3.8 倍和 5.0 倍，是中游南平市的 4.2 倍和 6.5 倍（见表 2.5）。闽江流域是工业相对集中的地区，工业废水中 COD 年排放量约占全省的 60%，氨氮年排放量约占全省的 40% 以上。近年来，闽江流域上、中游地区养殖业发展迅猛，造成水体严重污染，环保基础设施建设明显滞后，生活污染日益严峻。

2005 年，闽江流域开始实施上下游生态补偿，其做法与九龙江流域类似。2005—2010 年，福州市政府每年新增 1 000 万元资金，三明、南平在原有的闽江流域环境整治

表 2.5　2005 年闽江流域基本情况

流域城市	人口 / 万人	GDP/ 亿元	GDP 增长率 /%	财政收入 / 亿元	流域环境治理投入 / 亿元	生态补偿资金 / 亿元	补偿资金占治理总投入比例 /%
上游三明	264	392.08	10.5	19.33	1.78	0.25	14.0
中游南平	288	349.86	10.2	15.08	1.32	0.25	18.9
下游福州	666	1 482.06	9.8	97.45	7.06	—	—

资金的基础上，再各配套 500 万元，每年合计 2 000 万元，由福建省财政设立专户管理，专款用于闽江三明段和南平段的治理。同时，福建省发改委和环保局每年各安排 1 500 万元资金，专项扶持闽江全流域的环境综合整治。福建省财政厅、环保局制定了《闽江流域水环境保护专项资金管理办法》，规范了生态补偿的形式和内容。生态补偿资金主要用于《闽江流域水环境保护规划》的项目实施，重点是畜禽养殖业污染治理、乡镇垃圾处理、水源保护、农村面源污染整治示范工程、工业污染防治及污染源在线监测监控设施建设等八大工程的建设，以实现“到 2010 年，闽江全流域环境污染和生态破坏的趋势得到有效控制，95% 以上的国控和省控断面达到功能分区的环境质量标准”的目标。闽江流域“十一五”期间，重点治理工程达 104 项，总投资为 66 亿元。2005 年，筹措的 5 000 万元上下游补偿资金分别带动了三明市 1.53 亿元和南平市 1.07 亿元的治理投入，占两市流域环境治理投入的比例分别为 14.0% 和 18.9%，在一定程度上弥补了资金缺口，有效改善了闽江水质。全流域Ⅰ~Ⅲ类水质达标率从 2004 年的 83.0% 提高到 2005 年的 92.0% 和 2006 年上半年的 95.3%。

3. 晋江流域

晋江是福建省第四大河流，年径流量 48 亿 m^3，既是经济发达、地区生产总值占全省第一的泉州市各县市（区）的主要水源，也是向金门供水的水源首选地。由于流域工业企业众多，公共设施建设滞后，上游南安、安溪、永春和德化四县（市）90% 的生产生活污水都排入晋江，使其成为泉州市的主要纳污水体，从而造成下游城市饮用水源地水质较差的局面。

根据 2005 年监测结果，四县（市）饮用水源达标率均低于 7.7%，作为石狮市与晋江市饮用水取水口的南高渠饮用水源达标率仅为 66.7%，明显低于全省 96.6% 的平均水平。因此，改善晋江水质是当务之急。2005 年，泉州市开始实施晋江和洛阳江上下游生态补偿，市政府决定 2005—2009 年每年筹措 2 000 万元，五年筹集 1 亿元的补偿资金。2005 年晋江流域基本情况见表 2.6。

表 2.6　2005 年晋江流域基本情况

<table>
<tr><th colspan="2">流域城市</th><th>人口 / 万人</th><th>GDP/ 亿元</th><th>GDP 增长率 /%</th><th>财政收入 / 亿元</th><th>按用水量比例出资 / 万元</th></tr>
<tr><td rowspan="4">上游</td><td>德化县</td><td>31</td><td>51.26</td><td>13.7</td><td>2.53</td><td>—</td></tr>
<tr><td>安溪县</td><td>107</td><td>136.33</td><td>12.8</td><td>4.80</td><td>—</td></tr>
<tr><td>永春县</td><td>55</td><td>90.89</td><td>12.9</td><td>3.66</td><td>—</td></tr>
<tr><td>南安市</td><td>148</td><td>215.55</td><td>10.4</td><td>7.68</td><td>128</td></tr>
<tr><td rowspan="8">下游</td><td>晋江市</td><td>103</td><td>422.75</td><td>12.7</td><td>16.22</td><td>649</td></tr>
<tr><td>石狮市</td><td>31</td><td>170.33</td><td>16.0</td><td>7.54</td><td>180</td></tr>
<tr><td>惠安县</td><td>92</td><td>189.09</td><td>13.0</td><td>7.21</td><td>193</td></tr>
<tr><td>洛江区</td><td rowspan="4">100</td><td rowspan="4">340.10</td><td rowspan="4">14.8</td><td rowspan="4">26.47</td><td>26</td></tr>
<tr><td>泉港区</td><td>98</td></tr>
<tr><td>丰泽区</td><td>113</td></tr>
<tr><td>鲤城区</td><td>113</td></tr>
<tr><td>泉州市</td><td>668</td><td>1 626.30</td><td>13.1</td><td>76.11</td><td>500</td></tr>
</table>

鉴于晋江流域主要分布在泉州市境内，几乎不涉及其他县区市，因此资金筹措方式为：泉州市财政安排 500 万元，下游受益的 8 个县（市、区）按用水量比例分摊其余的 1 500 万元资金。资金主要用于晋江上游的南安市、安溪县、永春县和德化县以及洛阳江上游地区的水资源保护项目，包括城镇生活污水和垃圾无害化处理设施建设、农村面源污染治理和生态保护项目。

三、流域生态补偿案例启示

通过研究国内外流域生态补偿案例，本章认为这些实践的开展对科学有效地开展流域生态补偿试点工作起到了促进作用。

在发展形势方面，流域生态补偿工作得到了社会各界的广泛关注，其发展速度迅猛，前景非常良好，规模逐步扩大，深度逐步加强，这为我国流域生态补偿工作的进一步开展奠定了基础，符合人类社会可持续发展目标。

在主导模式方面，流域生态补偿项目的开展一般都是在上级政府及相关部门的主导和协调下，由一个流域上下游地区的各级地方政府及部门发起，并作为谈判和协商的代表进行跨行政地区的生态补偿标准测算与协商。

在补偿机制方面，在流域生态补偿试点的基础上，流域生态补偿机制的建立逐步得到了建立和加强，在流域生态补偿的发起、实施、监督、协调以及法规等领域初步地进行了有益的探索。

在标准测算方面，流域生态补偿标准测算具有较高的科学性和艺术性，需要补偿主体中各个利益相关者进行协商、谈判、协调，使之公开、公平、公正，同时也必须经过各方专家按照严格的评估程序进行测定。

在实施效果方面，流域生态补偿的有效实施可以解决流域地区生态效益的不平衡分配，缓解不同地区社会生产、生活发展与流域水资源以及生态资源环境供需不平衡的矛盾，这对整个流域生态系统的健康发展起到了积极的保护作用。

第三节　流域生态补偿量测算方法研究

一、流域生态补偿量测算方法的研究意义

从国内外研究进展来看，生态补偿已经成为国际上生态与环境经济学研究领域的重点，也是我国建立和谐社会的基本保障要素之一。由于我国处于经济发展的重要时期，主要流域地区对水资源的需求日益突出，而流域生态的综合环境治理和经济管理手段尚处于探索性阶段。总体而言，目前流域生态补偿研究相对滞后于森林、土地等资源的补偿研究。水资源作为一种可补充但不可替代的重要资源，以流域作为存在载体。因此，合理开发和使用流域水资源，以及对其生态服务功能进行科学合理的补偿，具有突出的现实意义。

近年来，国内外学者对生态补偿进行了积极的探索，取得了一定成果。目前，国外对生态补偿的研究集中于公路建设、森林资源、种群栖息地、海湾环境、生物多样性等领域的特定研究对象，国内对流域生态补偿的研究大量集中在生态补偿理论内涵、类型模式、运行机制等理论体系方面。但是，对流域生态补偿的技术手段和标准方法研究的文献尚显不足，这主要是由于生态补偿的测算涉及多个学科（资源与环境经济学、公共财政学、环境科学等）和领域（生态评价、社会保障、财政支付等）。因此，流域生态补偿测算方法没有统一的标准，且测算技术难度较大。生态补偿量的计算和测定是流域生态区际补偿的前提，这一问题已经成为当前国内外生态补偿研究领域亟须解决的关键问题之一。本章所提出的基于跨区域水质水量指标的流域生态补偿量测算方法，旨在将流域的水质水量环境指标作为流域生态补偿评价的基础，纳入流域和区域综合环境管理的生态补偿机制当中，以探索跨行政区域的流域生态补偿量测算的可行方法。

二、流域生态补偿评价技术与测算方法研究的现状

（一）流域生态补偿量计算的理论方法

对于涉及流域水资源的经济评价和损失计量，国内一些学者积极探索，不断研究。根据前人研究成果，现将生态环境经济评价技术方法分为三类，见表 2.7。

表 2.7　适用于生态补偿的评价方法

技术类型		具体方法	技术特点和适用范围
价值评价的普适技术	市场价格法	生产力变化法	传统费用—效益分析法的延续，是基于环境变化通过生产过程影响生产者的产量、成本和利润，或通过消费品的供给与价格变动影响消费者福利
		疾病成本法	需要明确因果关系及其对社会净福利的影响，是基于潜在的损坏函数，即污染（暴露）程度对健康的影响关系
		人力资本法	将个人视为经济资本单位，考察其生产力的损失，是对死亡的个体所损失的市场价值的现值的近似分析
		机会成本法	基于对那些无法定价或者非市场化用途的资源，其成本可以采用机会成本来比照、衡量的价值
	实际或潜在支出市场价格法	费用分析法	用以评估减缓生态环境影响所消耗的成本，对于难以用货币确定收益的项目非常有用
		防护费用法	认为避免的损失相当于获得的效益，即预防性支出或减缓性支出用作环境潜在危害最小成本的主观评价
		置换成本和重新安置成本法	置换一项有形设备的成本作为衡量预防环境变化的潜在收益的方法
		恢复费用法	计算采取措施将恶化了的生态环境恢复到原来的状况所需费用的一种直接方法
		影子工程法	用类似功能的替代工程价值来代替该工程的生态价值
价值评价的可选技术	替代市场价格技术	旅行费用法	广泛用于评价没有市场价格的自然景点或环境资源的娱乐和服务价值
		环境代替市场交易品法	应用私人交易的物品替代为某些环境服务或向公众提供的物品
	意愿调查评估法	投标博弈法	要求对一个假设情况做出评估，描述对不同水平的环境物品或服务的支付意愿或接受的赔偿意愿
		比较博弈法	要求被调查者在不同的环境物品组合与相应数量的货币间选择，通过不断提高（或降低）价格水平，可以估计被调查者对边际环境质量变化的支付意愿
		零成本选择法	向参与调查者提供两个或多个方案，其中每个方案都是可取的而且成本为零，用以比较环境物品的价值
		德尔菲法	向专家询问，将结果所选择的价值和对选择的解释一起在成员内部传阅，再重新考虑定价值，直至专家的选择出现在某个“均值”附近

续表

技术类型		具体方法	技术特点和适用范围
价值评价的可用技术	内涵资产定价法	资产与其他土地价值	基于人们赋予环境的价值可以从他们购买的具有环境属性的商品（如某些资产与土地）的价格中推断出来
		工资差额法	在其他条件相同时劳动者会选择工作环境较好的职业或工作地点，为此厂商不得不以工资、工时、休假等方面给劳动者以环境污染的补偿。利用工资水平的差距可以作为衡量环境质量的货币价值方法
	宏观经济模型	线性规划法	主要考虑稀缺资源的分配在满足一系列约束条件或其他次要目标的条件下，实现预定目标或一系列目标的优化
		自然资源核算法	建立绿色环境资源核算体系，计算自然资源资本的价值

虽然这些方法不一定都适用于生态补偿，但其中一些主要的方法还是具有一定的适用性的，并且在我国的生态补偿价值评价上也得到了不同程度的运用，但运用范围较窄，尚未形成明确统一的计算模型方法。这主要是上述方法针对的是生态价值和环境损失的评估，而这种非市场价值的评估，在实践中存在着一定的障碍。另外，一些环保组织和研究机构从宏观上统计了地区间的补偿量，如中国环境与发展国际合作委员会的研究报告中引用的2006年生态系统市场矩阵中对生态系统服务补偿量的统计分析成果。

（二）我国流域生态补偿量计算方法的实践研究

从目前掌握的资料来看，我国对流域生态补偿量计量方法主要有以下10类：

（1）张志强等人利用条件价值评估方法调查了黑河流域居民对恢复张掖地区生态系统服务的支付意愿。[①] 结果表明，黑河流域96.6%的居民家庭对恢复张掖地区生态系统服务存在支付意愿，平均最大支付意愿为每户每年45.9元~68.3元。郑海霞和张陆彪运用支付意愿法对金华江流域进行了最大支付补偿的实证研究，其研究主要是通过设计调查问卷，将被调查者的支付意愿与一些基础性调查指标设计成调查问卷，运用有序概率（Ordered Probit）模型和二分常态概率（Binary Probit）模型分析被调查者支付方式的影响因素。[②] 支付意愿法是针对流域当事群体采取的较为合理、相对公平的模拟市场技术的方法，它虽被广泛使用，但也存在不少争议。

---

① 张志强、徐中民、程国栋：《黑河流域张掖地区生态系统服务恢复的条件价值评估》，《生态学报》2002年第6期，第885~893页。

② 郑海霞、张陆彪：《流域生态服务补偿定量标准研究》，《环境保护》2006年第1A期，第42~46页。

（2）高永志和黄北新在其实际工作中就河流污水超标排放情况，对广东省内跨流域生态补偿的计量方法进行了研究，提出了经济补偿量的初步确定方法为[①]：

$$M=K \times N \times L \times Q \tag{2-1}$$

式中：M——经济补偿量，万元 / 年；

K——水污染治理成本因子，万元 / $m^3 \cdot g^{-1}$；

N——换算系数；

L——水质提高或降低的级别数（上游区域污染下游区域超过Ⅴ类水质标准，以Ⅴ类与Ⅳ类间的差值按比例计算）；

Q——河流多年平均流量，m^3/s。

（3）沈满洪以淳安县在建设新安江水库、保护千岛湖生态环境所付出的代价为例，测算了其流域年生态补偿量，计算公式如下[②]：

年补偿额度（M）=（参照县市的城镇居民人均可支配收入 -

库区县市城镇居民人均可支配收入）×

库区城镇居民人口 +（参照县市的农民人均纯收入 -

库区县市农民人均纯收入）× 库区农业人口　　（2-2）

（4）王浩、陈敏建、唐克旺，刘年丰、谢鸿宇、肖波（2005），王金南、万军、张惠远等人（2006）对流域生态补偿的计量主要采用损失价值核算法，将流域水体污染经济损失的补偿量计算分为四部分，即农业经济损失、工业经济损失、城市基础设施建设增加的投资成本和服务业经济损失。[③] 这种计算方法较为系统、科学，但统计过程中存在一定的障碍，工作量也比较大。

（5）姚桂基对青海省黑河、大通河、湟水河源区水资源补偿机制的研究，提出了以供水行业净效益的一定百分比作为水资源费征收最低标准，那么按照生活用水、工业用水、农业灌溉用水、水力发电、特殊行业用水来征收水资源费。[④]

（6）金蓉、石培基等人提出了通过流域内农牧民的收益损失价值、气候调节价值、降污价值、涵养水源价值、文化科研价值、选择价值、生物多样性价值来测算和评估生

① 高永志、黄北新：《对建立跨区域河流污染经济补偿机制的探讨》，《环境保护》2003 年第 9 期，第 45~47 页。

② 沈满洪：《论水权交易与交易成本》，《人民黄河》2004 年第 7 期，第 19~22 页、46 页。

③ 王浩、陈敏建、唐克旺主编：《水生态环境价值和保护对策》，清华大学出版社、北京交通大学出版社 2004 年版；刘年丰主编：《生态容量及环境价值损失评价》，化学工业出版社 2005 年版；王金南等：《中国生态补偿政策评估与框架初探》，载王金南、庄国泰主编：《生态补偿机制与政策设计国际研讨会论文集》，中国环境科学出版社 2006 年版，第 13~24 页。

④ 姚桂基：《对建立黑河大通河湟水河源区水资源补偿机制的探讨》，《青海环境》2005 年第 1 期，第 23~24 页、27 页。

态补偿的方法，但涉及非市场价值评估量化的依据和测算结果存在差异和质疑。[①]

（7）胡熠和李建建认为生态重建成本分摊法，即主要采取恢复成本法或者重置成本法来确定上下游生态补偿资金，这一方法适用于不同流域区不同污染源经济补偿标准的确定，是现阶段流域上下游受益补偿的最合适的测算方法。[②] 流域上下游地区成本分摊率应当根据上下游受益的情况及其经济承受能力来确定；以闽江流域的福州和南平为例，用福州和南平两地市从闽江干流的取水量比例来反映直接收益系数；借用逻辑斯蒂（Logistic）生长曲线模型来探讨人们对生态价值的支付意愿；根据闽江干流南平段、福州段两地市的恩格尔系数 En_i、生态价值支付意愿模型，确定各受益对象的支付意愿 W_i 间接收益系数；由直接收益系数和间接收益系数作归一化处理，计算出上下游成本分担率。

（8）刘玉龙等人以新安江流域上游地区生态建设与保护的补偿量的实际测算为实例，从生态建设的总成本入手对生态补偿量进行测算，即首先对流域上游地区生态建设的各项投入进行汇总，然后通过引入水量分摊系数、水质修正系数和效益修正系数，建立流域生态建设与保护补偿测算模型，对上游生态建设外部性的补偿量进行测算。[③] 其所提出的上游地区生态建设与保护补偿模型为：

$$Cd_t=C_t \cdot KV_t \cdot KQ_t \cdot KE_t \qquad (2\text{-}3)$$

式中：Cd_t——上游地区生态建设与保护的年补偿量，万元；

C_t——上游地区生态建设和保护年总成本，万元；

KV_t——水量分摊系数；

KQ_t——水质修正系数；

KE_t——效益修正系数。

由于每年的水量、水质、供水量、水价、用水效益、发电量和生态保护与建设投入等参数都是动态变化的，所以各受益部门每年受益的份额、分担的成本也是动态变化的。

（9）徐琳瑜、杨志峰、帅磊等人通过计算水库库区各个单位面积的总价值，估算生态系统服务功能的总价值，并将水库生态服务功能价值分为自然价值、社会价值、经济价值三类，以此作为制定生态补偿标准的主要依据，实际测算了厦门市莲花水库工程生

① 金蓉、石培基、王雪平：《黑河流域生态补偿机制及效益评估研究》，《人民黄河》2005 年第 7 期，第 4~6 页。

② 胡熠、李建建：《闽江流域上下游生态补偿标准与测算方法》，《发展研究》2006 年第 11 期，第 95~97 页。

③ 刘玉龙等：《流域生态补偿标准计算模型研究》，《中国水利》2006 年第 22 期，第 35~38 页。

态补偿量。[①] 生态服务功能区总价值通过以上各项价值加总来估算：

$$W = N + S + E = \sum_{i=1}^{n} N_i + \sum_{j=1}^{m} S_j + \sum_{k=1}^{l} E_k \tag{2-4}$$

式中：W——生态服务功能区总价值，万元；

N——自然价值，包含水源涵养价值（N_1）和生物多样性价值（N_2），万元；

S——社会价值，包含居住价值（S_1）和就业价值（S_2），万元；

E——经济价值，包含林果业价值（E_1）和旅游价值（E_2），万元。

（10）中国水利水电科学研究院对新安江流域生态补偿标准的测算思路为：以流域水质水量为主线，计算上游生态保护与建设的总投入，按受益比例来分担生态保护与建设成本，综合考虑主体的支付意愿和支付能力，建立生态保护投入补偿模型，提出流域生态共建共享机制。[②] 其本质是按各部门效益占国民经济总效益的比例来分担上游生态建设与保护的成本，所提出的基于水量水质的生态保护投入补偿模型为：

$$C_{\mathrm{d}}=C \times K_{\mathrm{Q}} \times (1+K_{\mathrm{E}}) \tag{2-5}$$

式中：C_{d}——下游对上游的生态保护投入的分担量（即补偿量），万元；

C——上游地区生态保护投入总成本，万元；

K_{Q}——水量分担系数；

K_{E}——水质修正系数。

三、流域生态补偿计量与测算研究中存在的问题

综合分析现有研究成果，关于流域生态补偿量与已有的环境污染费、资源费 / 税等之间的关系、补偿的主客体、补偿机制中政府与市场的作用等问题是生态补偿理论研究的热点问题，而其中最核心的问题就是流域生态补偿的计量与核算问题。

目前，流域生态补偿量计量与测算中存在以下三个主要问题。

问题一：生态补偿量是应该按照水资源的损失量计算还是价值量计算。

目前，国内流域生态补偿量核算方法和技术出现混乱的主要原因是依据的基础不统一，即有的学者认为“补偿”是相对于“损失”而言的，应该只计算生态损失量；而另一些学者则认为“补偿”应全面反映生态环境的价值。

问题二：生态补偿量采用的计量和测算方法没有明确和统一。

① 徐琳瑜等：《基于生态服务功能价值的水库工程生态补偿研究》，《中国人口·资源与环境》2006 年第 4 期，第 125~128 页。

② 刘玉龙等：《从生态补偿到流域生态共建共享——兼以新安江流域为例的机制探讨》，《中国水利》2006 年第 10 期，第 4~8 页。

这主要是由于流域生态补偿量计量的研究起步晚，重视不够，方法处于探索阶段。一些方法和技术只能在一定的范围内进行应用，能适用于实际工作的成熟计量方式还没有形成。

问题三：生态补偿的主客体没有很好地界定。

我国政府对流域生态补偿的管理经验欠缺。在一些流域的管理上，中央政府有时替代生态补偿的主体，将一些财政资金用于地方流域生态损坏和环境污染事件上，使得生态补偿的主客体职责不明确，致使生态补偿的测算和执行标准存在过多的行政干预因素。

第三章　流域生态补偿的基础理论分析

第一节　跨区域治理理论

一、跨区域及其污染

人类在自身生存与自然界的长期实践过程中不断地认识了自然、生态与环境，并逐步意识到人类社会生产、生活活动与其生存地域范围内的各种资源、生态、环境存在密不可分的关系。然而，自然界的生态环境又与人类社会的行政管理区域（即行政区划）之间存在着人为割裂的管理矛盾，这就在生态经济学、环境经济学以及公共管理学、环境管理学等学科领域内形成了“跨区域（跨界）治理理论”。

跨区域是指跨行政管辖区域。因为围绕着以自然资源、生态环境以及区域社会经济统筹协调发展为目标所开展的跨行政区域的政府间利益分配、协同管理、资源整合等发展问题，需要区域内各个（或各级）政府进行密切的协调合作，以克服一个经济体内部和相互之间由于行政区划、政府职能以及地方政府行为所造成的具有分割性和边缘性的刚性约束和协同障碍。因此，目前关于“跨界”“跨际”“跨域”“跨区域”“府际”“区际”等学术研究成果呈现上升态势，人们在关注地域性资源、生态和环境问题的同时，逐步认识到自然资源和生态环境是一个系统，无法割裂地进行人为的划分范围。那么，这就给自然资源与生态环境管理提出了一个难题，即如何进行跨区域的自然资源、生态和环境综合管理。结合现有的学术研究成果，本章提出“跨区域（跨界）”是指一个社会中的跨行政区（包括从省到乡镇的不同级别）。

目前，对于“跨区域（跨界）污染”有两个比较有影响的定义。

其一，1977年经济合作与发展组织（OECD）在跨区域（跨界）污染实行平等寻求补救的制度所提出的建议中，将“跨区域（跨界）污染”定义为：“任何产生于一国管辖范围内的故意或意外污染，全部或部分处于该国管辖范围的区域内，在另一国家管辖范围的区域内产生影响。”①

其二，1982年国际法协会在蒙特利尔通过的《适用于跨国界污染的国际法规则》中，将“跨区域（跨界）污染”定义为：“跨国界污染指污染的全部或局部的物质来源系在一国领土内，而对另一国的领土产生有害的后果。”②

上述定义是从国与国之间进行宏观界定的，但是随着跨区域（跨界）治理理论的发展，“跨区域（跨界）污染”也被广泛地应用于一个国家或地区不同的行政边界之间围绕自然资源、生态及环境所造成的各种污染。因此，区域跨界指在一定的区域内涉及多个行政区划，凡是发生在两个或两个以上不同行政区划边界上的问题都可以归为跨界问题。冲突可以被定义为两个或两个以上的社会单元在目标上互不相容或互相排斥，从而产生心理上的或行为上的矛盾。当各区域利益倾向和目标不同时，就会产生跨界冲突。

“跨区域（跨界）污染治理”是一个兼具学术价值和现实意义的研究课题。多年来，经济学、社会学、行政管理学、地理学和城市科学等领域的学者围绕行政区划、行政区经济和跨界协调等做了大量探索性研究。近年来，城市—区域管治的研究对跨界冲突的特征、问题、成因已有一定的揭示，对跨区域（跨界）协调政策与策略也有了基本思路；但是，在跨区域（跨界）污染治理的空间模式与机制策略方面，系统的研究成果并不多见。

二、跨区域水污染及水资源冲突

（一）跨区域（跨界）水污染

跨区域（跨界）水污染是指一个地区A的水环境受到另一个地区B所实施的行为的直接影响。这种跨区域（跨界）污染是一种物理外部性，不包括通过价格或收入等间接

① [法] 亚历山大・基斯：《国际环境法》，张若思编译，法律出版社2000年版。

② 详见国际法协会《国际法协会报告》，1982年，第139页。转引自林灿铃：《国际法上的跨界损害之国家责任》，华文出版社2000年版，第47页。

效应对 A 产生的影响。这里所说的“界”，既包括国与国的分界，也包括一个国家境内具有一定自治权的省或市或县之间。由于跨区域（跨界）水污染最起码涉及两个以上的区域，因此单靠一个区域的力量是难以治理成功的。[①]跨区域（跨界）水污染包括：跨洲、跨国、跨省、跨地级市、跨县乡五个层面，其中，跨县乡水污染是最基本的层面，而跨省水污染是防治的难点。

（二）跨区域（跨界）水资源冲突

跨区域（跨界）水资源冲突的引发可以是点源性的，也可以是面源性的。点源性跨界水资源冲突通常具有突发性，表现形式较为激烈。而面源性跨界水资源冲突影响的时空范围更广，不确定性更大，过程更复杂，而相应的治理和管理政策制定的难度也较大。[②]跨区域（跨界）水资源冲突是指发生在两个或两个以上不同行政区划内（省、自治区、直辖市之间），因水资源开发、利用、节约和保护、防治水害过程中产生的权益纠纷而引起的行政争端。跨区域（跨界）水资源具有流域性、整体性和开放性的特点。因此，跨区域（跨界）水资源冲突往往涉及面广，矛盾错综复杂，协调难度大。[③]跨区域（跨界）水资源冲突在本质上就是区域之间围绕水资源的开发和利用所展开的利益冲突与博弈较量。

三、跨区域水污染的严重危害

流域地区是我国经济最发达的地区之一。然而，流域经济的快速发展却带来了流域周边地区严重的水资源匮乏、生态破坏以及环境污染等问题，这些问题已经成为制约我国流域社会和经济可持续发展的主要因素。近年来，我国流域跨界水污染事件频发，严重干扰环境友好型社会的建设，引起了各方的高度关注。政府和水利部门相继采取了一系列重要措施，但总体上尚未得到明显好转。因此，深入研究跨区域（跨界）水污染的危害、成因及其防治，是建立和完善水环境保护长效机制的重要组成部分。

通过分析我国流域跨区域（跨界）水污染现状，总结出跨区域（跨界）水污染具有以下三方面的严重危害。

第一，跨区域（跨界）水污染严重影响流域水质，不断演绎“公地悲剧”。水资源是一种具有公共物品属性的稀缺经济资源，它的分配实际上是一种利益分配。当各行政

① 陈玉清：《跨界水污染治理模式的研究——以太湖流域为例》，浙江大学硕士学位论文，2009 年。

② 李浩、刘陶、黄薇：《跨界水资源冲突的动因分析》，《中国水利》2010 年第 3 期，第 12~14、18 页。

③ 王华、陆艳：《长江三角洲区域跨界水资源冲突及其解决途径》，《水利技术监督》2010 年第 4 期，第 11~13、29 页。

区利益分配不均或一方的利益所得影响另一方时，如同一流域内上下游之间的水量分配、流域河网的污染问题以及不同区域之间的水土流失防治事务等，都会引发跨区域（跨界）水资源冲突。

第二，跨区域（跨界）水污染挫伤了各地治污积极性，导致流域河流水污染越来越严重。邻域上游区域以水污染为代价发展污染项目，在发展当地经济的同时，污染了本地和下游的水环境。下游区域享受不到流域上游社会经济发展的福利，却要承受跨区域（跨界）水污染的恶果。流域上游劣质的入境水削弱了流域下游的水环境承载能力，影响了其相关产业的发展，损害了其广大群众的经济利益和生存环境。流域上游劣质入境水，必然会影响当地企业和社会的治污积极性。虽然会促使各级政府进行流域污染治理，但由于公共物品属性，就会诱发“做做样子”的形式主义，陷入流域上下游地方政府之间“你污染我也污染”的恶性循环。生活在某流域的人们既是上游污染的受害者，又成为下游污染的制造者。许多大大小小的流域出现了这样一种可怕景象：河流的上游是优质水，流经几个县市后就是超标水，到了下游全是Ⅴ类和劣Ⅴ类水，最后甚至殃及入海口的海洋水质环境安全。

第三，跨区域（跨界）水污染容易引发群体性事件，干扰和谐社会的建设。在现实生活中，程度较轻的跨界水污染尚处于社会承受能力之内，较为严重的就会造成跨界水污染事故，跨区域（跨界）水污染事故如得不到及时妥善处理，就极易引发群体性事件。

四、跨区域流域水污染的多重成因

（一）粗放型经济增长方式是跨区域（跨界）水污染形成的根本原因

改革开放以来，随着工业化、城镇化的大力推进，工业园区大量出现，长三角地区乡镇工业发展迅速，但其增长方式基本上是依靠投资拉动的粗放型增长方式。而高消耗、高污染正是粗放型经济增长方式的显著特征。大城市以及国外的一些化工、印染等污染项目纷纷向中小城市及乡镇转移，为了便于运输和废水排放，这类工厂往往建在河流沿岸。另外，进入21世纪以来，随着城市化进程的加快，城镇居民生活污水的排放量增长迅速。根据水的流动性特征，如果流域内某行政区域处于非下游末端的位置，那么该地区水质的恶化必然造成陆域的跨区域（跨界）水污染；如果某行政区域处于临湖临海区域，那么该地区水质的恶化必然造成湖泊和近海的跨区域（跨界）水污染。

（二）水环境管理体制不合理是跨区域（跨界）水污染的重要原因

目前我国水环境保护管理体制是垂直型科层结构，其基本特征是按政府层级构成垂直领导，按行政区域划分管理权限。而流域水环境的保护和恢复要求以流域为整体实施综合治理，这就使现行管理体制不适应流域水环境保护的客观要求。以太湖流域为例，主要关系到上海、苏州、无锡、常州、杭州、嘉兴、湖州等，这些城市分属于沪、苏、浙三个省市，缺乏一个有效的流域协调管理机构。隶属于水利部的太湖管理局的职责不能涵盖流域水环境治理的主要方面，难以成为太湖流域水环境保护的权威管理机构。“市自为战、县自为战”的管理体制，导致省市县交界处的水污染防治边缘化，成为水环境管理的薄弱环节，跨区域（跨界）水污染就难以避免了。

（三）水污染防治的制度缺失是跨区域（跨界）水污染的深层原因

现行水污染防治的制度安排存在片面性，只重视对污染企业的管制和监督，而缺乏对行政区域及其地方政府水环境保护责任的科学考量和奖惩机制。由于水污染具有叠加效应和强负外部效应，因此众多水污染企业少量排放的总和很可能造成区域水环境的快速恶化。同时应该看到，如果缺乏对行政区域及其地方政府的水环境考核，那么垂直型科层环保管理体制很难克服地方保护主义顽症。有些地方政府手下留情，降低对污染企业的排放要求，甚至容忍违规企业的偷排行为；有些地方政府有意把水污染企业选址在行政区域交界处，而且其环境影响评价文件没有经两地共同的上一级环保行政主管部门审批。实践反复证明，如果缺失对流域内行政区域及其地方政府水污染防治考核的制度安排，跨区域（跨界）水污染就不会根本好转。

总之，跨区域（跨界）污染具有其深层次的原因。目前我国水污染防治管理体制主要是“以地方行政区域管理为中心”的分割管理，一些地方政府在以经济发展为中心的基本原则和政绩考评的指挥棒下，经济发展优先是其理性选择；而与经济发展速度不一致的环境保护领域则难免做出牺牲，从而造成流域产业结构和布局不符合主体功能区应有定位、地方有效排污监管缺位等顽疾。一些地方政府存在着“搭便车”心理，将污染治理寄希望于上级政府和下游政府，从而将污染损失以及治理成本转嫁到下游区域，引发跨区域（跨界）污染纠纷。以此展开的一系列涉及政府职能、行政管辖、资源产权、管理模式等现实热点问题，需要逐一进行系统的分析与全面的思考。

五、当前国际上跨区域流域治理的热点问题

总结当前国际上跨区域（跨界）流域管理的国际经验，可以认为跨区域（跨界）流

域治理中有以下三个主要热点问题。

问题一：加强跨区域（跨界）湖泊流域中地方政府的能力建设。

非洲、南美洲、东南亚一些欠发达国家的政府对跨区域（跨界）流域治理管理的能力较弱，西方发达国家愿意出资帮助当地政府加强能力建设，开展环境保护和提高公众的参与度，同时宣传西方公众参与式管理的理念。

在跨区域（跨界）水管理上，乌干达维多利亚湖流域委员会在保护维多利亚湖泊水质中采取的行动包括维多利亚湖环境管理项目、维多利亚湖通航安全项目、区域生态保护项目等。流域委员会为提高流域内政府的工作能力，改善环境，增加就业，促进经济发展和流域内不同利益相关方的沟通、交流、经验共享做出了努力，并取得了一定的成效。2001 年，瑞典、挪威、法国、世界银行、东非发展银行和东非共同体签署了《乌干达维多利亚湖贷款伙伴关系协议》。根据该协议的条款，各国向维多利亚湖流域委员会提供经费，用于加强委员会的能力建设。同时，各国还资助当地政府和非政府组织开展许多短期的能力建设项目，如加强区域政策、法律的制定，加强管理的标准化和监管力度，加强流域内利益相关方的沟通与交流等。瑞典政府从 2006 年开始资助维多利亚湖流域管理委员会，主要目的是加强当地政府的能力建设，促进利益相关方的沟通与交流，改善当地环境状况。

问题二：跨区域（跨界）河流流域内的合作和利益分享。

跨区域（跨界）河流流域治理的根本分歧在于利益分配的公平性。在分析来自各国的流域治理经验的基础上，一些专家、学者就跨区域（跨界）河流管理中的利益和如何开展跨区域（跨界）河流管理提出了以下主要观点。①跨区域（跨界）河流中的利益包括四种利益：环境利益（environmental benefit，改善生态系统的可持续性、水质质量）、经济利益（economical benefit，提高生产率，加强洪水和干旱的管理）、政治利益（political benefit，政策更倾向于合作与发展）和扩大利益（beyond benefit，土地、粮食、航运等）。②利益分享：分享利益，确保公平。分享的不仅是水资源，还应扩大利益分享的范围，并确保公平，才能保证可持续的合作。利益分享的形式也可多样化，不仅仅是水资源的分配，还可以通过支付水的使用、建设水利工程、开展其他贸易或者其他方面互相支持来分享流域内的利益。③跨区域（跨界）河流应"合作要从小处着手，目标放眼全球，并补偿最需要补偿的"（start small，think global，compensate the lest fortunate）。④跨区域（跨界）河流管理的核心是利益分享。研究区域内的利益问题是加强管理、促进合作的前提。⑤跨区域（跨界）河流管理问题不能只靠涉水人员来解决。加强与不同国家社会各界人士的合作与交流对促进区域的发展和和平非常重要。

问题三：跨区域（跨界）水管理面临的挑战和机遇。

流域内不同国家、不同利益相关方都与水有着密切的关系，同时它们又有着不同的利益目的。随着各国社会经济的发展，利益相关方的利益范围、利益类别会发生变化。保证跨区域（跨界）流域利益分享时的公平性成为各方合作的难点问题之一。同时，气候变化引起的河流流量在空间、时间上分布的变化，也给跨区域（跨界）水管理带来了新的挑战。

这些问题和挑战将对我国境内跨行政区域边界实施流域综合管理提出了可供借鉴的宝贵经验。同时，需要指出的是，由于我国地域广阔以及经济发展不平衡、行政体制不健全等原因造成了流域生态治理面临更加复杂的情况。

第二节　生态补偿与生态系统服务支付的概念辨析与内涵比较

一、生态补偿与生态系统服务支付的现实要求

一方面，人类在自身与自然界的长期实践过程中，不断地认识了自然、生态与环境，并逐步发现了生态与环境的价值所在。生态系统作为自然资产的功能与服务对地球生命支持系统具有重要作用，是社会与环境可持续发展的基本要素。人类的福利和繁荣依赖于生态系统的多样性和调节作用。[①]

另一方面，人类社会通过自身的生态行为，积极地提高生态系统服务的质量和数量，试图通过补偿等经济手段来弥补人类生产、生活活动对生态系统造成的损失和破坏，以保持和改善人类赖以生存的自然生态环境系统，并最终促进人类社会的可持续发展。自工业革命以来，由于人类对自然资源及生态环境不断地过度开采和肆意破坏，导致自然生态系统难以支撑和满足人类社会经济发展的需要。在人类生态文明发展和环境保护意识提升的前提下，人类意识到需要通过补偿的手段来恢复和建构生态系统的服务功能，从而达到人类与生态系统的可持续协调发展。因此，近年来生态补偿、环境补偿与生态系统服务支付的研究已经成为国内外生态经济学、环境经济学以及资源经济学

① Lubchenco J, "Entering the century of the environment: a new social contract for science", *Science*, 1998, 279 (5350), pp.491–497.

等研究领域的热点和重点，这充分体现了人类正在建设与自然生态环境和谐发展社会的共同愿望。

二、生态补偿的概念、内涵与其理论依据

（一）关于生态补偿概念和内涵的研究现状

1992年联合国环境与发展大会通过的《21世纪议程》明确提出开展对生态系统价值和自然资本的评估研究，提倡对树木、森林和林地所具有的社会、经济、生态价值纳入国民经济核算制的各种方法，建议研制、采用和加强核算森林经济与非经济价值的国家方案。

目前，国内外对生态补偿的研究处于理论探索阶段。对于“生态补偿”，在20世纪90年代前期的文献和报道中，常把它作为生态环境加害者支付赔偿的代名词，如污染者付费等。在大量查阅了国内外生态环境相关的文献后，目前难以见到“生态补偿”的明确定义，那么生态补偿的真正含义是什么？在对一些相关的探索性研究分析后可以发现，生态补偿最初源于自然生态补偿，即自然生态补偿是指自然生态系统对干扰的敏感性和恢复能力，后来逐渐演变成促进生态环境保护的经济手段和机制。《环境科学大词典》对“自然生态补偿”（natural ecological compensation）的概念的定义为：生物有机体、种群、群落或生态系统受到干扰时，所表现出来的缓和干扰、调节自身状态使生存得以维持的能力，或者可以看作生态负荷的还原能力。

生态补偿作为一种使外部成本内部化的环境经济手段，其定义和内涵尚未明确。我国学者叶文虎等人（1998）则将“自然生态补偿”定义为：“自然生态系统对由于社会、经济活动造成的生态环境破坏所起的缓冲和补偿作用。”[①] 瑞典学者克里斯蒂娜·润德克润特兹（Kristina Rundcrantz）和埃里克·斯卡尔拜克（Erik Skärbäck）（2003）在对德国、美国、荷兰、英国和瑞典5个国家生态补偿的研究中发现，“补偿”一词由于在不同的国家被使用在不同方式而存在着使用上的问题。[②] 同时，他们也归纳了上述不同国家关于生态环境补偿在应用上的不同之处，见表3.1。

多年来，世界各国都在积极开展生态环境补偿的研究，并广泛地进行了理论和实践的尝试。1977年美国制定的补偿政策，是最早的环境产权及交易制度，该政策允许未达

---

① 叶文虎、魏斌、仝川：《城市生态补偿能力衡量和应用》，《中国环境科学》1998年第4期，第298~301页。

② Kristina Rundcrantz，Erik Skärbäck，“Environmental compensation in planning: a review of five different countries with major emphasis on the German system”，*European Environment*，2003（13），pp.204–226.

表 3.1　生态环境补偿常见概念和不同国家（作者）解释一览表

环境补偿	国家（作者）
在适宜功能的背景下生态功能和价值的修复；再造被削减了自然功能，并重建和修整自然景观；在另外功能的环境下生态功能的取代；以一种相当的方式取代被削减了自然功能或重建和修整自然景观	德国（德国自然保护法，2002）
补偿性的缓解（本术语涉及修复、创建、增强和例外案例，保护其他湿地作为影响自然湿地的补偿）	美国（国家研究委员会，2001）
生态功能和价值的替代。被削弱了的生态功能或价值的取代。现实中，补偿被严格限定于自然功能。它能通过增加存在着的生态价值或通过为了创建栖息地的土地获取，及随后的农田管理和适当的设计	荷兰［卡普鲁斯等（Cuperus，et al.），2002］
为弥补环境资源损失所采用的校正、平衡或其他的积极的环境措施	英国［考埃尔（Cowell），2000］
在适宜功能的背景下修复功能或是在另外功能的环境下替代功能	瑞典［埃里克松和林格斯塔尔（Eriksson and Lingestal），2002］

标地区建立的新企业通过为老企业减污而得到相应的排污权。美国学者拉尔森（Larson）（1994）提出了第一个帮助政府颁发湿地开发补偿许可证的湿地快速评价模型。[①] 荷兰学者路德·卡普鲁斯、凯斯等人（1996）以荷兰北布拉班特（North Brabant）省 A50 公路为例，对栖息地损失、栖息地破坏、屏障作用和动物群伤亡的补偿问题进行了量化分析，建立了比较完善的公路项目的补偿办法，并以此带动了荷兰国家补偿计划（NCP）的起草。[②] 路德·卡普鲁斯（1996）等人认为生态补偿的目标是恢复生态功能和自然价值，而这些生态功能和自然价值在尽最大努力减少干预（缓解）的影响后仍然保持着影响。他们认为平衡不可缓解，影响的补偿首先应关注区域影响，其次是质量的影响。路德·卡普鲁斯（1996）等人认为生态补偿是由于发展所削弱的生态功能或生态质量的补偿。安德森和伊万等人（1995）认为生态补偿与生态恢复（ecological restoration）或栖息地创造（habitat creation）基本上没有什么不同。[③] 艾伦（Allen）和费德玛（Feddema）（1996）认为补偿的目标既是为了改善被破坏了的区域，也是为了创建具备生态功能和质量特性的新栖息

① Larson J S，Mazzarese D B，Rapid Assessment of Wetlands：History and Application to Management，*Global Wetlands*，Amsterdam：Elsevier Science Publishers，1994，pp.625–636.

② Ruud Cuperus，Kees J Canters，Annette A.G. Piepers，"Ecological compensation of the impacts of a road：preliminary method for the A50 road link"，*Ecological Engineering*，1996（7），pp.327–349.

③ Anderson P，"Ecological restoration and creation：a review"，*Biological Journal of the Linnean Society*，1995（56），pp.187–211；Wyant J G，Meganck R A，Ham S H，"A planning and decision-making framework for ecological restoration"，*Environmental Management*，1995，19（6），pp.789–796.

地。[①] 此外，美国、英国、德国也相继建立矿区的补偿保证金制度。路德·卡普鲁斯等人（2001）对因高速公路的修建产生的生态补偿进行了研究。[②] 冯仁国等人（2001）对三峡库区退耕坡地环境移民的安置补偿途径进行了探讨[③]，张志强等人（2002）也开展生态系统恢复经济价值的补偿研究[④]，钟瑜等人（2002）也开展了湖区的生态补偿研究[⑤]。在湿地恢复研究方面，美国、瑞典、瑞士等国家研究较早，中国也相继对太湖、巢湖、东湖以及沿海滩涂等湿地恢复了研究。

在生态补偿理论研究方面，王金南等人（2006）认为，生态补偿是一种以保护生态服务功能、促进人与自然和谐相处为目的，根据生态系统服务价值、生态保护成本、发展机会成本，运用财政、税费、市场等手段，调节生态保护者、受益者和破坏者经济利益关系的制度安排。[⑥] 邢丽（2005）认为，生态环境补偿是指对生态环境产生破坏或不良影响的生产者、开发者、经营者应对环境污染、生态破坏进行补偿，对环境资源由于现在的使用而放弃的未来价值进行补偿。[⑦] 杜群和张萌（2006）认为，生态补偿是指国家或社会主体之间约定对损坏资源环境的行为向资源环境开发利用主体进行收费或向保护资源环境的主体提供利益补偿性措施，并将所征收的费用或补偿性措施的惠益通过约定的某种形式送达到因资源环境开发利用或保护资源环境而自身利益受到损害的主体的过程，达到保护资源的目的。[⑧] 石培基（2006）总结国内的研究观点，认为“生态补偿”大致有两种解释：一种是指自然生态系统由于外界活动干扰或破坏后的自我调节，自我恢复的能力，或者可以看作生态负荷的还原能力；另一种则是将生态补偿理解为一种资源环境保护的经济手段，“通过对损坏（或保护）资源环境的行为进行收费（或补偿），提高该行为的成本（或收益），从而激励损坏（或保护）行为的主体减少（或增加）因其行为带来的外部不经济性（或外部经济性），达到保护资源的目的。”[⑨] 马燕

① Allen O A，Feddema J J，“Wetland loss and substitution by the Section 404 permit program in southern California”，*Environmental Management*，1996，20（2），pp.263-274.

② Ruud Cuperus，Bakermans M M，de Haes H A，et al.，“Ecological compensation in Dutch highway planning”，*Environmental Management*，2001，27（1），pp.75-89.

③ 冯仁国等：《三峡库区坡耕地退耕与粮食安全的空间分异》，《山地学报》2001 年第 4 期，第 306~311 页。

④ 张志强等：《黑河流域张掖地区生态系统服务恢复的条件价值评估》，《生态学报》2002 年第 2 期，第 885~893 页。

⑤ 钟瑜、张胜、毛显强：《退田还湖生态补偿机制研究——以鄱阳湖区为案例》，《中国人口·资源与环境》2002 年第 4 期，第 48~52 页。

⑥ 王金南、万军、张惠远：《关于我国生态补偿机制与政策的几点认识》，《环境保护》2006 年第 19 期，第 24~28 页。

⑦ 邢丽：《关于建立中国生态补偿机制的财政对策研究》，《财政研究》2005 年第 1 期，第 20~22 页。

⑧ 杜群、张萌：《我国生态补偿法律政策现状和问题》，载王金南、庄国泰主编：《生态补偿机制与政策设计国际研讨会论文集》，中国环境科学出版社 2006 年版，第 61~70 页。

⑨ 石培基：《西部大开发的生态补偿机制与政策探讨》，载王金南、庄国泰主编：《生态补偿机制与政策设计国际研讨会论文集》，中国环境科学出版社 2006 年版，第 89~96 页。

和赵建林（2006）认为，生态补偿是“为保护生态利益，维护生态平衡与安全，实现生态价值，达成经济效益、社会效益与生态效益一致的生态正义目标，对一切有损生态利益联系的行为进行矫正与弥补的生态化活动”[①]。吕忠梅（2003）认为：“生态补偿从狭义角度理解就是指对由人类的社会经济活动给生态系统和自然资源造成的破坏及对环境造成的污染的补偿、恢复、综合治理等一系列活动的总称。广义的生态补偿则还应包括对因环境保护丧失发展机会的区域内的居民进行资金、技术、实物上的补偿、政策上的优惠，以及为增进环境保护意识，提高环境保护水平而进行的科研、教育费用的支出。”[②]

在对国内外学者关于生态补偿理论与实践研究的基础上，本章归纳出生态补偿的内涵和本质主要包括：①对生态环境本身的补偿；②生态环境补偿费的概念——利用经济手段对破坏生态环境的行为予以控制，将经济活动的外部成本内部化；③对个人或区域保护生态环境或放弃发展机会的行为予以补偿，相当于绩效奖励或赔偿；④对具有重大生态价值的区域或对象进行保护性投入等。

需要指出的是，在当前的生态补偿研究中，由于“生态”与“环境”是两个在含义上十分相近的概念，有时人们将其混用[③]，而致使一些学者也在运用“环境补偿”的概念。其中，杨润高和李红梅（2006）通过对国外环境补偿的研究与实践认为，国外环境补偿研究可分为污染损害补偿、生态环境补偿和环境资产置换补偿三种。[④]在这三种补偿类型中，污染损害补偿和环境资产置换补偿依据科斯定律，转变为产权问题；生态环境补偿则依据可持续发展理论，具体落实为生态环境保护政策体系与措施。生态补偿制是实现环境有偿制度的政策手段之一。环境是一种要素，有其特殊性，所以环境的有偿使用可以依靠价格改革来推进，同时也必须借助一些制度的安排，比如说排污权、生态补偿来实现。所谓生态补偿机制，即生态受益者在合法利用自然资源的过程中，对自然资源所有人或为生态保护付出代价者支付相应费用的做法，其方式有很多：一是通过财政转

① 马燕、赵建林：《浅析生态补偿法的基本原则》，载王金南、庄国泰主编：《生态补偿机制与政策设计国际研讨会论文集》，中国环境科学出版社 2006 年版，第 139~146 页。

② 吕忠梅：《超越与保守——可持续发展视野下的环境法创新》，法律出版社 2003 年版。

③ 通常人们将上述两个概念组合到一起使用，并将“生态环境”定义为由生物群落及非生物自然因素组成的各种生态系统所构成的整体，主要或完全由自然因素形成，并间接地、潜在地、长远地对人类的生存和发展产生影响。但严格说来，二者是不能等同的。自然环境的外延比较广，各种天然因素的总体都可以说是自然环境，但只有具有一定生态关系构成的系统整体才能称为生态环境。仅有非生物因素组成的整体，虽然可以称为自然环境，但并不能叫作生态环境。从这个意义上说，生态环境仅是自然环境的一种，二者具有包含关系。上述两个概念既有联系，又有区别。

④ 杨润高、李红梅：《国外环境补偿研究与实践》，《环境与可持续发展》2006 年第 2 期，第 39~41 页。

移支付的手段，例如，中央财政每年对重要流域的转移支付都含有生态补偿因素。二是设立一些专项资金，对一些重要流域进行补助。此外，一些区域内政府间的江河上下游生态补偿也是生态补偿的一种重要形式。具体来讲，就是通过建立和完善排污费等收费制度和生态补偿制度，来改变把环境当成公共产品来使用的问题，从而监督环境的使用，把环境成本真正纳入生产经营成本中，实现环境成本由外部化到内部化的转变。鉴于生态补偿处于理论研究阶段，本章从广义上将生态与环境融为一体，进行整体性思考，以寻求其补偿机制的合理性。

从目前的研究来看，国内外对生态补偿的概念与含义众说纷纭，没有形成统一的概念，这些研究虽然对生态补偿进行了部分概括和阐述，但还没有全面的理论概念界定。在目前现有的文献中，可以看出国外对生态补偿研究主要是在实践方面，表现为具体的案例研究，如艾伦（Allen）、费德玛（Feddema）、安德森（Anderson）、怀恩特（Wyant）等人的研究；但从这些不同的生态补偿定义中，人们可以发现生态补偿的关键内涵应该包括“生态利益的弥补和支付……”这样的意义。而在理论研究方面，对生态补偿的研究主要反映在生态系统服务支付上。因此，生态补偿从某种意义上来说，是对涉及生态环境中的森林、矿藏、湿地、公路建设、农田占用以及其他一些具有非市场定价的资源进行价值补偿与服务支付的概括和归纳。

因此，本章通过对上述理论研究的分析来看，生态补偿的概念、内涵、补偿标准、补偿方式、补偿资金来源等各方面的问题尚不清晰，特别是关于生态补偿与已有的环境污染费、资源费/税等之间的关系，补偿的主客体，生态补偿机制中政府与市场的作用等问题。这其中最核心的问题是生态与环境资源的配置机制与支付补偿的经济核算和计量，这些还存在着不同的理论观点和研究空白。根据学科理论的发展经验，随着生态补偿理论研究的深入，必然要对生态补偿相关的一些理论和概念进行逐步地深化研究，也必然会产生一些新的理论分支；而且，目前的理论研究还应在更加广泛意义的“生态环境”的概念上探讨。

（二）生态补偿的理论根据

我国政策、法律规定的生态补偿并非真正的“补偿”，而只是一种“补贴”或“补助”。按照《牛津法律大辞典》（第一版）的解释是，Compensation——补偿，是付给受损害影响的人的一笔钱，如因他们的土地被强制征用，或在对土地进行改良之后而不得不放弃租赁权。法律在很多情况下做出了补偿的规定，如对承租人的妨碍，对承租人所做的改良，对强制性征购的补偿等；Recompense——补偿、报酬，按苏格兰法以无赠予意图之人所做的行为获益的人所负担的一种准合同之债，按其受益程度予以补偿行为人。如果仅从他人为自己之目的或利益所支出之中获得附带收益，则不存在补偿问题。按照《现代汉语词典》的定义，补贴是指：①贴补（多指财政上的）；②贴补的费用。补助是指：①为某一目标提供资金方面的援助；②提供缺乏的、不足的生活津贴或工作经费。补贴是指："由政府与政府有密切关系的机构对生产厂商生产经营某种商品时所给予的一种现金补助，或通过财政、税收、金融等优惠措施给予的间接的物质支持。"从以上解释可知，我国生态补偿的政策、法律规定实际上只是国家（或各级人民政府）对单位和个人从财政上对单位或个人给予补贴或补助，即属于典型的行政补偿。这样的补贴或补助模式将越来越不适应我国社会主义市场经济体制的要求，既与生态环境的准公共物品性和非排他性的特点不符，也与我国现有的补偿实践相脱离。

之所以出现生态补偿概念与含义的混乱，是由于生态补偿定义的视角与其理论依据不一致。从目前国内学者对生态补偿的理论基础与依据研究的主要观点来看，总结如下：第一种理论认为，生态补偿是自然资源有偿使用制度之一。曹明德（2004）认为："所谓自然资源有偿使用制度，是指自然资源使用人或生态受益人在合法利用自然资源过程中，对自然资源所有权人或对生态保护付出代价者支付相应费用的法律制度……"[①] 第二种理论认为，生态补偿的理论基础是环境资源价值理论，环境经济学与循环经济理论是生态环境补偿的产业战略选择的理论基础，而生态学理论揭示了生态环境补偿机制的系统协调价值。[②] 第三种理论认为，生态利益是生态补偿关系产生、发展、变动的主要原因，它是协调生态关系平衡与生态秩序的砝码，构成了生态补偿关系的核心元素。[③] 第四种理论认为，生态补偿的理论依据是生态系统服务功能的价值体现。并且，戴利、科斯坦萨、盖尔恩斯、马中等人分别对生态系统服务功能进行了分类。这些理论观点从本质上来讲，体现了"生态系统服务功能→生态环境价值→生态利益"的思想，而"自然生态资源的使用和损失"是可以通过"生态利益"来决定"生态补偿"的大小或多少的。

---

① 曹明德：《对建立我国生态补偿制度的思考》，《法学》2004 年第 3 期，第 41 页。

② 李秉祥、黄泉川：《建立西部区域可持续发展的生态保护补偿与融资机制研究》，载王金南、庄国泰主编：《生态补偿机制与政策设计国际研讨会论文集》，中国环境科学出版社 2006 年版，第 102~111 页。

③ 马燕、赵建林：《浅析生态补偿法的基本原则》，载王金南、庄国泰主编：《生态补偿机制与政策设计国际研讨会论文集》，中国环境科学出版社 2006 年版，第 139~146 页。

三、生态系统服务支付的概念、内涵与其理论依据

（一）生态系统服务的概念与内涵

生态系统作为自然资产的功能与服务对地球生命支持系统具有重要作用，是社会与环境可持续发展的基本要素。生态系统服务（ecosystem services）是指人类直接或间接从生态系统得到的利益，主要包括向经济社会系统输入有用物质和能量、接受和转化来自经济社会系统的废弃物，以直接向人类社会成员提供服务（如人们普遍享用洁净空气、水等舒适性资源）。而生态系统服务支付（PES）又被称为生态系统服务付费、生态付费等。因此，生态系统服务支付研究离不开生态系统服务的功能和价值，可以说生态系统服务的功能决定了其价值，而生态系统服务功能所体现的价值又构成了生态系统服务支付的经济基础。

（二）生态系统服务与其经济价值

在关于生态补偿的现有研究中，一些学者认为生态补偿所对应的是生态损失和环境破坏，而研究发现越来越多的人更加认为生态补偿是对生态系统的服务或服务功能（或价值）而言的。因此，不论是生态补偿还是生态系统服务支付，其实施的基本依据是一致的，即生态系统服务价值。

生态系统服务价值，是生物多样性资源价值的主要组成部分。目前关于生物多样性资源价值，由于对其理解程度不一，而产生了不同的分类和核算方法。国际上主要有麦克尼利（McNeely）等人的方法、联合国环境规划署提出的核算方法、皮尔斯（Pearce）提出的方法等。尼利等人于1990年提出的方法是按经济价值进行分类，归纳为直接利用价值和间接利用价值两大类，其中直接利用价值又分为消耗性使用价值（含薪柴、野味等非市场性的价值）和生产性使用价值（含木材等商业性价值）。间接利用价值则包括三个方面：一是非消耗性使用价值，如科学研究、野生动植物观赏等；二是选择性价值，如保留生物多样性对将来有用的选择用途；三是存在价值，如野生生物存在的伦理感觉上的价值。联合国环境规划署在1993年公布的《生物多样性国情研究指南》中，将生物多样性资源的价值分为四类：显著和不显著的实物形式的直接价值、间接价值、选择价值以及消极价值。英国经济学家皮尔斯（Pearce）和莫兰（Moran）（1994）提出了环境资源价值的分类系统，将环境资源区分为使用价值和非使用价值两大类，其中使用价值又分为直接利用价值、间接利用价值和选择价值三部分，非使用价值又分为遗产价值和存在价值两部分。[①] 我国学者欧阳志云等人（1999）将生态系统服务功能的价值总结为四

① Pearce D W，Moran D，*The Economic Value of Biodiversity*，Cambridge Press，1994.

类。[1]①直接利用价值，主要指生态系统产品所产生的价值，它包括食品、医药及其他工农业生产原料、景观娱乐等带来的直接价值。②间接利用价值，主要指无法商品化的生态系统服务功能，如维持生命物质的生物地化循环与水文循环，维持生物物种与遗传多样性，保护土壤肥力，净化环境，维持大气化学的平衡与稳定等支撑与维持地球生命支持系统的功能。③选择价值，是指人们为了将来能直接利用与间接利用某种生态系统服务功能的支付意愿。例如，人们为将来能利用生态系统的涵养水源、净化大气以及游憩娱乐等功能的支付意愿，人们常把选择价值比喻为保险公司，即人们为自己确保将来能利用某种资源或效益而愿意支付的一笔保险金。选择价值又可分为三类：自己将来利用；子孙后代利用，又称之为遗产价值；别人将来利用，也称之为替代消费。④存在价值，是指人们为确保生态系统服务功能继续存在的支付意愿，是生态系统本身具有的价值。徐嵩龄（2001）从生态系统服务功能与市场联系的角度，将生态系统服务功能的价值分为三类[2]：①能够以商品形式出现于市场的功能；②虽不能以商品形式出现于市场，但有着与某些商品相似的性能或能对市场行为（商品数量、价格等）有明显影响的功能，如大部分调节功能；③既不能形成商品，又不能明显地影响市场行为的功能，如大部分信息功能，它们的机制与现行市场有关，只能通过特殊途径加以计量。

因此，生态系统服务与其价值存在着必然的联系，生态系统服务功能的多价值性源于它的多功能性；然而，生态系统服务价值的市场体现（通常是不完全的）就是以货币为衡量标准的多种形式（政策、资金、实物、技术、教育等）并存的生态系统服务支付。

（三）生态系统服务的功能

目前，对生态系统服务功能的研究已由最初的概念、内涵的探讨逐渐深入生态系统服务功能类型、服务机制和评价方法等方面的研究。从长期的自然演化过程来看，生态系统服务功能对于人类的作用是相当巨大的，而目前生态系统受到的破坏和污染也是不容忽视的。霍尔德伦（Holdren）和欧利希（Ehrlich）认为生态系统服务功能丧失的快慢取决于生物多样性丧失的速度，企图通过其他手段替代已丧失的生态系统服务功能的尝试是昂贵的，而且从长远的观点来看是失败的。那么，生态系统服务功能究竟是指什么？其效益和功能有哪些？欧阳志云、王如松等人（1999）对生态系统服务功能的概念做了

① 欧阳志云、王效科、苗鸿：《中国陆地生态系统服务功能及其生态经济价值的初步研究》，《生态学报》1999 年第 5 期，第 607~612 页。

② 徐嵩龄：《生物多样性价值的经济学处理：一些理论障碍及其克服》，《生物多样性》2001 年第 3 期，第 310~318 页。

如下的概括：生态系统服务功能是指生态系统与生态过程所形成及所维持的人类赖以生存的自然环境条件与效用。[①]

生态系统之所以能进行服务是因为其本身所具备的服务功能。科斯坦萨（1997）将生态系统的商品和服务统称为生态系统服务，将生态系统服务分为气体调节、气候调节、水调节、控制侵蚀和保持沉淀物、土壤形成、食物生产、原材料、基因资源、休闲、文化等17个类型。[②] 生态系统服务功能的内涵包括有机质的合成与生产、生物多样性的产生与维持、调节气候、营养物质储存与循环、环境净化与有毒有害物质的降解、植物花粉的传播与种子的扩散、有害生物的控制、减轻自然灾害、降低噪声、遗传、防洪抗旱等诸多方面。陈仲新和张新时（2000）将生态系统的这些功能归纳为四类[③]：①调节功能，对大气化学成分、气候、水文、土壤及生物多样性等的调节；②承载功能，提供各种空间与适宜的载体；③生产功能，水、氧气、基因，以及各种生物与自然资源；④信息功能，美学、历史、传统、文化、艺术以及科学与教育信息。总之，生态系统提供给人类的服务功能也是一个不断变化并逐渐积累的过程，它能够比较清晰地描述人类对生命支持系统的依赖性，为人们评价各种技术和社会经济发展方式的长远影响提供一种参考，以防止和减少自我毁灭性的经济和社会活动。

四、生态补偿与生态系统服务支付的比较性总结

本章通过对生态补偿与生态系统服务支付的概念分析与内涵比较，并对二者按照异同点就其原则视角、时间尺度、客体对象、主体、理论基础、手段途径、额度标准进行了比较分析，结果见表3.2。

目前，国外关于生态补偿的一些主流思想认为，生态补偿的理论依据主要表现为“生态服务支付”的观点和理论。从“生态补偿”到“生态系统服务支付”的深层次含义分析，可以认识到其中蕴含的环境哲学的不同思想。本章认为“补偿”通常是基于损失而言，是指政府或受益人为公益的目的而对所有者或使用者（如个人、团体或组织）拥有财产权的行使行为，而造成某种程度的限制，进而造成所有者或使用者权益的损害。因此，需要对于财产权受损的部分相应地给予补偿，以弥补其所受的损失，而补偿的对象通常

---

① 欧阳志云、王如松、赵景柱：《生态系统服务功能及其生态经济价值评价》，《应用生态学报》1999年第5期，第635~640页。

② Costanza R，d'Arge R C，Rudolf de Groot，et al.，“The value of the world's ecosystem services and nature capital”，*Nature*，1997（387），pp.253-260.

③ 陈仲新、张新时：《中国生态系统效益的价值》，《科学通报》2000年第1期，第17~22页、113页。

表 3.2　生态补偿与生态系统服务支付的概念分析与内涵比较

异同		生态补偿	生态系统服务支付
不同点	视角	生态补偿是将生态恶化或环境污染以及资源破坏导致的生态环境系统变化作为一种价值损失来审视	生态系统服务支付是以生态系统服务功能所体现的生态环境价值利用作为一种经济收益来看待
	原则	以“破坏者付费”为主要原则	以“使用者付费”为主要原则
	时间尺度	补偿是基于损失而言，通常是从事后结果的处理视角考虑的一种经济补偿行为	生态服务支付则是更加注重事前预防的一种对非市场价值判断的市场经济行为
	客体对象	补偿对象通常以财产权的所有人或使用人为主，并不以地方建设或社会福利为其补偿项目	生态系统服务功能价值的受损者、让渡者等各个利益相关者
	主体	以各级政府为主体的组织机构、企（事）业单位、个人	生态系统服务功能价值的受益人等利益相关者
	理论基础	生态补偿的理论基础以环境外部性和公共物品理论为主，包含生态系统理论、生态服务功能价值理论、生态资产理论等	生态系统服务支付的理论基础是以生态系统理论、生态服务功能价值理论、生态资产理论为主，包含环境外部性理论和公共物品理论
	手段途径	它是以政府财政转移支付、法律制度规范约束等为主要手段，综合运用财政、税费等行政方式的一种政府为主的补偿机制	它是从可持续发展的视角出发，进行的一种以对非市场价值判断的买卖双方自愿交易的市场经济行为，是一种市场为主的补偿机制
	层面构成	生态补偿概念较宽，包括服务补偿、资源补偿、破坏补偿、发展补偿、保护补偿五个层面	生态系统服务支付的概念较窄，只是向提供生态服务功能的价值支付费用，但其服务的范围广泛
	额度标准	生态补偿的标准难以确定，通常以核算和协商方式，按照区域、流域、生态要素等来确定	世界银行等机构认为补偿≤环境服务估价，即生态补偿的金额通常要小于生态系统服务支付的金额
	作用	生态补偿是约束和激励减少生态破坏行为的手段	生态系统服务支付是鼓励生态保护与建设的手段
相同点		无论是“生态补偿”还是“生态系统服务支付”，它们都是对生态系统所创造价值的一种货币体现	

以财产权的所有者或使用者为主，并不以地方建设或社会福利为其补偿项目。可以认为，“补偿”是从事后结果处理的视角来考虑的，而“生态服务支付”则是从人与自然和谐平等关系出发的，其更加注重生态环境保护的事前预防。

因此，本章从国内外的生态补偿研究中得出的理论逻辑关系是：由于东西方文化的差异以及研究的视角不同，生态补偿是将生态系统导致的环境变化作为一种价值损失来审视，而生态系统服务支付是将生态系统所引起的环境变化作为一种经济收益来看待。但是二者的共性是一致的，即无论是“生态补偿”还是“生态系统服务支付”，它们都是对生态系统服务所创造价值的一种货币体现。“生态补偿”本质上就是对“生态系统服务”的一种补偿支付形式。因此，从总体来看生态补偿的货币金额通常要小于生态系统服务支付的金额。从某种程度而言，生态补偿体现了政府或组织财政转移支付的意愿，而生态系统服务支付是从可持续发展的视角出发，进行的一种对非市场价值判断的市场经济行为。

第三节　流域生态补偿的基础理论构成

一、可持续发展理论

（一）可持续发展理论的主要观点

可持续发展是20世纪80年代，伴随着人们对社会、经济、生态以及资源利用的广泛讨论而提出的一个全新概念，是人们对传统发展模式进行长期深刻反思的结晶。在《我们共同的未来》报告中，可持续发展被定义为：既满足当代人的需要，又不对后代人满足其自身需求的能力构成危害的发展。联合国环境规划署理事会认为，可持续发展涉及国内合作和跨国界的合作。国际自然保护同盟（IUCN）1991年对可持续性定义为：可持续地使用，是指在其可再生能力（速度）的范围内使用一种有机生态系统或其他可再生资源。巴比尔（Edward B. Barbier）在《经济、自然资源、不足和发展》一书中对可持续发展的定义为：在保护资源的质量和其所提供服务的前提下，使经济发展的净利益增加到最大限度。可持续发展体现的基本原则是：①公平性原则。所谓公平是指机会选择的公平性，既包括本代人的公平即代内之间的横向公平，又包括代际间的公平即世代的纵向公平。②持续性原则。资源和环境是可持续发展的重要限制因素，资源的永续利用和生态环境的可持续性是可持续发展的重要保证，在社会经济的发展进程中，人类需要根据持续性原则调整自己的生活方式和资源政策。③共同性原则。尽管不同国家、不同地区的历史、经济、文化和发展水平不同，可持续发展的具体目标、政策和实施步骤也各有差异，但是公平性和可持续性是一致的。

（二）可持续发展理论对生态补偿的理论解释

根据可持续发展理论，在流域水资源开发利用中，要坚持可持续地利用水资源，使水资源同时满足当代人和后代人的需要，在保护水质和水量的前提下，使流域地区经济发展的净利益增加到最大限度。水源保护区持续地供应水资源，是流域地区经济可持续发展的重要前提之一。为确保流域上游水源保护区水资源的持续供应，就必须解决当前流域上游水源保护区面临的经济发展和水源保护的问题。对流域上游水源保护区进行生态补偿是其解决途径之一。同时，根据可持续发展的公平性、持续性和共同性原则，不同地区有选择发展机会的公平性。而流域上游水源保护区为保护水质，保证下游地区经济发展所需要的水资源，对其保护区内的经济发展采取了严格的限制。和下游地区相比，上游水源保护区为满足整个流域，尤其是中下游地区的经济发展和社会需要，损失了很多经济发展的机会。因此，为体现公平性原则，应对流域上游水源保护区因保护水源而损失的发展经济的机会进行补偿。根据可持续发展的持续性原则，为保证资源的持续利用，流域居民应调整自己的生活方式和资源政策。实施流域生态补偿就是对中国当前流域水资源开发利用政策的调整和完善，通过实施生态补偿政策，保证流域水资源的持续开发与合理利用，确保整个流域地区社会经济的持续健康发展。

二、公共物品理论

（一）公共物品理论主要观点

根据公共经济学理论，社会产品分为公共物品和私人物品。公共物品，是相对于私人物品而言的。萨缪尔森在 1954 年和 1955 年的两篇论文《公共支出纯论》和《公共支出论图解》中，给公共物品下的定义为：每个人对这种产品的消费并不能减少他人也对于该产品的消费。国内外学者认为，公共物品是指具有共同消费性、具有非排他性和非竞争性的产品和服务。公共物品或劳务具有与私人物品或劳务显著不同的三个特征：效用的不可分割性、非竞争性和非排他性。效用的不可分割性是指公共物品是向整个社会共同提供的，具有共同受益或联合消费的特点，其效用为整个社会的成员所共享，而不能将其分割为若干部分，分别归属于某些个人。非竞争性，即某人对公共物品的消费不排斥和妨碍他人同时享用，也不会因此减少他人消费该种公共物品的数量或质量。经济学对此的严格界定是，新增消费者所引起该产品的边际成本为零。非排他性，即在技术上无法将那些不愿意为消费行为付款的人排除在某种公共物品的受益范围之外。提供者要想不让某人消费该产品，或者在技术上做不到，或者排他的成本过于昂贵，不值得去做。

公共物品可分为两个层次：①同时满足三个特性或同时满足非竞争性和非排他性特性的公共物品，称为纯公共物品；②消费上具有非竞争性、受益上具有排他性，或者消费上具有竞争性、受益上不具有排他性的公共物品，称为准公共物品。

（二）对流域水资源的准公共物品理论分析

流域生态系统及其水资源是公共资源，是一种准公共物品，是具有竞争性但不具有排他性的准公共物品。对其理论解释如下：①不具有排他性是因为尽管《中华人民共和国水法》明确规定水资源的所有权属于国家，但是水资源的使用权无法有效确定，因此无法向所有水资源的使用者（或破坏者）直接收费，从而也就无法排除任何人对水资源的使用。②水资源的使用具有竞争性是由于水资源的稀缺性造成的。用水的竞争性是指一个人对水资源的使用会影响他人对水资源的使用。① 例如，在水资源有限时，上游使用一定量的水资源，那么下游就必须放弃对这部分水资源的使用，即上游与下游之间存在竞争性用水关系。由于水资源的使用不具有排他性，所有人都能从水源保护区保护水资源的过程中受益。水资源使用者在不支付任何费用或者付出极小的费用的条件下，就可以享受到流域水资源的益处，在使用过程中不免有人产生“搭便车”的动机而不愿承担付费的责任。然而，按照经济学中“经济人”的基本假设，每个人都有趋利避害的理性。如果人人都可能成为“搭便车”者，那么就不会有人甘愿别人“搭”自己的“便车”，而是每个人都会设法“搭”别人的“便车”，使得人人都成为潜在的“搭便车”者。②“搭便车”造成的结果将是没有人愿意为水资源保护付费，也没有人愿意参与水资源的保护，从而导致水资源更加短缺、水环境破坏更加严重。因此，针对流域水资源的开发利用和生态环境治理，就需要政府发挥行政职能，在一定程度上界定流域内包括水资源的环境产权，通过向水资源使用者收费，向水资源保护者付费，实施流域生态补偿，才能保证流域范围内水资源的有效保护、合理使用、持续发展。

三、环境外部性理论

（一）环境外部性理论及其在水资源开发利用中的运用

外部性是公共物品的基本特征之一。外部性是在实际经济活动中，生产者或消费者的活动对其他消费者或生产者产生的超越活动主体范围的利害影响。这种影响有好的作用，也有坏的作用。好的作用称为外部经济性或正外部性，坏的作用称为外部不

① 张春玲、阮本清：《水资源恢复补偿经济理论分析》，《水利科技与经济》2003 年第 1 期，第 3~5 页。

② 姚从容：《公共环境物品供给的经济分析》，经济科学出版社 2005 年版。

经济性或负外部性。外部性又被称为外部效应，其特征为：①它独立于市场机制之外，即外部影响没有通过正常的市场交易就直接产生；②外部性是无意产生的，即产生外部性的当事人并不是有意的行为；③外部影响是相互的；④外部效应一般限定在局部范围内。

我国学者张春玲等人（2006）通过分析用户使用水资源对外界或其他用户造成的影响，将水资源利用的外部性概括为代际外部性、取水成本外部性、水资源存量外部性、环境外部性、水污染外部性、水源保护外部性等[①]，分述如下。

（1）代际外部性。作为地球自然禀赋的水资源，生存在地球上的各代人对其具有共享权。当代人在利用水资源时，一方面为追求自身效应最大化，对水资源的需求无限，利用和选择策略都按照自己的意愿，对下一代用水产生影响；另一方面试图努力降低水资源开发的成本，其结果势必导致首先开发那些容易开发、优质高效的水资源，提高资本收益率，而给后代人留下的则是难以开发、质量低的水资源，势必增加后代人开发水资源的单位成本。这两种情况都造成当代人利用水资源的代际外部性。

（2）取水成本外部性。一个水资源使用权持有者若少抽取一单位的水，将会降低其他水资源使用权持有者的取水成本，但是不会得到相应的补偿；反之，将会增加其他水资源使用权持有者的取水成本。或者说上游的水资源使用权持有者增加取水量将影响下游水资源使用权持有者的收益，而不必承担相应的成本。

（3）水资源存量外部性。在一定时期、一定流域内，水资源存量是固定的。当某一水资源使用权所有者在第 T 期多使用一单位的水，将减少其他水资源使用权所有者在现在或将来可获取的水资源存量，因此存在“你多用我就得少用”的现象。

（4）环境外部性。水资源的过度开采利用，造成生态环境的破坏，而使用者并不承担相应的成本，造成了水资源利用的环境外部成本。

（5）水污染外部性。水资源一经使用便将以污水的形式排出使用区，不达标排放的污水排入河道将造成水体污染，影响污水排入区生产生活的正常进行，增加了社会的边际成本，而用水者却不负担排污引起的这部分成本，其私人成本小于社会成本。

（6）水源保护外部性。水源区在上游地区建设涵养林或约束经济发展，投入大量资金、人力、物力及承受经济损失，为下游用水受益区提供安全的水源，增加了社会边际效益，这个边际效益远远大于上游水源区在保护水源时获得的“私人边际效益”。水资源等环境

---

① 张春玲、阮本清、杨小柳：《水资源恢复的补偿理论与机制》，黄河水利出版社 2006 年版。

物品具有公共物品性质，其消费上的无排他性及供给上的非竞争性，易产生“搭便车”现象，即使用却不付费。因此，流域生态环境保护，尤其是水资源的保护利用会产生积极的正外部效应。

（二）流域水资源保护使用的外部性和水源保护区生态补偿

外部性的存在会导致边际私人成本 *MPC* 与边际社会成本 *MSC*、边际私人收益 *MPB* 与边际社会收益 *MSB* 的差异。因为市场主体在进行决策和经营活动时，往往只计算对自身利益产生直接影响的成本和收益。流域水资源在开发使用过程中，会产生外部经济性和外部不经济性。水源保护区植树造林、保持水土、约束经济发展、控制污染，投入大量资金、人力、物力及承受经济损失，为下游城镇提供数量和质量有保障的生产和生活用水，增大了社会边际效益，这时社会效益远远大于私人效益，产生外部经济性。

图 3.1 是水资源开发使用过程中外部经济性的简单分析图。流域上游地区居民植树造林，投资保护水资源，其投资行为是由边际私人收益 *MPB* 和边际成本 *MC* 决定。由于存在外部性，边际社会收益 *MSB* 大于边际私人收益 *MPB*，这时流域上游地区保护水资源投入 Q_1 小于由 *MSB* 和 *MC* 决定的有效投入量 Q^*。当要求水资源保护投入达到 Q^* 时，必须降低水源保护的成本。因此，如果流域水资源保护外部经济性得不到有效补偿，会导致水资源的配置失误。①

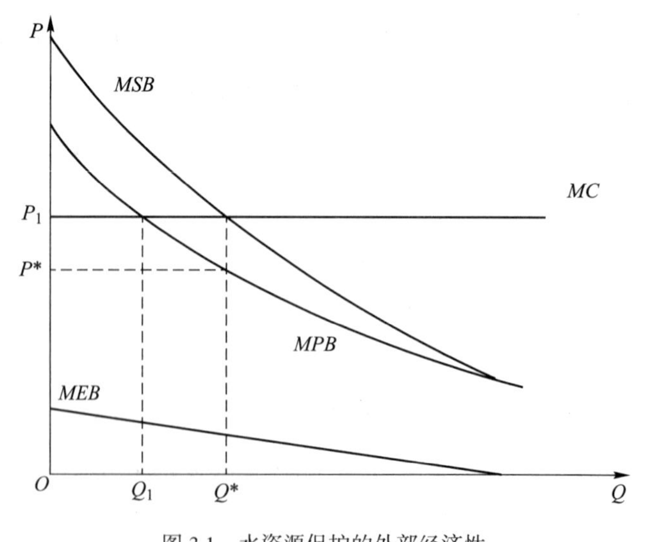

图 3.1　水资源保护的外部经济性

① 马中主编:《环境与自然资源经济学概论》，高等教育出版社 1999 年版。

流域水资源开发使用过程中的外部不经济性是指，对水资源的过度使用导致获取每单位水资源的产出成本上升或可获得水量或水质的不利变化，却没有具体的单位和个人为此承担责任。如图 3.2 所示，当一个利益最大化的流域下游地区用水户使用水资源时，其使用水平由边际收益 *MB* 和边际私人成本 *MPC* 决定，这时私人使用水平 Q_1 大于由边际收益 *MB* 和边际社会成本 *MSC* 决定的有效使用水平 Q^*。当要求使用水平达到 Q^* 时，必须提高水资源使用的价格。因此，如果水资源使用外部不经济性得不到有效补偿，也会导致水资源的配置失误。在流域水资源日益紧缺匮乏及其周边生态环境恶化的基础上，如果没有一种跨行政区域的制度保障，即流域生态补偿机制的建设，就不可避免地造成流域水资源的枯竭和生态环境的恶化，最终殃及流域周边地区社会经济的倒退，甚至导致人类社会文明的灭亡。

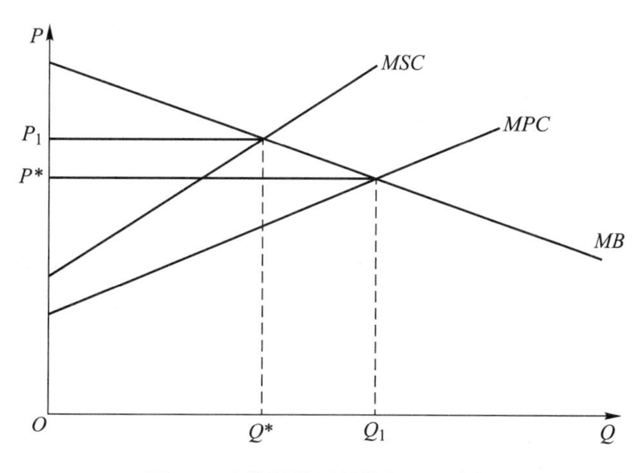

图 3.2　水资源使用的外部不经济性

水资源使用的外部不经济性主要表现为取水成本的外部不经济性、代际外部不经济性和环境外部不经济性。①取水成本的外部不经济性，即指在一定时期、一定范围内，水资源存量是固定的，用水户在某一时期的取用水量，将减少其他用水户在现在或将来可获取的用水量，会影响其他用水户的取用水成本，但其他用水户得不到应有的补偿，在双方的经济关系上没有相应的体现。②水资源的代际外部不经济性是指当代人在使用水资源时，并未考虑到后代人对水资源质和量的需求，只为满足自己尽最大努力用水，全不顾对后人的影响。③环境外部不经济性是指水环境和生态系统因部分人的活动而退化，降低了水资源的再生能力，增加社会边际成本，而这些人并不承担相应的成本，造成水资源利用的外部性成本。水资源使用的外部不经济性的存在，促使水资源的不当开发利用，造成水资源的非持续开发利用。[①]

西方福利经济学家庇古认为引起外部性的原因是私人成本和社会成本之间的背离，并提出了征税（或补贴）的主张，目的是使私人成本与社会成本一致，其核心观点是：首先通过核算，使边际税率（或边际补贴）等于边际外部成本（或边际外部收益）；然后，政府应对正外部性效应予以补贴，以补偿外部经济生产者的成本和其应得的利润，增加外部经济的供给，提高整个社会的福利水平；对外部性不经济性，处以罚款或征税，使外部不经济生产者的私人成本等于社会成本，减少有害影响的供给，保证社会福利水平的不降低。根据庇古的黄金法则，可以用以下两种方式来解决流域水资源保护的外部性问题：①收费——通过收费使水资源使用者认识到水资源使用产生社会成本的存在，把一部分社会成本转化为私人成本。政府可以借助于收费的刺激，抑制水资源使用者不可持续使用水资源的行为。②补贴——通过补贴方式让水源保护区居民意识到水资源保护社会、经济与环境效益的存在，把一部分社会效益转化为私人收益。政府可以借助于补贴的鼓励，促进水源保护区保护水资源的行为。[②]

因此，对流域水源保护区进行生态补偿，就是解决水源保护区水资源保护外部性问题的一个很好途径。在流域生态补偿中，通过对水资源使用者收费，对水源保护区提供补贴，鼓励水资源的保护，抑制水资源的不合理利用，从而提高水资源的配置效率，改善全社会的福利，保障人口、资源、环境与经济的协调、持续发展。

四、生态产权理论

（一）水资源产权制度概述

水资源产权，也称水权，包括水资源的所有权、使用权、经营权、转让权等。其中水资源所有权是水资源分配和水资源利用的基础。由于水资源的随机性、流动性和稀缺性，以及水资源的不可替代性、功能的多样性、使用的广泛性等特性，我国及世界上大多数国家和地区实行的都是水资源国家所有权制度。2016 年修订的《中华人民共和国水法》规定："水资源属于国家所有。水资源的所有权由国务院代表国家行使。农村集体经济组织的水塘和由农村集体经济组织修建管理的水库中的水，归各该农村集体经济组织

① 刘宪春、刘宝元、张强莉:《流域水资源可持续开发利用中激励机制的应用》,《中国人口・资源与环境》2003 年第 6 期，第 40~44 页。

② 朱宏寨、陈彦:《合理利用和保护水资源的经济分析及措施》,《西南民族学院学报》（哲学社会科学版）2002 年第 3 期，第 43~45、251 页。

使用。”该法对水资源所有权作出了明确规定，为水资源的合理开发、可持续利用奠定了必要的基础。然而，水资源的国家所有权并不意味着水资源的使用权、经营权、转让权和管理权等财产权利也一定要由政府来承担。在计划经济时代，凡是生产性的资源都是由中央和地方的计划部门来划拨和配置，在当时水资源的使用权、管理权、经营权等由政府来行使是有其合理性的。但是，目前我国已经建立了社会主义市场经济体制，经济决策由过去的中央计划决策改为经济主体（企业和个人）的分散决策，政府的角色也发生了根本性转变，由过去的经济活动主体转变为市场的监督者、管理者和市场规则的制定者。在这种大背景下，我国水资源管理体制产权不清的弊端越来越明显，所造成的矛盾与问题越来越复杂和尖锐，已经成为我国经济进一步实现可持续发展的滞阻。①

改革开放以来，我国的经济体制不断改革，市场化程度不断加强，水资源的分配体制也发生了相应的变化，其中一个重大的改革是实行取水许可制度。2016年修订的《中华人民共和国水法》规定，直接从江河、湖泊或者地下取用水资源的单位和个人，应当按照国家取水许可制度和水资源有偿使用制度的规定，向水行政主管部门或者流域管理机构申请领取取水许可证，并缴纳水资源费，取得取水权。但是，家庭生活和零星散养、圈养畜禽饮用等少量取水的除外。取水许可证制度实际上是在保持国家水资源所有权的前提下，水资源所有权和使用权的相对分离，实际上赋予了用水户依法享有水资源使用和收益的权利。但取水许可制度并没有赋予用水户明确的使用权主体地位，用水户用水的权利不具有长期稳定性，并且不能转让。②我国在水权制度方面实行的另一项重大改革是水资源的有偿使用制度，规定对直接从地下或者江河、湖泊取水的，组织或个人征收水资源费。全国已有20多个省（自治区、直辖市）出台水资源费征收管理办法。但由于水资源费标准偏低，远不能反映水资源的稀缺程度，对水资源的调节作用十分有限。我国规定，使用供水工程的水，应当向供水单位交纳水费。这实际上是对水商品分配体制的改革，福利供水的传统被打破。但是，限于用户的承受能力以及传统意识的影响，水价仍然偏低，市场在水资源的配置上所起的作用仍很小，行政手段在水资源的分配和调节中仍起主要作用。③

因此，在市场经济体制下，实行多渠道、多层次投资开发利用水资源，加强水权管理，实行所有权与使用权分离，实行水资源有偿使用和转让，通过市场机制促进水资源在全

① 杨培岭主编:《水资源经济》，中国水利水电出版社2003年版。
② 袁弘任等编著:《水资源保护及其立法》，中国水利水电出版社2002年版。
③ 张瑞恒等:《水资源经济论》，中国大地出版社2003年版。

社会的优化配置与合理使用，有利于提高水资源利用的经济效益、社会效益和生态效益，从而保证经济社会的可持续发展。

（二）水资源的产权制度和水源保护区生态补偿

从法学角度看，权利和义务是对等的，享有权利就应该承担义务。水资源的国家所有制决定了水资源管理和保护的主体是国家，对水资源所有权各项职能的行使决定了中央政府可以主导流域内地区间水资源的分配，可以实施跨流域和跨地区之间的调水工程，可以采取行政和经济等各种手段来保护、管理水资源。同时，一个运作良好的产权制度，还需要明确谁是资源的使用者、破坏者，以及其需要承担的相关责任；此外，也需要识别和界定环境破坏和资源耗竭的受损者、资源基础改善的贡献者，以及其所应该获得的相应的补偿和利益保障。因此，需要通过建立适当的制度安排，有效界定与资源的产权关系和结构，以满足对资源进行有效管理的需求。[①] 在水资源的保护和利用过程中，水资源使用者应遵从"谁利用谁补偿"的原则，承担相应的责任，为水质保护、水污染控制等付出一定的费用；水源保护区为保护水资源做出了贡献，应获得相关的补偿，以弥补水资源保护过程中做出的投入和经济方面的损失。国家拥有水资源所有权，就应该保护、管理好水资源；国家可以通过行使使用收益权，建立水资源有偿使用机制，收取水资源费，在水资源费征收标准中综合考虑对水源保护区进行补偿。[②] 通过建立流域生态补偿机制，水资源使用者对水资源使用进行付费，国家将水资源使用权转让给市场主体，有利于水权交易市场的建立。在水权交易市场下，允许市场主体依法进行使用权的有偿流转，可以刺激水资源使用者充分考虑全部的机会成本，包括水资源的其他使用价值，并加大对节水技术的投资，形成节水的激励机制；通过使用权的有偿转让，使区域之间、各部门之间用水得到优化配置、水资源在全社会内合理开发使用，从而实现水资源效益的最大化和持续使用。

五、生态系统理论

生态系统（eco-system）的概念是英国生态学家坦斯利（A. G. Tansley）于 1935 年首先提出来的，是指在一定的空间内生物成分和非生物成分通过物质循环和能量流动相互作用、相互依存而构成的一个生态学功能单位。它把生物及其非生物环境看成互相影响、彼此依存的统一整体。随着生态学的发展，人们对生态系统的认识不断深入。20 世纪 40

---

① 朱山涛等：《影响退耕还林农户返耕决策的因素识别与分析》，《中国人口・资源与环境》2005 年第 5 期，第 108~122 页。

② 杨培岭主编：《水资源经济》，中国水利水电出版社 2003 年版。

年代，美国生态学家林德曼（R. L. Lindeman）在研究湖泊生态系统时，提出了食物链的概念和生态金字塔的理论，使人们认识了生态系统的营养结构和能量流动的特点。生态系统是生物与环境之间进行能量转换和物质循环的基本功能单位。生态系统经过长期的自然演化，每个区域的生物和环境之间、生物与生物之间，都形成了一种相对稳定的结构，具有相应的功能。生态系统不论是自然的还是人工的，都具有下列共同特性：①生态系统是生态学的一个主要结构和功能单位，属于生态学研究的最高层次；②生态系统内部具有自我调节能力，其结构越复杂，物种数越多，自我调节能力越强；③能量流动、物质循环是生态系统的两大功能；④生态系统营养级的数目因生产者固定能值所限及能流过程中能量的损失而决定（一般不超过 6 个）；⑤生态系统是一个动态系统，要经历一个从简单到复杂、从不成熟到成熟的发育过程。生态系统有四个组成部分，即非生物环境、生产者、消费者和分解者。因此，生物与生物之间、生物与环境之间的相互作用，协同发展，共同进化，形成包括人类在内的所有生命赖以生存和发展的支持系统，即生态系统。

近年来，随着流域生态问题日益突出，许多国家和地区都以流域为单元，对流域生态系统进行了生态和环境问题的研究。流域是指陆地上被分水线所限的集水区域，是一个从源头到河口有径流注入的水文单元，是典型的自然生态系统，在地域上有明确的边界。流域作为一个整体，是以水分的运动为中心，实现能量流动、物质循环和信息传递的开放系统。人类社会的可持续发展归根结底是人与自然协调发展的问题。对于人类来说，流域是涉及人类发源和生存的基本组成部分。人类社会文化的形成以及人口的聚集、财富的汇集、城镇的发展，都是从流域开始的。

生态系统的结构及其特征决定了它的基本功能，主要表现在生物生产、能源流动、物质循环与信息传递四个方面。生态系统具有开放系统和控制系统的特征。生态系统理论揭示了生物群落及其环境之间相互作用的内在规律。流域生态系统是自然生态系统的重要组成部分之一。流域生态系统可以划分为生命和非生命两个亚系统：①生命系统是指流域内的动物、植物、微生物等多种生命有机体的集合，是生态系统的主体；②非生命系统主要是自然界诸多物理与化学要素的集合，是生态系统中生命活动所必需的物质来源。通过水分的传递和运输，把流域的生物要素和环境要素有机地结合起来。其中，生物群落是流域生态系统的核心，决定着系统的物质和能量的转换，形成生产力、能量活动特征和强度以及流域生态系统的外貌景观。同时，流域系统中还包含着人口、环境、资源、物资、资金、科技、政策和决策等基本要素。各个要素以社会需求为动力，通过社会、经济和自然再生产相互制约、相互交织，构成了一个复合的系统，其中自然是基础，经济是命脉，社会是主导。因此，流域生态系统应该从系统的观点来进行全面的规划、开发、利用和补偿。

六、生态服务功能理论

我国学者于连生（2004）在恩格斯的价值理论基础上提出了自然资源功能价值理论[①]，主要观点如下：①自然资源的功能是指自然资源的质量、效用、能力和有用性。资源由于内外关系的复杂性、多样性，决定了自然资源功能的复杂多样性和普遍性。结构是功能的基础，功能是结构的表现。自然资源由其自身的结构、层次、规律、属性决定对人类的作用和有用性。功能是自然资源的各种因素的能量集中表现，也是自然资源价值的集中表现。在一定意义上，自然资源的使用价值也就是自然资源的功能对人类的效用。自然资源的使用价值是相对于人的需要而言的，是在人与自然之间需要和被需要的关系中产生的。然而，人的需要既可以是由客观生理因素也可以是由主观心理因素产生的。使用价值从内容上看，是人类开发利用时满足需要人的需要的效用；从性质上看，表现为资源的有用性；从形式上看，是人类开发利用时满足需要的主观感受；从本质上看，是人与自然资源使用与被使用的关系。②功能定价是在正确界定资源价值的基础上建立的，根据自然资源的质量和功能的变化，通过自然资源质量和数量的损失及功能效用的关系来确定其价值。所谓的功能是指自然资源在人类的生活、生产活动中所担负的职能或所起的作用，而任何一种自然资源因质量、数量的差异都有不同的类型、不同大小的功能。例如水资源，优质的水资源作为饮用水源，相对次之的可作为渔业、农灌和娱乐水体。自然资源的功能价值，也就是在使用该资源过程中使资源从某一功能状态（某一质量水平）下，完全丧失该功能时所获得的效用（使用价值）。在一定范围内，自然资源质量越好，则功能越大，满足人类需要的能力越强，其使用价值越高；反之，使用价值越低。自然资源在开发利用过程中，其物理的、化学的、生物的性质都可能发生变化，即遭到不同程度的污染，质量随之下降，功能减退，使资源的价值降低。在一定情况下，自然资源的功能价值是其质量的函数。

总之，流域生态系统具有显著的生态服务功能，为人类的社会发展和经济建设提供了不可或缺的保障。长期以来，人类过多地从自然系统中开发生态服务功能，导致其质量、效用及能力等方面大大降低。因此，为了保证人类社会能够持续地从自然环境中获取有

---

① 于连生主编：《自然资源价值论及其应用》，化学工业出版社 2004 年版。

价值的功能，就需要对流域生态系统进行及时、有效、科学的补偿，以恢复流域的生态系统服务功能。

七、自然资源价值论

自然资源价值论认为，自然资源价值的源泉，大体包括三部分：天然价值、人工价值和稀缺价值。

自然资源的天然价值是指自然资源本身所具有，未经人类劳动参与的价值。之所以有这种价值，是因为自然资源具有使用价值而且稀缺。不具有使用价值的东西没有价值。自然资源作为生产基本要素，其使用价值是不言而喻的。自然资源的天然价值主要取决于以下两个要素：①丰饶度和质量；②自然地理位置。

自然资源的人工价值（劳动价值）是指自然资源上附加的人类劳动，是人类世世代代利用自然、改造自然的结晶。绝大多数自然资源只有经过人类的附加劳动后，才具有充分利用的可能性。自然资源上附加的这些人类劳动，就是自然资源的劳动价值，即马克思主义政治经济学中的价值。附加的人类劳动越多，其价值越大。

自然资源的稀缺价值是指从供需的角度来看，物以稀为贵，越是稀缺的资源，其价值越大。自然资源的稀缺性构成了与自然资源的天然价值和劳动价值相联系但又相对独立的另一类价值。稀缺价值是以使用价值为前提，稀缺又是使用价值之所以具有价值的条件。稀缺价值在市场上已脱离其使用价值和劳动价值，而是由供求关系来决定的。稀缺价值所体现的不是单纯的互换劳动的关系，而是人与人直接的经济利益关系。

在最初的人类社会，水资源是无需交换的自由取用之物，因而也就无需进行经济利益的比较，当然也就不具有价值。在当今社会，随着水资源稀缺性的逐步提高，使水资源交换成为人类社会发展的必要经济活动，水资源价值作为一种经济利益的比较关系，也就有了存在的必要性。水资源价值的内涵，主要体现在三个方面：水资源的稀缺价值，水资源的劳动价值和水资源的功效价值。[①] ①水资源的稀缺价值。根据自然资源的定义，水之所以成为资源，是因为其相对的稀缺性。稀缺性是水资源价值的基础，是水资源价值论的充分条件，也是市场形成的根本条件。水资源稀缺价值的大小与地区、人口、经济发展状况、节水意识、不同需水时段等因素密切相关。[②] ②水资源的劳动价值。价值是人类无差别的劳动成果，商品的价值是由凝结在商品中的必要劳动时间决定的。水资源

① 张瑞恒等：《水资源经济论》，中国大地出版社 2003 年版。

② 阮本清等：《流域水资源管理》，科学出版社 2001 年版；陈家琦等：《水资源学》，科学出版社 2002 年版。

作为自然界的产物,似乎不具有劳动价值。然而,经济社会发展所面临的水资源危机表明,水资源仅仅依靠自然界的自然再生产已远远不能满足现实经济发展的需求,人类必须付出一定的劳动,参与水资源再生产和进行生态环境的保护。因此,人类参与到水资源开发、利用和保护的过程,使之与人类社会的发展同步,这一过程凝结了人类劳动。无论是兴修水利还是水源区生态保护等所有工程和非工程措施,都是人类脑力劳动和体力劳动的结果。而物化了的人类劳动就是价值,故水资源具有劳动价值。水资源的劳动价值主要包括:水利规划、水资源保护、水环境监测、水文等各种投入。[①] 根据水资源的劳动价值,人类在水资源开发、保护、输送等一系列劳动环节上,均形成价值。③水资源的功效价值。它是指水资源在社会生活中所具有的功能、作用及其重要性,或所产生、形成的影响与贡献的大小。水资源是人类生活不可缺少的自然资源,对人类具有巨大的功效。水资源是维持生命活动的基础,是工农业和社会生产的重要支持,是生态系统的必要组成部分。水资源的这些功效价值概括起来分别为维持生命的功效价值、支持经济社会发展的功效价值、生态功效价值、环境功效价值和文化功效价值。实质上,人类对水资源开发、利用、保护和治理的过程就是对水资源功效价值认识和实现的过程。

水资源价值理论的分析说明水资源的价值是水资源与人类之间关系的表现。水资源的稀缺价值使人类致力于水资源的可持续开发和保护;水资源的劳动价值,是指水资源所有者在开发利用和水资源交易中对水资源数量和质量的管理所产生的价值;水资源的功效价值说明水资源具有满足人类的需要、生存和发展的作用。因此,人类应该采取行动,协调人与水资源之间的关系。实施流域生态补偿,协调保护区居民和用水户之间的权益关系、协调保护区和开发区之间的利益关系、协调水环境污染者和水资源保护者之间的价值关系,既调整了人与水资源之间的关系,也促进了流域水资源的可持续利用与社会和谐。

八、生态环境价值理论

我国学者李金昌(1999)从环境工作实际需要出发,将西方效用价值论和马克思主义劳动价值论进行了有机的结合,提出了“生态环境价值论”[②]。生态环境价值论认为生态环境的价值首先决定于其对人类的有用性,而其价值的大小又取决于生态环境的稀缺性和开发利用条件。采纳了劳动价值论中通过劳动使物品具有使用价值和效用价

① 姜文来:《水资源价值模型研究》,《资源科学》1998 年第 1 期,第 35~43 页。

② 李金昌编著:《生态价值论》,重庆大学出版社 1999 年版。

值中边际效用、稀缺性等论点合并而成的生态环境价值论，具有综合性、普适性和可操作性。

国内外关于生态环境价值的构成主要有两种分类法。第一种分类法是将生态环境总价值（Total Economic Value,TEV）分为使用价值（Use Value,UV）和非使用价值（Nonuse Value，NUV）。使用价值又分为直接使用价值（Direct Use Value，DUV）和间接使用价值（Indirect Use Value，IUV）。非使用价值又分为存在价值（Exist Value，EV）和遗赠价值（Bequeath Value，BV）。此外，还有选择价值（Option Value，OV）可以归于使用价值也可以归于非使用价值。①直接使用价值是指生态环境资源直接满足人们生产和消费需要的价值。②间接使用价值类似于生态服务功能。③非使用价值相当于生态学中所认为的某物品的内在属性，存在价值是其中最主要的形式。存在价值是指从仅仅知道这个资产存在的满意中获得的，是人们对生态环境价值的一种道德上的评判，包括人类对其他物种的同情和关怀。④遗赠价值与人们愿将某种资源保留下来并遗赠给后代人有关。⑤选择价值又称期权价值，是指在利用资源时要对其消费者为一个未利用的资产所愿支付的保险金，以避免将来失去的风险。第二种分类法是将生态环境分为两部分：一部分是比较实的、有形的、物质性的商品价值，即有形的资源价值，也可简称为“资源商品价值”；另一部分是比较虚的、无形的、舒适的服务价值，即无形的生态价值，也可简称为“资源生态价值”。生态环境价值构成见表 3.3。

表 3.3　生态环境价值构成

<table>
<tr><td rowspan="5">生态环境总价值（TEV）</td><td rowspan="2">使用价值（UV）</td><td>直接使用价值（DUV）</td><td>可直接消耗或利用的价值</td><td>• 食物
• 原材料（生物、非生物）
• 娱乐
• 健康</td></tr>
<tr><td>间接使用价值（IUV）</td><td>间接获得的功能效益</td><td>• 生态服务功能
• 生物控制
• 防护</td></tr>
<tr><td rowspan="3">非使用价值（NUV）</td><td>选择价值（OV）</td><td>可供将来使用的价值</td><td>• 生物多样性
• 保护生存栖息地</td></tr>
<tr><td>遗赠价值（BV）</td><td>为后代遗留下的价值</td><td>• 生存栖息地
• 不可逆改变</td></tr>
<tr><td>存在价值（EV）</td><td>继续存在的价值</td><td>• 濒危物种
• 栖息地</td></tr>
</table>

根据现有的研究成果，一般认为流域水资源的生态环境价值主要包括：①水资源本身的价值，特别是水资源用于生态系统培育和美化环境的价值；②造地和促进土壤发育

价值，包括流域水和土壤生态系统为万物生长所提供的载体价值；③流域是民族文明的发源地，黄河流域文明、长江流域文明、珠闽江流域文明、松花江流域文明等都是以流域为起源的，不同流域造就了不同风格的民族文化，因此流域是我国民族文化多样化的重要发源地，这种水资源合理开发利用所产生的精神与文化价值是其他价值所不能比拟的；④游憩娱乐价值，悠久灿烂的流域文化遗迹提供了众多的游憩机会以及自然和人文景观，带动了流域旅游经济的发展，如冲浪、漂流、探险、观光等；⑤生物多样性价值，流域为多种多样的水生、陆生动植物生存、生长、发育、繁衍和栖息提供了必要条件，是宝贵的物种和基因资源库，流域水资源潜在的、附带生产资产价值，是动态的、长期的，具有储备性，其价值也是难以计量的；⑥其他价值，包括流域生态系统所具有的美学、社会、文化、自然教育、科学研究、精神及历史价值等。

九、流域生态补偿理论

（一）生态经济补偿理论的提出

通过相关理论分析与研究，国内外一些学者在生态环境功能价值论的基础上，进一步提出了“补偿价值”的思想。[①] 生态环境、自然资源的经济补偿是对生活、生产活动造成的环境污染、生态破坏以及消耗的自然资源进行恢复、弥补或替换。孙毅和张如石（1991）提出的经济补偿论为自然资源价值补偿理论提供了新的内容，其认为经济补偿是研究如何对自然资源（包括对其他诸如人力、信息、管理、技术、社会、基础设施等经济资源）进行计价、折旧、核算，进而对整个社会再生产过程中消耗的一切物质劳动资料，进行必要的价值补偿和实物替代，探索合理调节人类经济活动和补偿之间的基本规律，以协调人与资源、人类与环境关系的一门学科。[②] 水资源价值补偿就是补偿水资源价值的损耗与所支付的保护费用，是协调人类与水资源关系的必然要求。因此，流域保护利益相关者在水资源保护和水污染控制等方面做出的投入，理应获得补偿。

（二）流域生态补偿理论的构成

本章在综合现有相关理论的基础上，认为流域生态补偿的理论基础主要由以下八个理论构成：①可持续发展理论；②公共物品理论；③环境外部性理论；④生态资产理论；⑤生态系统理论；⑥生态服务功能理论；⑦自然资源价值理论；⑧生态环境价值理论。

在人类社会可持续发展战略目标的指导下，流域生态补偿理论研究需要借鉴生态环

① 于连生主编：《自然资源价值论及其应用》，化学工业出版社 2004 年版。

② 孙毅、张如石：《补偿经济论》，中国财政经济出版社 1991 年版。

境经济理论，在分析流域水资源公共物品特征的基础上，分析其环境外部性的成因，引入产权理论界定生态资产，运用生态系统理论对流域上下游地区以及流域周边的生态系统进行系统性分析，依据功能决定价值的观点，分别运用自然资源价值理论和生态环境价值理论来研究流域生态补偿问题，其逻辑关系如图 3.3 所示。

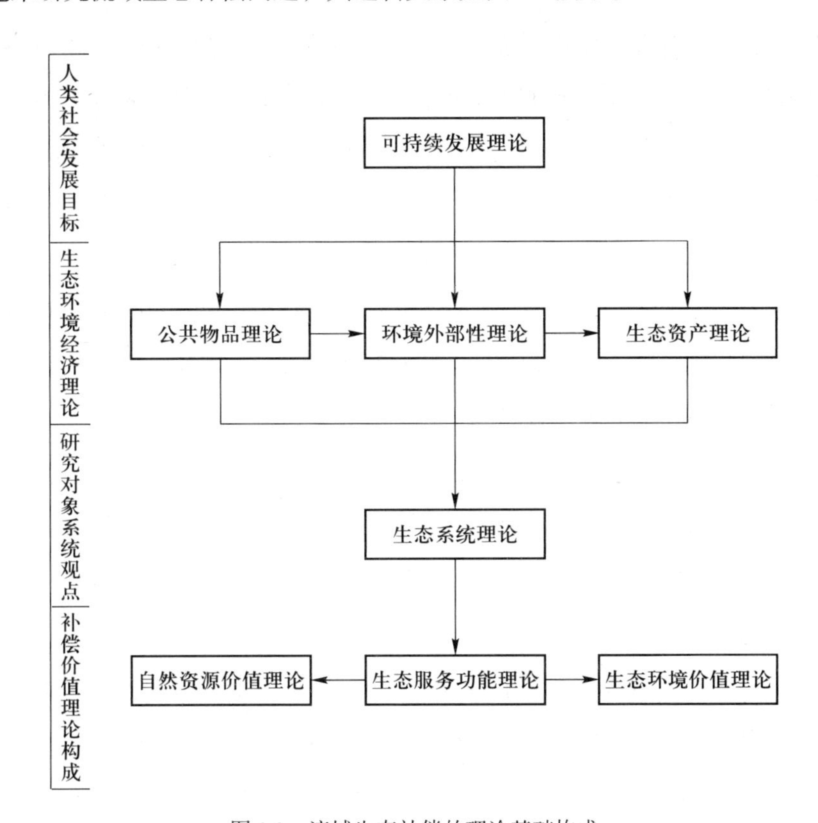

图 3.3　流域生态补偿的理论基础构成

第四节　流域水资源价值理论分析

一、水资源及其价值

（一）水资源及其相关的概念与含义

水是基础性的自然资源和战略性的经济资源，是人类生存的生命线，也是经济社会可持续发展的重要物质基础。

“水资源”这一名词最早正式出现于 1894 年美国地质调查局（USGS）设立的水资源

处（WRD），其业务范围主要是地表河川径流和地下水的观测，以及相关资料的整编和分析等。《不列颠百科全书》将“水资源”解释为“自然界一切形态的水，包括气态、液态和固态水的总量”。这一定义过于宽泛，没有反映水资源的若干本质特征。英国《1963年水资源法》认为“水资源是具有足够数量的可用水”。该定义虽较前者严格，但缺乏科学基础和可操作性。联合国教科文组织（UNESCO）和世界气象组织（WMO）在1988年对水资源的定义是:“可供利用或有可能被利用、具有足够数量和可用质量，并为适应特定地区的水需求而能长期供应的水源。”[①] 这一定义在可操作性上推进了一步。《中华人民共和国水法》指出“水资源包括地表水和地下水”，但这一规定仍未能全面反映可持续发展不同层面的需求。国内学术界对水资源一词的理解也各有不同。王浩等人（2004）将水资源定义为:“水资源是对人类社会经济发展和生态环境保护具有效用的淡水资源，其来源为大气降水，赋存形态为地表水、土壤水和地下水。水资源在数量上为扣除降水期蒸发的总降水量，通过天然水循环不断得到补充和更新，同时受到开发利用的人工调控和人类活动的其他影响。”[②] 对水资源认识上的差异如此之大，其根本原因在于其储量有限而用途广泛和不可替代，具有多种赋存环境和复杂转化机制，而从各个侧面给出的水资源定义及其评价口径缺乏内在的一致性和层次性。

（二）水资源的属性及特性

从自然角度看，水资源既不同于固体矿产资源，也异于石油等液体资源。从社会角度看，水资源既不同于一般的商品，也不同于一般的社会福利。因此，水资源不仅有特殊的自然属性，也具有明显的社会属性。水资源的自然属性是指本身所具有的、没施加人类活动痕迹的特征，主要表现为时空分布的不均匀性、随机性和流动性、质量的渐变性和可再生性、系统性等特征。在当前的社会环境中，水资源不仅是一种自然资源，更是一种社会资源，其已成为人类社会的一个重要的组成部分。水资源的社会属性主要表现为经济性、伦理性、垄断性、准公共物品性、开发中的外部不经济性等。[③] 水资源最为本质的三个特性是：有效性、可控性和可再生性。[④] 有效性是指只有对人类生存和发展具有效用的水分才可以看作水资源；可控性是指在对人类具有效用的水分中，有必要进一步区分通过工程可以开发利用的那一部分水分；可再生性是指水资源在自然界水循环过

---

① 张春玲、阮本清、杨小柳:《水资源恢复的补偿理论与机制》，黄河水利出版社2006年版。

② 王浩等:《水资源评价准则及其计算口径》，《水利水电技术》2004年第2期，第1~4页。

③ 宁众波、徐恒力:《水资源自然属性和社会属性分析》，《地理与地理信息科学》2004年第1期，第60~62页。

④ 王浩、秦大庸、王建华:《流域水资源规划的系统观与方法论》，《水利学报》2002年第8期，第1~6页。

程中的形成和转化。

（三）水资源价值的内涵及功能

水资源是基础性、战略性的经济资源，是综合国力的有机组成部分。水资源价值由其内在的本质属性决定，它揭示了水资源的作用、功能和范畴。水资源价值是水资源管理的主要手段和重要内容，也是实现水资源可持续发展的实践依据。因此，合理确定地区或流域水资源价值具有非常重要的意义。水资源价值的内涵主要体现在以下三个方面：①水资源的稀缺性。水资源的稀缺性是水资源价值存在的首要条件，也是水市场形成的根本条件，同时也是一个相对概念。②水资源的劳动价值。水资源虽然是自然界的产物，但是在水资源开发过程中，人们对此付出了艰辛的劳动，所以水资源已经凝结人类的劳动，具有劳动价值。③水资源的产权价值。作为自然产物的水资源，它的产权均归国家和集体所有，实行所有权与使用权的分离。所以，任何水资源的使用与开发仅仅是使用权的转让，需要支付一定的费用，这就是水资源产权价值的体现。同时，从地租理论的角度看，同一地区的水资源对于不同的用水部门来说，水资源理论价值也会有所区别。[①] 水资源具有价值功能，如图 3.4 所示。

（四）水资源价值理论

目前，关于水资源价值研究的理论主要有：劳动价值论、地租理论、效用价值论、环境价值理论等。在水资源价值定量测算模型的研究方面，学者先后提出了三种模型：影子价格模型、边际机会成本模型、模糊数学模型。

（1）根据地租理论与生产价格理论提出资源价格模型[②]

$$P_t=\frac{(1+i)^t}{i}[aR_0+C+V+m]\frac{Q_dE_d}{Q_sE_s} \tag{3-1}$$

式中：P_t——第 t 年水资源的价格，t=1，2，3，…，n，万元；

i——平均利息率；

R_0——基本地租或租金，万元；

a——自然资源丰度和利用条件，即地差、品质差别和质量差别的等级系数；

C——投入不变资本的值，万元；

V——投入可变资本的值，万元；

m——平均利润，万元；

① 辛长爽、金锐：《水资源价值及其确定方法研究》，《西北水资源与水工程》2002 年第 4 期，第 15~17、23 页。

② 李金昌等编著：《资源经济新论》，重庆大学出版社 1995 年版。

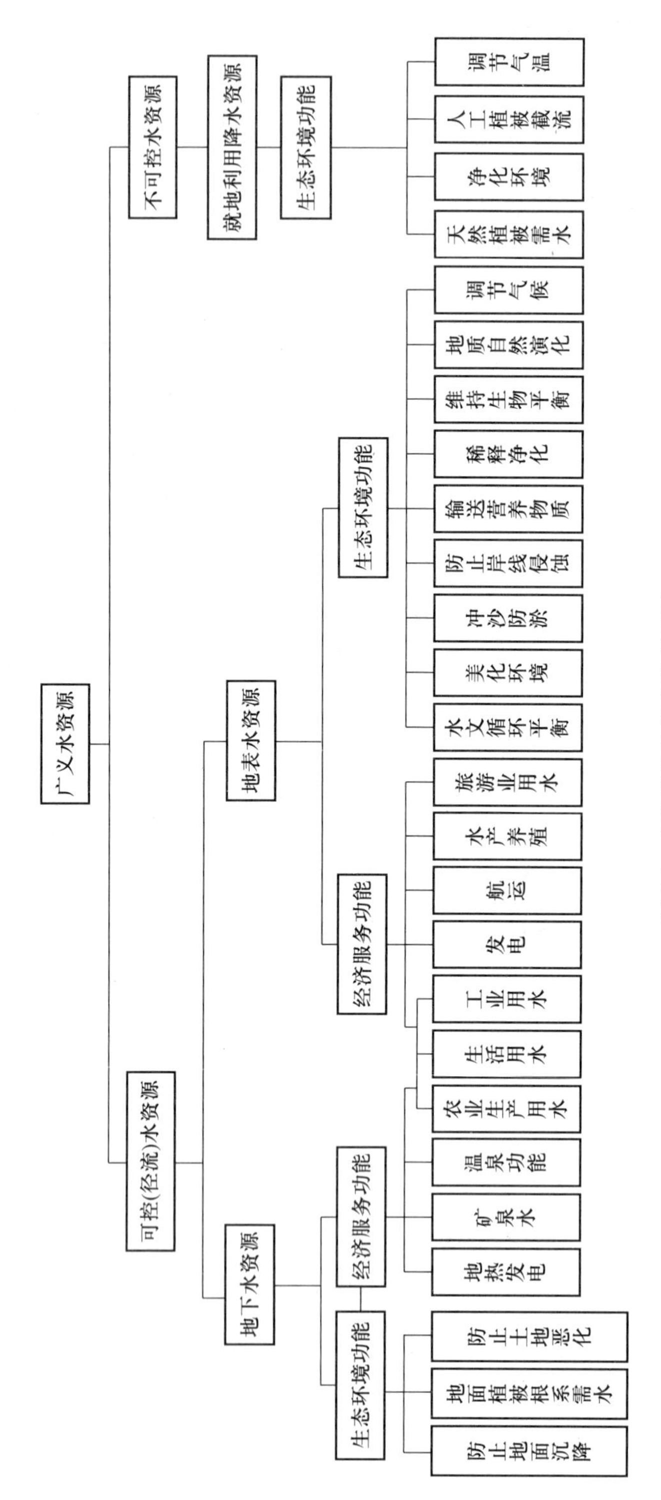

图 3.4　水资源的价值功能直观图

Q_d——水资源需求量，m^3；

Q_s——水资源供给量，m^3；

E_d——需求弹性系数；

E_s——供给弹性系数。

它符合完全的生产价格应等于成本加利润再加地租的原则，有关影响自然资源价格的其他因素均可在这个公式的基础上加以考虑，对公式作出扩展。但要将该公式付诸实际应用，尚需根据统计数据、实际经验或通过实验，确定有关参数。地租反映自然资源本身的价值，生产价格部分反映人类劳动投入产生的价值，供求弹性反映稀缺程度。

（2）模糊数学定价模型[①]

$$W_{LJ}=f(x_1, x_2, x_3, \cdots, x_n) \quad (3\text{-}2)$$

式中：W_{LJ}——水资源价格，万元；

x_1，x_2，x_3，…，x_n——水资源的影响因素，如水质、水量、人口密度、经济结构、技术影响、水资源价值、生产成本及正常利润等。

（3）影子价格模型（最优计划价格模型）

影子价格是20世纪50年代詹恩·丁伯根（Jan Tinbergen）和康托罗奇（Kantonvitch）提出的，它最早源于数学规划，在国外常被称为"效率价格"或"最优计划价格"。它是以资源有限性为出发点，将资源充分合理分配并有效利用作为核心，以最大经济效益为目标的一种价格测算，是对资源的定量分析。影子价格是社会处于某种最优状态下，反映社会劳动消耗、资源稀缺程度及资源价格。然而，由于其相关参数在实际中难以全面准确地获得，约束条件不能全方位地反映相关信息，由此确定的资源最优配置与影子价格缺乏现实运行基础，不能代替水资源本身的价值。由于水长途运输的不经济性，目前尚无国际竞争价格，国内也是近40年才赋予水资源象征性价格，因此通过国内、国际水资源市场调整获得水资源影子价格是困难的；模型求解的影子价格是以计划目标偏好为基础，而不是以真正的市场稀缺程度；即使能够求解，模型求解的影子价格也是静态的。因此，由于上述难以克服的困难，使其应用受到极大限制。

傅春和胡振鹏（1998）通过建立和求解区域资源优化配置模型，得到水资源的影子

① 姜文来：《水资源价值模型研究》，《资源科学》1998年第1期，第35~43页。

价格。[1] 假设一个生产过程中有四个生产要素：资本 K、劳动力 L、水量 W 和其他资源 R，设生产函数为 $Y=(K, L, R, W)$。假设要素市场是完全竞争的。

根据均衡条件，资源利用产生的总价值等于各种资源的边际价值之和：

$$TVP_{\gamma}=VMP_{K}Q_{K}+VMP_{L}Q_{L}+VMP_{R}Q_{R}+VMP_{W}Q_{W} \tag{3-3}$$

式中： TVP_{γ}——产出的总价值，万元；

VMP_{i}（$i=K, L, R, W$）——资源 i 的边际价值，万元；

Q_{i}（$i=K, L, R, W$）——资源的数量。

在均衡条件下，$VMP_{i}=P_{i}$，P_{i} 为资源 i 的均衡价格，也即影子价格。所以式（3–3）可改写为：

$$TVP_{\gamma}=P_{K}Q_{K}+P_{L}Q_{L}+P_{R}Q_{R}+P_{W}Q_{W} \tag{3-4}$$

$$P_{W}=\frac{TVP_{\gamma}-(P_{K}Q_{K}+P_{L}Q_{L}+P_{R}Q_{R})}{Q_{W}} \tag{3-5}$$

等式左边表示单位水资源的价值。只要各种资源在生产过程中得到充分利用，没有遗漏，通过方程求得即水资源的影子价格。

彭新育和王力（1998）提出农业灌溉点影子价格，认为自然的水资源呈明显的时间和空间变化，农业生产具有地域性和季节性，即农业生产的用水需求和自然水资源的供给都随时空而变化。[2] 当水资源的供给与农业生产所需的水资源在时空上不能吻合时，就需要建设灌溉系统，通过水资源空间再分配来弥补自然水源时空分布的不足，保证农业生产。因此，以点影子价格作为农业用水的定价依据可以提高水资源的利用效率，激励对灌溉系统的投入。

（五）水资源价值的根源及其本质

在人类与自然发展的过程中，处于自然资源重要地位的水资源同样具有其他自然资源普遍具有的功能和价值，同时又有区别于其他自然资源的特殊价值。

根据水资源的价值贡献，水资源的内在价值主要包括以下四个方面：①具有节约劳动与投入的价值（经济价值），如水势能转化为水能发电，节约劳动，减少社会经济投入，创造社会财富。②具有形成、维持和恢复劳动的价值（社会价值）。水是生命之源，阳光、空气、水是孕育人类的基础，缺一不可。水是组成生命物质的主要成分，最原始的生命细胞在水中形成。水是劳动力力量的源泉，是人类生命体的主要构

---

① 傅春、胡振鹏：《水资源价值及其定量分析》，《资源科学》1998 年第 6 期，第 3~9 页。

② 彭新育、王力：《农业水资源的空间配置研究》，《自然资源学报》1998 年第 3 期，第 222~228 页。

成成分。缺水对人体的伤害大于缺少食物对人体的伤害。水能补充能量和维持生命正常的新陈代谢，是维持和恢复劳动力最重要的要素之一。③具有提供劳动再生的物质基础的价值（生态价值）。合成有机物离不开水，人类赖以生存的有机物都是以水为媒介或直接合成成分而形成的。水是维持自然生产力的最重要因素之一。④具有提高劳动效率的精神支持价值（环境价值）。水能调节气候、净化空气、美化环境，清新洁净的环境空间带给人们视觉感观上的愉悦与快乐，消除疲劳，舒缓紧张情绪，提高劳动生产效率。

二、流域水资源价值的运移与传递

水资源价值分析与评价是实现流域水资源价值补偿的基础与依据。由于水资源是一种时空分布极不均匀的自然资源，随着时间和空间变化十分明显，加上社会经济发展的空间分布不均衡性和时间的差异性，使得水资源价值也具有显著的时空性，即水资源价值表现出"流动"的特性，即水资源价值流。研究认为，价值流是生态系统特有的功能之一，它同物质流、能量流构成生态系统研究的主要内容，其本质是物化在生态经济系统中的社会必要劳动的表现。具体到水资源价值流还具有极其特殊的含义，它是指单位水资源量在不同时空条件下，因自然环境、社会环境、经济环境的差异而导致的水资源价值变化过程。[①] 水资源价值流的传递具有连续性和方向性。水资源价值传递的方向与水文循环方向相反，即水资源价值由循环的后一阶段向上一阶段传递。

因此，水资源价值在不同水文条件下，其传递方式不同。假如某点的入流流量过程与出流流量过程一致，不考虑水流的时滞及槽蓄量的变化，而且忽略水量损失，则出流的全部价值应完全传递给入流，这是最简单也是最理想化的水资源价值传递方式。然而，从入流到出流都有一个空间和时间过程。在一般情况下，水资源价值的传递会存在时滞和槽蓄量的变化：①入流价值的变化落后于出流价值的变化；②当水流发生停滞，会引起槽蓄量的变化，槽蓄量又可以产生新的价值。

三、流域水资源价值流的特性分析

水资源价值流作为价值流的一种形式，具有价值流的一般规律，但由于水资源的诸多特性，使水资源价值流具有极其特殊的特性。

① 姜文来:《水资源价值模型研究》,《资源科学》1998 年第 1 期，第 35~43 页。

（一）逆向传递特性

水资源价值是在水资源的开发利用中体现出来的，是以水作为投入物进行生产、维护生态等功能时所产生效益的体现。水资源处于上游时比处于下游时具有更多的开发利用机会，其机会效益会逐渐减小。依据水流的连续性原理，可以说，下游的水流价值是上游水流价值的组成部分，即水资源的价值是由下游向上游传递的。

（二）空间变化特性

受水资源时空变化和社会经济发展的不均匀性影响，水资源价值会随空间变化而变化，通常表现为水资源空间分布极不均匀和社会经济发展的不均衡性。

（三）连续传递性

水资源属于流体资源类型，具有流动性。它是循环中形成的一种连续动态资源。水资源的价值属性使水资源流动同时伴随价值传递。水资源流动的连续性决定水资源价值传递的连续性，而且水资源等自然资源的价值基点一般不为零。

（四）政策引导性

水资源是人类生存不可替代的自然物质，也是关系国计民生的重要战略资源。即使市场上水资源供需矛盾异常尖锐，也不可能完全通过市场的价值杠杆来调节或者解决这种矛盾。

四、流域水资源价值流传递模型

由于水流是连续的，所以水资源价值也会伴随水在空间的流动，在各点进行连续的传递。通常可将水文循环的整个过程看作一个水循环大系统，这个大系统由若干个小系统组合而成。水循环过程的每个环节都可以看作一个小系统。每个环节水量输入可以认为是小系统的入流，水量的输出看作小系统的出流，如河道内除支流水流输入外，直接降落在河道内的雨水也可作为该河道系统的入流，地下水补给河道也是系统入流。同理，作为一个水流系统，出流的方式也是多种多样的，生产生活取用水、地下补给，甚至蒸发消耗都是出流的方式。出流的水量有产生效益的，也有无谓损耗的。产生效益的水量体现为水流的价值。与产生效益水量相比，通常损耗水量占的比例相对较小。为了便于理解，本章暂时忽略损耗水量的影响，并认为损耗水量与可利用水量一样，可产生同等效益。水循环的每个小系统的出流价值向入流方向传递，形成价值流。流域系统水量平衡如图 3.5 所示。

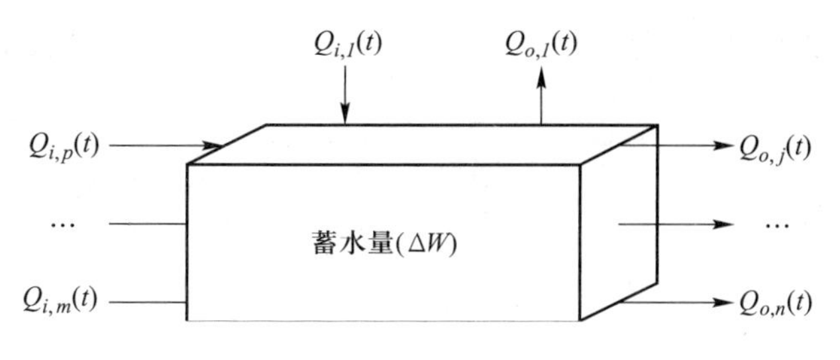

图 3.5　流域系统水量平衡

$$\sum_{j=1}^{n} Q_{o,j}(t) = \sum_{p=1}^{m} Q_{i,p}(t) + \Delta W \tag{3-6}$$

式中：$Q_{o,j}(t)$——t 时刻第 j 个出流流量，m^3；

$Q_{i,p}(t)$——t 时刻第 p 个入流流量，m^3；

ΔW——流域系统蓄水量，m^3。

流域系统水流价值伴随水量出入变化发生传递，在不同的系统水文过程下，水流价值传递遵循不同的规律，以下具体探讨三种前提条件下水流价值传递规律模型。

（一）水资源价值流传递模型 I

假定水循环某环节存在 m 个入流与 n 个出流，$Q_{i,p}(t)$为该点 t 时刻第 p 个入流，$Q_{o,j}(t)$为该点 t 时刻第 j 个出流。水循环过程中各个系统的入流过程与出流过程一致，即某时刻该点的入流对应一个出流，入流总量与出流总量相等，则水流价值随着水资源的流动发生传递。由于入流过程与出流过程一致，则系统的蓄量不发生变化，即水滞留的时间为零。同理，在水资源价值传递过程中，出流的价值过程与入流的间接价值过程一致，价值系统的蓄量价值量变化亦为零。根据水资源价值伴随水流的流动而发生传递的性质，入流价值的大小与入流量相关，在水流上不能明确用于何种目的时，可以假设水流的单位价值量是相等的，即大流量具有较高的价值，小流量具有较低的价值。水流价值的传递可以根据流量过程来确定，这是最简单的一种传递模型。

现对上述假设归纳如下：①入流过程与出流过程一致，该点的槽蓄量变化为 0，即 $\frac{\partial S}{\partial t}=0$；②相应地，入流传递价值过程与出流价值过程一致，槽蓄价值量（VS）变化为 0，即$\frac{\partial VS}{\partial t}=0$；③水流价值量的大小与流量成正比。

设 $TVQ_o(t)$ 为 t 时刻出流所具有的总价值；$TVQ_i(t)$ 为 t 时刻有出流向上传递给入流的总价值，根据上述入流价值传递价值过程与出流价值过程一致假设，则：

$$TVQ_i(t)=TVQ_o(t) \tag{3-7}$$

t 时刻 p 入流所获得的传递价值（即间接价值）将根据入流量的大小来确定，即

$$TVQ_{i,p}(t) = TVQ_i(t) \times \frac{Q_{i,p}(t)}{\sum_{p=1}^{m} Q_{i,p}(t)} = TVQ_o(t) \times \frac{Q_{i,p}(t)}{\sum_{p=1}^{m} Q_{i,p}(t)} \tag{3-8}$$

这样，入流的总价值为获得的传递价值（即间接价值）与在该点的水资源利用（如生产、生活）所体现的价值（即直接价值）之和，简单地说就是水资源的直接价值与间接价值的总和构成水资源的总价值，即

$$FVQ_{i,p}(t) = DVQ_{i,p}(t) + TVQ_{i,p}(t) = DVQ_{i,p}(t) + TVQ_o(t) \times \frac{Q_{i,p}(t)}{\sum_{p=1}^{m} Q_{i,p}(t)} \tag{3-9}$$

$$FVQ_i(t) = \sum_{p=1}^{m} FVQ_{i,p}(t) \tag{3-10}$$

式中：$FVQ_{i,p}(t)$——t 时刻 p 入流的总价值，万元；

$DVQ_{i,p}(t)$——t 时刻 p 入流在该点的直接价值，万元；

$FVQ_i(t)$——t 时刻入流的总价值，万元。

（二）水资源价值流传递模型Ⅱ

水资源价值流传递模型Ⅰ初步解释了水资源价值流的传递规律。但是，现实自然界水流过程中并不是像模型Ⅰ所假设的那样，存在着某点的水流槽蓄量变化的现象。同时，水资源价值流也存在槽蓄价值量变化的客观现象。因此，在空间上，入流与出流的水量与价值过程都可能存在不同步的现象，而且这种现象是普遍的规律。模型Ⅰ将入流与出流的水量与价值量过程认为是一致同步的，以此探讨水资源价值的传递规律，具有一定的局限性。

$$TVQ_{i,p}(t) = TVQ_o(t) \times \frac{Q_{i,p}(t)}{\sum_{j=1}^{n} Q_{o,j}(t)} \tag{3-11}$$

$$TVQ_i(t) = \sum_{p=1}^{m} TVQ_{i,p}(t) \tag{3-12}$$

式中：$TVQ_o(t)$——t 时刻出流所具有的总价值，万元；

$TVQ_{i,p}(t)$——t 时刻出流向上传递给第 p 个入流的价值，万元；

$Q_{i,p}(t)$——t 时刻第 p 个入流流量，m^3；

$Q_{o,j}(t)$——t 时刻第 j 个出流流量，m^3；

$TVQ_i(t)$——t 时刻出流向上传递给入流的总价值，万元。

由这个模型可以讨论在入流与出流不同情况下入流的间接价值。

当某一时段入流大于出流，即$\sum_{p=1}^{m} Q_{i,p}(t) > \sum_{j=1}^{n} Q_{o,j}(t)$时，则该时段入流的间接价值由该时段出流的价值加上上一个时段出流的价值，即

$$TVQ_i(t) = TVQ_o(t) + TVQ_o(t-1) \tag{3-13}$$

当某一时段入流小于出流，即$\sum_{p=1}^{m} Q_{i,p}(t) < \sum_{j=1}^{n} Q_{o,j}(t)$时，则该时段入流的间接价值由该时段出流的价值减去上一个时段出流的价值，即

$$TVQ_i(t) = TVQ_o(t) - TVQ_o(t-1) \tag{3-14}$$

式（3–14）还可以表示为：

$$TVQ_{i,p}(t) = \frac{TVQ_o(t)}{\sum_{j=1}^{n} Q_{o,j}(t)} \times Q_{i,p}(t) \tag{3-15}$$

可以看出，该模型中单位入流间接价值等于单位出流价值。

入流的总价值由出流传递所获得的间接价值与在该点水流产生直接价值的总和构成，即

$$\begin{aligned} FVQ_{i,p}(t) &= DVQ_{i,p}(t) + TVQ_{i,p}(t) = DVQ_{i,p}(t) + TVQ_o(t) \times \frac{Q_{i,p}(t)}{\sum_{j=1}^{n} Q_{o,j}(t)} \\ &= DVQ_{i,p}(t) + Q_{i,p}(t) \times \frac{TVQ_o(t)}{\sum_{j=1}^{n} Q_{o,j}(t)} \end{aligned} \tag{3-16}$$

$$FVQ_i(t) = \sum_{p=1}^{m} FVQ_{i,p}(t) \tag{3-17}$$

式中：$FVQ_{i,p}(t)$——t 时刻 p 入流的总价值，万元；

$DVQ_{i,p}(t)$——t 时刻 p 入流在该点的直接价值，万元；

$FVQ_i(t)$——t 时刻入流的总价值，万元。

（三）水资源价值流传递模型Ⅲ

依据水流价值传递的方向，出流的价值在向入流传递过程中要经历槽蓄这个状态，槽蓄状态处水流的价值是出流传递的间接价值与槽蓄水流直接价值之和。在理论上，经由与入流更接近的槽蓄状态处水流价值建立传递模型，是较上述两种模型更加合理的价值流传递模型。

考虑槽蓄价值的传递模型，首先从水量平衡中槽蓄水量平衡方程入手，分析槽蓄水

量平衡方程与槽蓄价值量平衡方程的关联。

根据水平衡原理，槽蓄水量平衡方程可表示为：

$$\frac{\mathrm{d}S(t)}{\mathrm{d}t}=\sum_{p=1}^{m}Q_{i,p}(t)-\sum_{j=1}^{n}Q_{o,j}(t) \tag{3-18}$$

$$S(t)=S(t-1)+\sum_{p=1}^{m}Q_{i,p}(t)-\sum_{j=1}^{n}Q_{o,j}(t) \tag{3-19}$$

同理，依据价值平衡，槽蓄水资源价值平衡方程可表示为：

$$\frac{\mathrm{d}TVS(t)}{\mathrm{d}t}=\sum_{j=1}^{n}TVQ_{o,j}(t)-\sum_{p=1}^{m}TVQ_{i,p}(t) \tag{3-20}$$

$$TVS(t)=TVS(t-1)+\sum_{j=1}^{n}TVQ_{o,j}(t)-\sum_{p=1}^{m}TVQ_{i,p}(t) \tag{3-21}$$

由于水流价值传递的连续性与逆向性，出流首先将其价值传递至发生槽蓄处，而滞留的水流在此产生的价值在模型Ⅲ中不容忽视。因此，由槽蓄处向入流处传递的价值除由出流传递给槽蓄点的间接价值 $TVQ_{os}(t)$ 外，还包含部分滞蓄水流在槽蓄点所产生的直接价值 $TVS(t)$，即

$$TVQ_{s}(t)=TVQ_{os}(t)+TVS(t) \tag{3-22}$$

水流价值由槽蓄点向入流处传递，由模型Ⅱ可得：

$$TVQ_{i,p}(t)=\frac{TVQ_{s}(t)}{Q_{s}(t)}\times Q_{i,p}(t) \tag{3-23}$$

考虑槽蓄价值后，槽蓄入流量 $Q_s(t)$ 完全反映了出流量 $Q_o(t)$，即 $Q_s(t)=Q_o(t)$，根据式（3-11）与价值传递的连续性，传递价值可表示为：

$$TVQ_{i,p}(t)=\frac{TVQ_{o}(t)+TVS(t)}{Q_{o}(t)}\times Q_{i,p}(t) \tag{3-24}$$

可以看出，考虑槽蓄价值后单位入流获得的传递价值等于出流价值与槽蓄价值之和除以出流量。

入流的总价值为出流传递所获得的间接价值与在该点水资源提供生产、生活与生态环境用水所体现的直接价值之和，简单地说是水资源的直接价值与间接价值的总和构成入流水资源的总价值，即

$$FVQ_{i,p}(t)=DVQ_{i,p}(t)+TVQ_{i,p}(t)=DVQ_{i,p}(t)+\left(\frac{TVQ_{o}(t)}{Q_{o}(t)}+\frac{TVS(t)}{Q_{s}(t)}\right)\times Q_{i,p}(t) \tag{3-25}$$

$$FVQ_i(t) = \sum_{p=1}^{m} FVQ_{i,p}(t) \tag{3-26}$$

式中：$FVQ_{i,\ p}(t)$ ——t 时刻 p 入流的总价值，万元；

$DVQ_{i,\ p}(t)$ ——t 时刻 p 入流在该点的直接价值，万元；

$FVQ_i(t)$ ——t 时刻入流的总价值，万元。

第五节 流域生态补偿评估方法

一、流域生态补偿标准的方法思路与补偿原则

（一）方法思路

环境经济学所创造的在市场不完全情况下进行环境经济评价的方法，是现代环境经济学对经济学的重要贡献。这些方法的主要思路有以下三种：①从最简单、最明显、最容易估价的环境影响入手，从可以直接测量的生产力变化开始，用市场价格来分析衡量。②效益和成本有一种非常有用的对称关系，即放弃的效益就是成本，避免的成本就是效益。应同时从成本与效益两个方面来分析。③如不能直接使用市场价格，就通过替代市场技术来间接使用这些价格，即可采用替代品或者互补品的市场价格来估算环境物品或服务的价值。

（二）方法类型

第一类方法为客观评价法（Objective Valuation Approach，OVA），是建立在描述因果关系的实物量关系式的基础上，直接根据环境变化所造成的物质影响，对各种原因引起的损失进行客观的衡量。这类方法包括生产力变化法、机会成本法、疾病成本法、置换成本法等。客观评价法可采用描述污染状况同自然资产或人造资产的损害程度，或同人体健康的损害程度相联系的“损害函数”。损害函数是一种技术关系，数据是自然科学家通过调查或实验得到的；建立函数的基础数据来自不受控的区域和受控区域的实验研究。在客观评价法中隐含着这样的假设：净价值（避免损害）至少应等于损害真正发生时的成本。假设的前提是如果有理智的个人为预防损害愿意支付低于或等于可能的生态环境影响所造成的成本。但是，由于对损害多少的偏好都是假设的，其估算结果并未直接与个人的效用函数相联系，可能导致偏差。

第二类评价方法是主观评价法（Subjective Valuation Approach，SVA），是根据人们的

意见或人们的行为观察对可能损害的间接估算方法，是建立在以真实的（或假设的）市场行为所揭示的较为主观的评价基础之上的。此类方法在使用时由于涉及对受到生态环境影响的、真实的物品或服务的市场观察，往往需要在污染与其他物品或投入之间做出权衡。例如，环境空气质量的好坏会影响地区的房地产交易价格，其价格差异反映了消费者对于良好空气质量的支付意愿。对于无法通过市场行为来评价的事件，可以建立起虚拟的市场，用意愿调查评价法（CVM）询问人们对各个样本意愿支付的钱数，以确定减少环境损害的各种方案。客观评价法以人们对错误行为和可能损害之间的因果关系的客观认识为基础，其难点在于建立损害函数，特别是在工作基础较差的欠发达国家；而主观评价法则是建立在表达或揭示的偏好基础上的，在很大程度上依赖于人们对各种行为引起的实际损害的认知程度。

（三）技术种类

目前环境经济评价技术方法和分类虽有多种，但总体来说基本思路和方法大致相同。按不同标准分类，可分为客观评价法、主观评价法；按市场信息的完全与否，可分为市场评价法、替代市场价值法、假想市场法等。生态补偿标准应按照资源与环境经济学的理论研究成果进行测算，确定生态补偿标准的两种基本方法是核算与协商，计算的依据采用环境资源与生态价值的损失量和价值量的原则。

（四）补偿原则

流域生态环境是一个统一的整体，因此建立和完善生态补偿机制，应遵循以下原则：①统筹协调流域共同发展，努力实现社会稳定、经济发展和生态环境保护的“三赢”；②坚持公平、公正、公开，权责利对等一致，依据生态环境保护要求和相关法律的规定，逐步建立兼顾公平与效率的生态保护机制；③循序渐进地开展试点，先易后难，立足现实，着眼于解决流域生态现实问题，因地制宜地选择生态补偿模式，不断探索完善各项政策措施，逐步扩大补偿力度，努力实现生态补偿制度化、规模化、市场化；④综合考虑水质和水量指标，结合区域经济发展，实现流域生态环境的全面控制；⑤兼顾利益相关者的多方利益，坚持“谁污染谁治理”和“谁贡献谁受益”的原则。

二、流域生态补偿标准划分的基本类型

（一）生态补偿的标准之一——区域

（1）基于生态足迹，确定区域生态补偿标准；

（2）基于同等的生态保护责任，确定区域生态补偿标准；

（3）基于同等的公共服务水平，确定补偿标准。

（二）生态补偿的标准之二——流域

（1）以流域上游地区为水质达标所付出的投入成本（努力）为依据；

（2）以流域下游地区如果没有得到上游达标水质而造成的损失或可能增加的成本为计算依据；

（3）以流域上游地区为进一步改善水环境质量和数量而需要新建的生态保护和建设项目、环境污染综合整治项目、新建水利设施项目等投入为依据。

（三）生态补偿的标准之三——生态要素

（1）以资源开发造成的生态环境破坏进行治理与恢复的成本为依据；

（2）以生态环境要素保护的机会成本为核算依据；

（3）以国家统一制定环境资源与生态占用的初始获取为补偿标准。

三、流域生态补偿模式及其适用条件

按照实施主体和运作机制的差异，流域生态补偿模式大致可以分为政府补偿和市场补偿两类。流域生态补偿的模式及其适用条件见表 3.4。

表 3.4　流域生态补偿的模式及其适用条件

<table>
<tr><th colspan="2">补偿模式</th><th>流域尺度</th><th>相关利益方的特点</th><th>财政来源</th><th>案例</th></tr>
<tr><td rowspan="3">政府主导的流域生态补偿</td><td>财政转移支付体系</td><td>重点大规模流域</td><td>流域生态服务的受益者众多且不明确，并且与提供者之间的相对关系不清</td><td>中央专项资金、特殊税种</td><td>中国青海省三江源地区生态保护</td></tr>
<tr><td rowspan="2">公共支付体系</td><td>跨省、市的大规模流域（如输水线路）</td><td>流域生态服务的受益者众多，受益者之间的责任分配困难，生态环境服务的提供者众多</td><td>水费</td><td>南水北调水源地环境保护</td></tr>
<tr><td>同一管辖区域内水源地保护</td><td>流域生态服务的受益者众多，受益者之间的责任分配困难，生态环境服务的提供者众多，但是流域生态服务的受益者与提供者之间的关系明确</td><td>水费</td><td>北京市密云水库水源地保护</td></tr>
</table>

续表

补偿模式		流域尺度	相关利益方的特点	财政来源	案例
市场主导的流域生态补偿	自发的地方政府间的协议	中小规模的流域	在限定范围内的地区的中小流域生态服务受益者与提供者之间的相对关系明确	合同规定的购水费用	浙江省东阳市和义乌市的购水交易
	自发的私人组织(或个人)间的协定	小规模的流域	众多受益者与提供者，流域生态服务可被标准化，为可分割、可交易的商品形式，建立起市场交易体系和规则	基于合同对于补偿对象地区的土地所有者和相关利益主体的经济补偿	法国毕雷—维泰尔(Perrier-Vittel)矿泉水公司进行水源土地开发权的购买

政府补偿机制是目前生态补偿的主要形式，优点是政策方向性强、目标明确、容易启动；缺点是体制不灵活、标准难以确定、管理和运作成本高、财政压力大等。

市场补偿机制是快速发展的新兴补偿形式，其补偿方式灵活、管理和运行成本较低，适用范围广泛；但也存在信息不对称、交易成本过高的缺点，将影响市场补偿机制的运行，同时具有盲目性、局部性和短期行为特点。

总之，流域的面积不同，污染、治理程度不同，生态系统的组成和作用不同，其补偿的方式和机制也不相同。

第六节　流域生态治理过程中的合作困境

跨行政区域的流域生态环境的恶化凸显了我国在流域整体的统一性和人为行政区划分割间以及条块结构上的矛盾。一些地方政府为了各自的局部利益，致使流域跨区域生态治理过程中存在着严重的现实困境，而导致这些困境的主要原因有片面追求地方利益、集体行动的困境表现和缺乏有效的合作体制三个方面。

一、片面追求地方利益

在我国现行的政治经济体制和环境考核制度下，各级地方政府不但承担着环境保护的责任，还担负着地方经济发展的责任。在现实情况下，一些地方政府不能有效地协调经济增长与环境保护两者之间的关系，存在着片面重视经济增长而忽视环境保护的内在冲动。地方政府作为独立的经济实体有着追求自身利益最大化和片面追求经济增长的倾向。流域水污染防治以及生态环境保护是具有区域性、整体性和外部性的，而由于地方政府存在着谋求当地利益最大化的行为偏好和利益倾向，致使地方政府会从当地利益出发，更多地把有限的公共资源及政策在众多的公共事务中进行综合考虑而做出短期性、局部性的选择。地方政府在发展经济的压力、突出政绩的动力下，当面临着发展经济和污染治理之间的矛盾时，往往会选择牺牲当地乃至流域下游地区生态环境利益的发展策略。

二、集体行动的困境表现

“囚徒困境”作为博弈论中一个经典模型，它反映的是个人理性和集体理性的矛盾，是人类社会结构中普遍存在不合作现象的最好、最简单的抽象描述。在囚徒困境博弈中，人类的机会主义倾向或侥幸获取利益的行为动机，其结果就是个体对自身利益的追求将损害整体的利益。实际上，“困境”主要体现在个体的理性导致双方得到的比实际可能得到的少。在流域生态环境治理中，如果流域周边的地方政府都出钱治理流域环境，流域水资源匮乏以及环境污染问题会大大改善；但是，流域上游地方政府出钱而下游地方政府不出钱，上游地方政府则得不偿失，而下游地区可以“搭便车”享用上游地区保护流域水资源和治理生态环境后获得的收益。所以，流域任何一方的选择都是不出钱，这种结果使得流域周边的地方政府会对流域水资源以及生态环境保护缺乏治理的动力，从而最终造成整个流域的社会经济受到损害。

三、缺乏有效的合作体制

在流域水资源和生态环境具有公共产品属性前提下，制度设计在流域的跨区域生态环境合作治理的形成体制中起着不可替代的作用。目前，我国地方政府间跨区域生态治理的合作体制尚不完善、不健全，这极大地阻碍了流域的跨区域生态治理进程。我国流域生态管理中的“多龙管水、多龙治水”现状，本质上存在着因各部门分割管理所造成的重复管理和相互矛盾，即在具体操作中流域内的各地环保局、各省（市）有关部门之间在处理水资源开发、利用保护以及生态环境污染等问题上无法实施统一的指挥，无法做到全流域的统筹规划与协调管理。由于流域内各地方政府之间缺乏有效沟通、信息交流与协调管理,致使流域水资源缺乏有效而系统的整合与利用,生态环境污染跨区域转移,结果造成流域水资源的大量消耗和生态环境的日益恶化。

我国对流域水资源和生态环境有着严格的管制措施和全国性的控制规划，但总的来说，流域水资源及其生态环境的治理在很大程度上仍然依赖于各级地方政府的支持和上下游水资源使用者之间的相互博弈。这种博弈是一个非常复杂的互动过程，主要原因在于我国流域生态环境和行政管辖边界“不适应”现象的存在。由于我国制定的法律是全国性的，但对于流域具体的水资源管理和生态环境治理都是地方性的，所以无论是监管的职责、水质的监测还有日益尖锐的流域跨界水资源使用者之间的纠纷处理都是在地方一级完成的。无论是市级政府还是基层政府抑或有关水资源使用的企业，它们彼此之间的权力、职责和行动边界都不相同。由于水资源涉及多个层级和不同职能的部门管理权限和职责，如果没有多元主体间的密切配合和良好的公共水资源协同管理体制，水资源治理将处于尴尬境地。

第四章　流域生态补偿的动力机制与补偿机理研究——以浑河为例

第一节　研究现状及主要问题

一、流域生态补偿机制的研究现状

“机制”通常是指事物或自然现象的作用原理、作用过程及其功能。一般来讲，其含义有三个方面：一是指事物各组成要素的相互联系，即结构；二是指事物在有规律的运动中发挥的作用、效应，即功能；三是指发挥功能的作用过程和作用原理。在现代经济学中，机制被用来说明经济系统通过各个不同功能组成部分相互衔接的作用以实现总功能的机理，其实质是系统内各组分相互联系、相互作用所产生的促进、维持系统运行的内在工作方式。由于流域生态补偿是生态补偿中的一个重要组成部分，并且流域是以水资源为主体的动态生态系统，其补偿内容涉及生态系统服务供需关系、生态价值评估、协调运行管理等多个方面和利益主体之间的利益分配问题。因此，将流域生态补偿机制的研究建立在流域生态环境管理上具有理论价值和现实意义。

目前，国内外学者对流域生态补偿机制的研究日益重视，研究成果也不断涌现。流域生态补偿机制就是实施流域生态补偿的组织安排和制度架构[①]，构建流域生态补偿机制实质上就是通过横向财政转移支付的方式，将上游生态保护成本在相关行政区之间进行合理的再分配[②]。为确保流域生态补偿机制的全面落实，依据中国现行的行政区划，应建立国内跨省流域、省内跨市流域和市内跨县流域3个层次的流域生态补偿机制[③]。

生态补偿机制是指对维持和改善生态系统服务质量进行的一种组织制度安排和经济激励手段，其具体内容包括在影响生态补偿的各主要因素的综合作用下，在生态服务市场中的各个经济主体或利益相关者（如个人、企业、政府）之间的内在联系和相互作用，通过他们之间的动态博弈，进而解决补多少、怎么补、谁补谁等问题以及由此而产生的责、权、利的格局。目前，我国的生态补偿机制分为政府补偿机制和市场补偿机制两大类型。其中，政府补偿机制是指以国家或上级政府为实施和补偿主体，以区域、下级政府或农牧民为补偿对象，以国家生态安全、社会稳定、区域协调发展等为目标，以财政补贴、政策倾斜、项目实施、税费改革和人才技术投入等为手段的补偿方式。政府补偿方式包括下面几种：财政转移支付、差异性的区域政策、生态保护项目实施、环境税费制度等。市场补偿机制是指交易的对象可以是生态环境要素的权属，也可以是生态环境服务功能，或者是环境污染治理的绩效或配额，通过市场交易或支付，兑现生态环境服务功能的价值。典型的市场补偿方式包括公共支付、一对一交易、市场贸易、生态环境标记等。从我国的现状来看，政府补偿机制是目前开展生态补偿最重要的形式，也是比较容易启动的补偿方式。生态补偿机制和政策的实质就是通过调整相关主体环境利益及其经济利益的分配关系，激励其采取生态保护行为。

生态补偿机制是通过制度设计和创新实现生态保护外部性的内部化，促使人们从事生态保护及投资并使生态资本增值，从而解决生态产品消费中的"搭便车"问题，激励公共产品的足额提供的一种经济制度。生态补偿机制的建立是以法学和经济学等学科为理论基础的，按照人类社会可持续发展所要求的公平正义观和权利与义务对等性等具体内容，遵循"谁保护，谁受益；谁破坏，谁赔偿；谁受益，谁补偿"的原则来实现的。对于生态补偿机制的分析可以有不同的视角和范式，这将取决于研究问题的具体情况。李

① 常杪、邬亮：《流域生态补偿机制研究》，《环境保护》2005年第12期，第66~68页；陈瑞莲、胡熠：《我国流域区际生态补偿：依据、模式与机制》，《学术研究》2005年第9期，第71~74页；孙莉宁：《安徽省流域生态补偿机制的探索与思考》，《绿色视野》2006年第2期，第24~27页。

② 胡熠：《论构建流域跨区水污染经济补偿机制》，《中共福建省委党校学报》2006年第9期，第58~62页。

③ 张惠远、刘桂环：《我国流域生态补偿机制设计》，《环境保护》2006年第10A期，第49~54页。

琳（2006）认为生态服务补偿有多种驱动机制，较常见的有如下几种[①]：①市场驱动机制，其特点是生态服务补偿的定义比较狭义，只局限于市场认可的那部分，其动机是利用市场机制的效率来获取经济效益，通常只注重生态服务的定价、交易效率及市场价格等；②社会发展机制，其特点是生态服务补偿的定义相对较广，其动机是改善生态服务提供者的生活水平，注重其平等权利、社会资本及收入需求等；③自然保护驱动机制，其特点是生态服务补偿的定义很广，动机是为自然保护提供可持续的财力支持，注重生态系统的总体完整性和自然保护的收效；④政府驱动机制，政府进行生态服务补偿的动机是一个混合体，更多地注重对生态服务补偿收入的再分配，往往更多地关注社会发展、消除贫困等，生态服务只是其中很小的一部分。张惠远和刘桂环（2006）将不同层次的流域生态补偿机制分为如下三类[②]：①省际流域生态补偿机制。关键在于由中央政府协调省间利益关系，搭建一个平台。下游作为流域生态补偿的主体，上游作为被补偿主体，上下游达成流域生态环境协议。在此环境协议框架下，确定生态补偿标准，选择适宜的生态补偿方式，构建省际流域生态补偿机制。②省内流域生态补偿机制。关键在于由省级政府来协调市间的利益关系，搭建平台，建立流域环境协议。在流域的行政交界断面，对于达到流域环境协议要求时，下游必须向上游生态建设提供补偿，而在未达到流域环境协议要求时，上游必须向下游提供赔偿。③市内流域生态补偿机制。在上级环保部门的协调下，建立流域环境协议，明确流域在各行政交界断面的水质要求，按水质情况确定补偿或赔偿的额度。市域内跨县流域生态补偿相对比较好操作，由市（乡）政府实施流域生态补偿。王德辉（2006）认为，流域生态补偿机制的科学内涵是开展流域生态补偿机制试点、制定流域生态补偿政策和建立流域生态补偿机制时首先要弄清楚的问题；流域生态补偿机制是指制定和执行流域生态补偿政策的机制；建立流域生态补偿机制要贯彻政府指导、市场运作、目标明确、责权分清、统一规划、分步实施的指导思想。[③]

总之，生态补偿的实现需要建立多层次的生态补偿机制。一是在国际或全国范围内，发达国家或地区需要对欠发达国家或地区提供生态保护和重建的资金和技术支持；二是生态位势低的下游地区对生态位势高的上游生态保护地区给予相应的补偿；三是局部地区不同行业、不同生态要素或自然资源开发单位之间的补偿。

① 李琳：《生态服务补偿：世界自然基金会的看法和实践》，《环境保护》2006 年第 19 期，第 77~80 页。

② 张惠远、刘桂环：《我国流域生态补偿机制设计》，《环境保护》2006 年第 19 期，第 49~54 页。

③ 国家环境保护总局自然生态保护司副司长王德辉在“中国流域生态补偿：政府与市场的作用”国际研讨会上的主题发言，2006 年 9 月 15 日，北京。

二、流域生态补偿研究存在的问题

现有研究虽然对流域生态补偿机制进行了探索性理论研究，并用具体实例加以验证，但也存在如下一些问题：①对机制的理解和分析力度不够，一般只做泛泛的理论分析和研究，缺乏对生态补偿机制深层次的机理分析；②对机制的特例研究较多，缺乏对流域生态补偿机制的驱动力及其机理的分析研究；③没有形成规范性的机制分析研究范式。

本章在总结国内外流域生态补偿机制研究的基础上，从流域生态补偿的驱动力分析入手，研究流域生态补偿的动因及其影响要素，并以辽宁省浑河流域为例，进行了流域生态补偿运行机理模型的构建。

第二节 流域生态补偿的驱动力分析

有效的生态补偿机制的建立必须依据区域的具体情况进行考虑，为此需要根据流域生态补偿的对象、地区主要生态功能价值、生态环境现状及具体的政策环境进行设计、制定和实施。

一、流域生态补偿机制的驱动力分析

在一般经济条件下，动力机制是以持续均衡的方式提供流域经济可持续发展的能量，流域经济可持续发展的动力机制包括社会动力、经济动力、资源动力、环境动力四个方面，正是由于这四种动力机制的合力推动着流域经济主体的行为和决策。[①] 但其研究没有对这四个动力机制因素进行深入的分析探索。本章在其研究的基础上，借鉴可持续发展评价指标体系针对生态补偿问题进行了具体的理论分析，并加以丰富，提出了经济动力、资源动力、环境动力、思想动力、制度动力、社会动力、技术动力七个驱动力机制因素。

（一）区域经济利益因素——经济动力（VB）

经济利益是区域经济的主要动力。流域生态补偿在本质上是对流域生态系统经济功能在各个利益相关者之间的一个利益平衡与再分配的经济行为。通过发挥流域生态系统

---

① 胡碧玉：《流域经济论》，四川大学博士学位论文，2004 年。

的经济功能，在自然生态系统中物质循环过程在形成物质流、能源流、信息流的同时，也必然产生经济流。一方面，形成了各种能满足人类需求的经济物质所包含的使用价值；另一方面，在这部分经济产品的投入产出过程中又不断地转移价值、创造价值和增殖价值，经过交换、分配、消费，实现其价值。因此，以水资源为主所构成的流域生态系统经济价值在其跨行政区域的分配和调节，就是区域政府资源禀赋所形成财富价值的利益体现。这既是流域各地方政府间寻求以经济补偿为主的流域生态补偿的经济动因，也是以经济手段通过财政税收杠杆作用实现不同利益群体之间生态利益平衡的驱动力。例如，东阳实施节水工程后增加的丰余水成本相当于 1 元 / m^3，转让给义乌的回报却是 4 元 / m^3。而义乌购买立方米水权虽然付出 4 元 / m^3 的代价，但如果自己建水库至少要 6 元 / m^3。可见，交易双方经济利益双赢促进了流域生态补偿机制的建立与实施。

（二）生态服务供需因素——资源动力

以水资源为代表的流域生态服务功能价值，体现在区域自然资源禀赋的财富价值总量上。水资源是区域经济各行各业发展的基本经济要素。由于流域水资源的公共物品属性，且水资源是社会经济发展的关键因素，关系着生产、生活的各个方面。因此，水资源作为生产要素也是流域上下游各地方政府及企事业单位乃至流域地区居民的利益体现。协调流域在行政区域间的水资源利益分配关系，解决好流域上下游利益方的供需矛盾，也是促成流域生态补偿机制形成的关键因素之一。供需驱动是流域生态服务补偿机制产生和构建的关键因素。目前，水资源的稀缺性日益突现，下游地区为了获得符合要求的水质和水量，愿意支付给上游地区一定的补偿，这成为流域生态服务补偿构建的契机。

（三）生态环境发展因素——环境动力

人类文明不但体现在物质财富上，还体现在生态环境中。自从人类社会提出可持续发展战略以来，生态环境保护已成为区域经济发展和社会进步的主要潮流。流域生态环境系统是人类社会系统的重要组成部分，它给人类提供各种服务功能，包括供给功能、调节功能、文化功能以及支持功能。流域生态补偿机制的有效建立既可以为人类社会提供高品质的生活需求，也可以构建安全健康的生活环境，还可以形成良好的社会关系。

（四）意识形态因素——思想动力

各利益相关者在生态权益和环境意识等具体的生态补偿意识形态上的认识和觉悟程度，以及对补偿概念、范围、标准和实施等环节上的认识，是生态补偿机制成功开展和有效实施的关键因素。它可以确保生态补偿的利益各方通过协商谈判，最终建立生态补偿协议。通过对国内外一些流域生态补偿机制未能成功的案例分析，其结论也充分说明了补偿意识一致的重要作用。

（五）政策制度因素——制度动力

生态环境的公共物品属性在客观上造成了部分利益相关者“搭便车”的现象，而构建和谐社会协调区域可持续发展是需要健全的政策制度作为保障的。产权是流域生态服务功能形成的基本保证，只有流域生态服务产权清晰才能保证生态补偿的主体与客体进行有效的交易。不仅如此，一些相关配套的制度建设（如补偿金发放、监督制度等）也是生态补偿机制形成不可缺少的推动和保障因素。

（六）区域合作因素——社会动力

在区域经济逐渐融合的国际背景下，我国流域上下游地区政府间的经济协作是博弈之后的均衡。目前，广泛开展的对话协商、地区协作机制，为流域生态补偿的实施提供了交流沟通的平台，也是解决生态矛盾的必由之路。

（七）生态估价因素——技术动力

国内外生态服务价值评估技术方法及手段的日益成熟，为生态补偿的具体实施提供了前提保障，即需要建立具有可操作性的生态服务效益评估及监督保障体系。生态补偿的价格机制必须是利益各方对补偿标准确定、认可且具有说服力的可行方案。因此，生态补偿标准的测算必须是兼顾各方利益的科学计算和艺术体现。

二、流域生态补偿机制的驱动力模型

通过对国内外流域生态补偿的动力机制分析，本章认为流域生态补偿驱动力的数学模型为：

$$F_{\mathrm{WEC}}=f(V_{\mathrm{B}},V_{\mathrm{R}},V_{\mathrm{E}},V_{\mathrm{M}},V_{\mathrm{I}},V_{\mathrm{S}},V_{\mathrm{T}}) \tag{4-1}$$

式中：V_{B}——流域生态补偿的经济动力；

V_{R}——流域生态补偿的资源动力；

V_{E}——流域生态补偿的环境动力；

V_{M}——流域生态补偿的思想动力；

V_{I}——流域生态补偿的制度动力；

V_{S}——流域生态补偿的社会动力；

V_{T}——流域生态补偿的技术动力。

第三节　流域生态补偿机制驱动力分析——以浑河为例

根据我国流域生态补偿试点的成果和案例，本章选取辽宁省浑河流域作为实例进行剖析。

一、浑河流域及其生态系统的基本概况

浑河是辽河的支流，古称辽水，又称小辽河。浑河发源于辽宁省清原满族自治县长白山支脉的滚马岭，流经新宾、抚顺、沈阳、鞍山、海城，与太子河汇合后称大辽河，在营口入渤海辽东湾，全长 415 km。浑河沈阳城区段全长 30 km 左右，是该市地下水和工农业用水的主要补给水源。集水区面积为 $1.15\times10^4\,km^2$，流域建有大伙房水库，库容超过 $10\times10^8\,m^3$。浑河流域位于暖温带湿润—半湿润气候区，自然植被类型为落叶阔叶林，上游地区为低山丘陵，植被保护较好，覆盖率达到 50% 以上；中下游为平原区，土地开发程度高，分布着抚顺、沈阳、营口等大中型工业城市，这些城市是我国东北地区的经济核心。①

二、浑河流域生态补偿机制驱动力分析

从区域经济利益的角度，浑河多年平均天然径流量为 $31.36\times10^8\,m^3$，年内分配比例较大，主要集中于 6~9 月。上游水源保护地区的清原满族自治县，为了向抚顺市大伙房水库提供优质水资源而进行流域生态环境保护；抚顺市兴建水库设施，保障和出售水资源产品，输给省内六个城市。其中，沈阳市通过直接购买抚顺市大伙房水库的水资源来发展经济和供应城市生活用水，每年向沈阳市供水 8.11 亿 m^3，占全市总供水量的 45%。下游地区加大水污染治理力度，保障流域生态安全健康。沈阳市是全国 40 个严重缺水的城市之一。随着城市规模不断扩大，人口不断增多，沈阳市用水量必然急剧增加。据专家预测，到 2020 年，沈阳市每天需水 398.7 万 m^3。据了解，沈阳市目前实际供水量为 168 万 m^3/d，已经满负荷运转，2008 年日缺水已达 33 万 m^3。而大伙房水库输水二期工程竣工后，每天向沈阳市输送的 90 万 m^3 水资源。②

从生态服务供需的角度，流域内分布着抚顺、沈阳、营口等大中型工业城市，对水

① 参见《沈阳整合水资源打出组合拳》，载网易网科技频道：http：//tech.163.com/04/1107/20/14K2S4AL0009rt.html，访问日期：2017 年 9 月 1 日。

② 参见《沈阳整合水资源打出组合拳》，载网易网科技频道：http：//tech.163.com/04/1107/20/14K2S4AL0009rt.html，访问日期：2017 年 9 月 1 日。

资源的需求较大。水是城市的命脉。随着社会经济的进一步发展，流域内的经济用水与生态用水的矛盾将日益突出。因此，如何保障水库下游的生态需水已成为该流域亟待解决的重要问题。浑河的最小生态流量非避冬期介于 9.59~12.78 m^3/s，避冬期为 0.12~5.70 m^3/s。流域环境保护主要是需求驱动，尤其是对水资源质与量的需求是最主要的驱动力之一。[①]

从生态环境发展因素的角度，浑河水量受上游大伙房水库控制，沿途接纳城市污水，污染较重。长期以来，浑河已成为上游抚顺市和沈阳城区段城市生活污水与工业废水的受纳载体。浑河自沈阳段之后的下游流域水质为超Ⅴ类地面水标准，其主要超标污染物为化学耗氧量、生物需氧量、氨氮、高锰酸钾指数、石油类、挥发酚等。同时，随着流域周边城市的发展，人们对流域环境的生态景观需求日益增强，河流及其流域生态环境已成为城市的景观构成要素之一。

从意识形态因素的角度，近年来人类社会生态环境保护意识逐步提升，人们对流域水资源价值及其保护的认识也在逐步提升。随着下游地区城市经济发展水平的提高，人们对饮用水安全的关注和支付能力也随之提升。

从政策制度的角度，提供优质水源解决城市饮用水问题是流域生态补偿的政治驱动力，这主要是根据国家区域发展的统筹安排，通过政策制度来实现的。同时，在上游经济落后地区对劣质耕地退耕，获得一定的补贴是其积极参加生态补偿机制建设的驱动力。在上游水源保护区周围地区采取荒山承包、种植树木和药材、饲养林蛙和山野菜等办法，以及河滩区承包种植速生林、在水源保护库区养殖鱼类，可以获得一定的经济效益。但是，政策的一致性和长期稳定性对于流域生态补偿机制的建立影响程度较大。

从区域社会合作的角度，流域上下游地区城市（如沈阳和抚顺）正实施经济一体化发展战略，围绕流域的跨行政区域合作的经济模式被各级政府所重视。其中，流域水资源供给、流域水生态保护、流域环境功能恢复已成为流域各地方政府和民众关注的重点问题，也是区域可持续发展的必由之路。

从流域生态估价的角度，李岩等人以水热平衡模型对浑河源区及大伙房水库上游各流域自然植被净初级生产力（NPP）进行了计算，结果表明：浑河流域 NPP 均值为 5.2 $t/hm^2 \cdot a^{-1}$，生态承载能力较大。[②] 因此，浑河流域水质不仅影响中下游城区段的生态环境，而且也直接影响流域周边城市的供水水质安全。这样，从流域生态环境保护的角度，

① 参见《沈阳整合水资源打出组合拳》，载网易网科技频道：http：//tech.163.com/04/1107/20/14K2S4AL0009rt.html，访问日期：2017 年 9 月 1 日。

② 李岩、吕焰、隋文义：《浑河、太子河及大伙房水库上游流域自然植被生态承载力的探讨》，《环境保护科学》2006 年第 3 期，第 70~71 页。

浑河亟须建立流域生态补偿机制，以保障流域居民的用水质量和区域经济的可持续发展。

三、浑河流域生态补偿的运行机理模型

综合分析上述驱动力因素，本章以浑河为例提出了流域生态补偿运行机理模型，如图 4.1 所示。

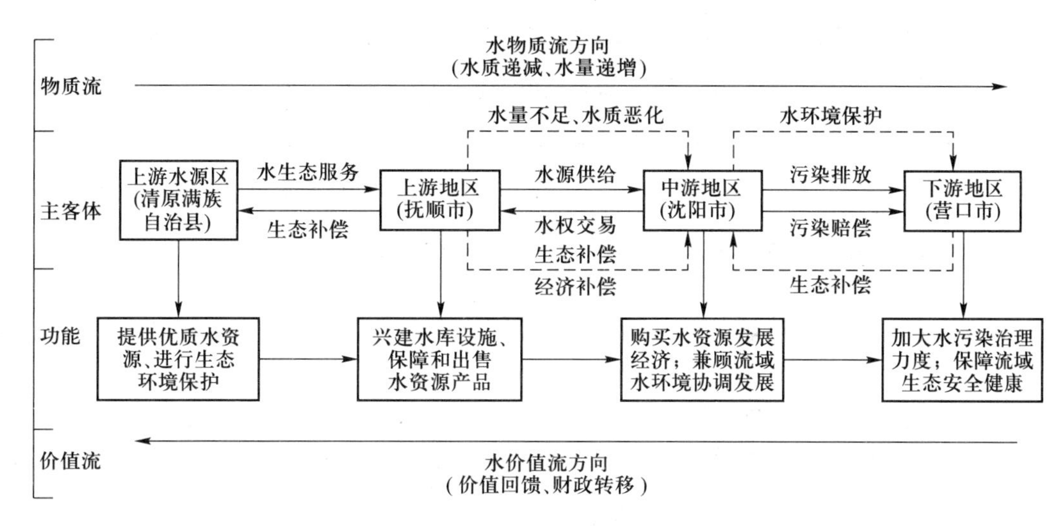

图 4.1 浑河流域生态补偿运行机理示意图

浑河流域的水源区位于清原满族自治县，水流依次通过抚顺市、沈阳市和营口市。位于浑河流域上游水源保护地区的清原满族自治县，为了向抚顺市大伙房水库提供优质水资源，开展流域上游地区水资源及其生态环境保护；抚顺市兴建水库设施，保障和出售水资源产品，输给沈阳市及其下游地区，沈阳市通过直接购买抚顺市大伙房水库的水资源，发展经济和城市生活用水；流域下游地区则需加大水污染治理力度，确保整个流域水资源及其生态环境的安全和健康。另外，从水源区到浑河流域下游地区，水质状况不断递减，水量则不断递增。因此，在构建流域生态补偿机制时，沈阳市作为流域主要污染源控制区域，不仅要与上游地区的抚顺市大伙房水库进行水权交易，而且如果流域水质断面不达标还需要向流域下游地区进行污染赔偿；同时，如果上游的抚顺市大伙房水库为沈阳市及其下游地区提供的水资源出现水量不足或水质恶化的情况，抚顺市就需要对下游地区的沈阳市进行生态经济补偿；如果沈阳市对浑河水环境进行了生态保护和环境治理,那么作为下游地区的营口市则应对沈阳市给予一定数额的生态经济补偿。总之,从浑河流域的水资源价值流分析来看，从浑河流域下游到上游所进行的生态补偿实际上是一种价值回馈与财政转移的过程。

第四节　流域上游水源涵养与生态补偿机制——以浑河为例

一、浑河流域上游大伙房水库概况

浑河流域上游最主要的水源涵养区是大伙房水库。大伙房水库自 1958 年建成以来，已安全运行 60 余年。大伙房水库二期引水工程为辽宁中部七个城市千万居民提供饮用水水源。近年来又扩大了对辽南地区（如大连市等地区）的输水工程建设。多年来，位于水库上游地区的群众在保护大伙房水库水资源、防止水土流失和水源涵养林建设等方面做出了巨大的贡献。构建生态补偿机制，对保护大伙房水库的水质和确保流域地区水安全具有重大的战略价值和现实意义。

二、水库生态环境现状及其面临的问题

（一）森林植被和水源涵养

抚顺市总面积为 11 271 km^2，林业用地面积约为 8 412 km^2，有林地面积约 7 422 km^2，占全省的 16.5%，居全省第二位；森林蓄积量为 6 287.51 万 m^3，占全省的 28.6%，居全省各市之首；天然林面积约为 4 225 km^2，占有林地面积的 51%，公益林面积为 3 798 km^2，占有林地面积的 46%；林木绿化率 68.6%，居全省第二位。大伙房水库周边林木绿化率达到 90%，森林涵养水量为 13.2 亿 m^3。抚顺地区的森林成为辽宁中部城市群重要的绿色屏障，天然林资源在保护生物多样性、维持生态系统平衡方面发挥着不可替代的重要作用。

（二）水资源和水环境

抚顺市所辖三个县（清原满族自治县、新宾满族自治县、抚顺县）流域内水资源总量为 30.94 亿 m^3，占抚顺市水资源总量的 93.9%。三个县区域水资源空间分布均衡，人均水资源 3 867 m^3，是全国人均水资源（2 710 m^3）的 1.43 倍。流域内浑河（清原段）、苏子河、社河三条水系水质总体良好，均符合相应功能水质要求。大伙房水库水环境质量基本达到国家地面水Ⅱ类水体标准。

（三）土壤侵蚀和生态环境

根据卫星遥感普查结果显示，抚顺东部山区还未出现强度土壤侵蚀现象。大伙房水库水土流失面积约为 3 733 km^2，占抚顺市土地总面积的 33.1%。流域内薪炭林面积为 86.14 km^2，占该流域林地总面积的 2.6%。水库上游三个县区域内化肥、农药施用量分别为 24 972 t（折纯量）和 1 058 t，带来的突出问题是蔬菜和果品中残留量较高。同时，大量农药、

化肥随地表径流进入水库，造成水库氮、磷污染。流域内农膜使用量达 432 t，使用面积占流域总耕地面积的 22%，平均残留率在 20% 以上。矿产开发最突出的特征是破坏地表植被、增建人工生产设施和生活设施、挖毁原地貌，产生了诸如水土流失、污染等生态问题。①

三、水库上游水源涵养生态补偿机制

（一）补偿依据

党的十七大报告提出了建设生态文明、建立健全资源有偿使用制度和生态环境补偿机制。国家“十一五”发展规划中“保护修复自然生态”部分提出，生态保护和建设的重点要从事后治理向事前保护转变，从人工建设为主向自然恢复为主转变，从源头上扭转生态恶化趋势。国家“十二五”发展规划也提出了建立生态补偿机制的战略构想。2013 年 11 月，十八届三中全会通过的《中共中央关于全面深化改革若干重大问题的决定》明确提出，实行生态补偿制度。十九大提出，要加大生态系统保护力度，建立市场化、多元化生态补偿机制。

（二）补偿标准

生态补偿标准是生态补偿的核心环节。只有对流域地区生态资源进行科学、合理的评估，才能准确核定生态补偿的标准，从而顺利构建生态补偿机制。通常对于生态补偿标准的确立可以从两个方面衡量：一是水源地生态供给者经济行为的成本；二是水源地生态供给者行为产生的效益。由于肩负着流域地区水源涵养的重任，抚顺市在为下游城市做出贡献的同时，也做出了巨大牺牲。

（三）补偿方式

补偿方式主要为财政转移支付。财政转移支付分为横向转移支付和纵向转移支付两种形式。横向转移支付是由受益的下游地区直接向上游的保护地区进行转移支付，其运作形式是首先通过计算生态供给者的成本以及生态受益者的收益确定转移支付的数额标准，并通过财政的转移支付实现资金划拨，最终通过改变地区间既得利益格局来实现地区间生态服务水平的均衡。纵向转移支付是上级政府对下级政府的财政补贴，可以激励地方政府实施流域生态保护的积极性。

（四）补偿程序

水源地生态补偿资金实行市场化运作，其基本程序是：以水资源为载体，对水源地

① 参见隋文义等：《大伙房水库水源涵养与生态补偿机制的探讨》，《环境保护与循环经济》2009 年第 7 期，第 36~38 页。

生态环境外部性受益对象进行界定，并从经济属性上进行分类，然后对不同受益对象确定其对水源地的补偿标准。通过这种市场化机制，受益者依其消费的生态资源的数量进行付费。对于资源水权的用水户，其对水源地的生态补偿费按照一定的费率，根据其用水量的大小进行收取。目前，大伙房水库年均供水量为 10.1 亿 m^3，其中工业及城市供水 3.5 亿 m^3，水价以 0.53 元 /m^3 计算，按 10% 征收计 1 855 万元。2009 年大伙房水库输水工程竣工后，可供水量达到 18.6 亿 m^3。如果按目前水价 0.53 元 /m^3 计算，10% 征收计 9 858 万元。“十一五”期间财政横向转移支付 16 869.33 万元，纵向转移支付 11 246.2 万元。大伙房水库增加水源地生态补偿费 2006—2008 年为 5 565 万元，2009—2010 年为 19 716 万元，合计补偿资金达到 53 396.53 万元。①

第五节　本章总结

流域生态补偿机制的建立应该借鉴系统分析的方法，对影响流域生态补偿的驱动力因素进行分析。

流域生态补偿机制是由区域经济利益因素、生态服务供需因素、生态环境发展因素、意识形态因素、政策制度因素、区域合作因素、生态估价因素分别代表的经济动力、资源动力、环境动力、思想动力、政策动力、社会动力、技术动力这七个主要驱动力构成的。其中，区域经济利益驱动是流域生态服务补偿机制产生和构建的核心因素。本章在上述驱动力因素分析的基础上，通过对辽宁省浑河流域的生态补偿驱动力进行研究，提出和构建了流域生态服务补偿运行机理模型，为我国探索流域生态补偿的动力机制和补偿机理进行了有益的尝试。本章所提出的流域生态补偿机制驱动力模型适用于生态补偿一般性机制情况，其驱动力指标因素可以进一步分解及量化。

此外，本章对浑河流域地区上游的大伙房水库实施生态补偿机制建设提出了简单易行的办法。但是，上述生态补偿标准的确定只是依据了一般费率的原则进行征收，而其理论依据还需要进行理论分析和实践检验；同时，即使明确了流域的生态补偿标准，在现实社会中，流域地区的水资源用户如何进行补偿资金的支付也是一个亟待解决的问题。

---

① 参见隋文义等:《大伙房水库水源涵养与生态补偿机制的探讨》,《环境保护与循环经济》2009 年第 7 期，第 36~38 页。

第五章　基于跨区域水质水量指标的流域生态补偿量测算方法研究

在借鉴前人研究的基础上，本章依据可操作性原则，将流域生态补偿的基本类型主要分为两类，即流域生态环境污染类和流域生态资源保护类。其中，流域生态环境污染类型是指在一个流域的上游地区由于资源开发、生产建设等过度经济活动，导致下游地区的生态服务系统出现了生态破坏和环境污染的生态补偿类型，其具有外部不经济性。流域生态资源保护类型是指在一个流域的上游地区由于生态环境保护和资源有序开发等可持续发展经济行为，提供给下游地区良好的生态系统服务功能和价值，并促进了当地经济建设和可持续发展的生态补偿类型，其具有外部经济性。

第一节　跨区域流域生态补偿的基本原则

建立适合我国国情的流域生态补偿量计算方法的前提是识别流域生态补偿的类型，界定生态补偿的主客体，明确生态补偿的计量指标。跨区域流域生态补偿是流域污染控制、生态环境保护和资源有效分配的最有效的一种经济手段。目前生态补偿量的计算依据主要有两种：一是依据生态系统服务价值；二是依据生态与环境的损失价值。由于本章所提出的测算方法是基于水质水量评价指标的流域生态补偿量测算模型，因此其计算的基本原则主要是依据生态与环境的损失价值，即在设定行政区域生态环境质量标准的基础上受益方补偿损失方。这种方法比较符合实际情况。同时，运用环境经济核算和价值评估的相关理论，流域生态补偿模式从政府或行政区划的角度可分为国家级、省级、市级、县级四个层次，并实施污染者付费原则、使用者付费原则、受益者付费原则等。

第二节　跨区域流域生态补偿的模式类别

在流域生态补偿的模式研究上，目前国内外还没有统一的模式。本章认为，无论是流域生态环境污染类型还是流域生态资源保护类型，流域生态补偿的模式应依据流域的流向和水质水量的二重标准划分为以下两类：

第一类为“上游受益下游损失”的流域生态补偿，具体分为：①水质污染型，如上游发展工业、农业过量施肥超排、突发环保事故等；②水量超采型，如工农业用水超标采水等。

第二类为“下游受益上游损失”的流域生态补偿，具体分为：①水质保护型，如上游设置水源地、限制工业发展等；②调水取水型，如下游跨区调水等。

跨区域的流域生态补偿水质水量计量原理如图 5.1 所示。

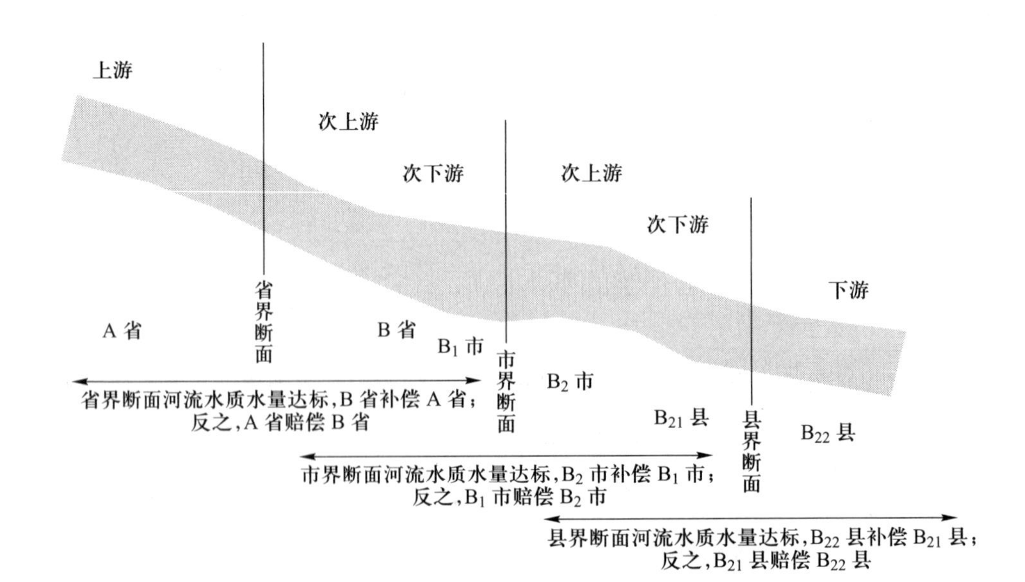

图 5.1　跨区域的流域生态补偿水质水量计量原理

第三节　跨区域流域生态补偿的主客体职责

政府作为流域水资源的产权管理机构，应将主要工作放在流域的整体水资源管理上，即在明确水权的条件下核算水量分配和确定水质标准。这样，政府在流域综合管理中的重点任务是通过流域环境管理机构来监测各行政区划范围内的省（市、县）与省（市、县）之间流域交界断面的水质、水量变化情况，按照标准和要求进行宏（中）观流域管理。而省（市、县）级政府作为流域管理的主体，应积极参与流域的管理，从生态公平和国家利益的角度遵守国家在流域管理上的制度、政策和法律规定。同时，国家应指导省（市、县）级政府部门对突发性的流域生态环境事故制定应急预案，防止类似松花江流域环境污染事件带来的生态破坏和经济损失。

本章提出的基于河流水质水量的跨行政区域的生态补偿量计算办法，实行统一的流域和区域综合环境管理，纳入流域地区的行政责任范围内，将流域水资源视为地区经济发展的一种重要战略资源，区域行政政府应承担河流流经该地区的流域生态保护主体责任，且对河流下游地区的水质保护和水量利用具有不可推卸的义务；而下游地区的行政政府也应对上游流域地区的生态保护和资源让渡负有补偿的责任与支付的义务。因此，构建上下游地区行政对话制度对流域生态补偿机制的建立具有特殊的意义，并能有效地完善生态环境的协商机制，推动流域生态补偿的具体实施与贯彻执行。

第四节　跨区域流域生态补偿标准测算流程

虽然流域生态补偿测算方法没有统一的标准，且测算技术难度较大，但作为应用研究的创新重点应首先将流域生态补偿标准测算的研究方法（论）放在首位。在分析和比较目前国内外生态补偿实践过程的基础上，本章设计了流域生态补偿标准的测算流程，具体描述如图 5.2 所示。

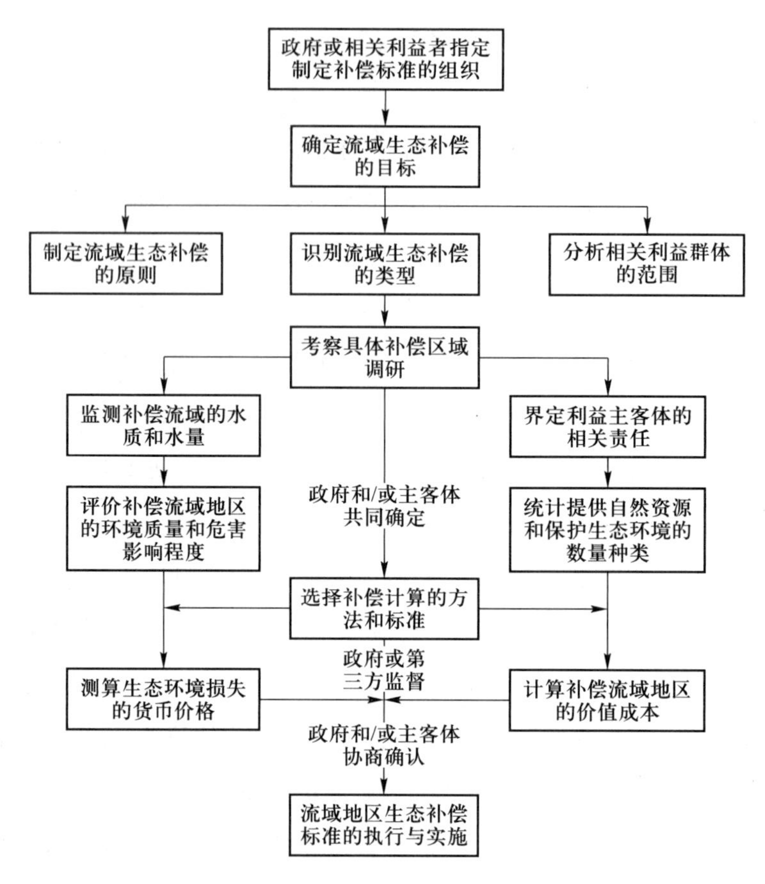

图 5.2　流域生态补偿标准的测算流程

第五节　基于水质水量评价指标的跨区域流域生态补偿量测算模型

一、河流水质评价指标和方法

（一）河流水质评价指标

根据河流水体特点，河流水质评价一般应包括水温、pH 值、悬浮物、化学需氧量（COD）、生化需氧量（BOD）、溶解氧（DO）、挥发酚、氰化物、砷、汞、六价铬、镉、大肠菌群等参数。2004 年全国水资源综合规划地表水水质评价项目采用《地表水环境质量标准》（GB 3838—2002）规定项目，将河流水质评价项目分为必评、选评、参评 3 个级别。其中，必评项目包括溶解氧、高锰酸盐指数、化学需氧量、氨氮、挥发酚和砷 6 项；选评项目包括五日生化需氧量、氟化物、氰化物、汞、铜、铅、锌、镉、铬（六价）、总磷、石油类 11 项；参评项目包括 pH 值、水温和总硬度 3 项。在进行流域生态补偿的水质监测与评价中，可根据当地上下游行政区划的双方政府协议，商定选择相应的水质项目，建议经济发达地区选取必评项目和选评项目；经济欠发达地区可选择必评项目。

（二）河流水质评价方法

目前，国内外水环境质量评价方法多种多样，各种方法各有特点。在我国水质评价工作中，尽管单因子评价方法为大家所普遍采用，但该方法因为只能进行定性评价，且应用存在局限性，建议采用基于多个水质指标的综合评价方法。综合评价方法的主要特点是用各种污染物的相对污染指数进行数学上的归纳和统计，得出一个较简单的代表水体污染程度的数值。综合评价方法具体分为：简单综合污染指数法、综合污染指数法、水质质量系数法、有机污染综合评价值法、布朗水质指数法、豪顿（Horton）水质指数法、内梅罗水污染指数法、罗斯水质指数法。

本章首次尝试进行流域生态补偿的水质评价，考虑上述水质评价方法各自特点及我国流域水环境监测体系的发展状况，选用相对简单、便于实施的“简单综合污染指数法”。具体计算公式为：

$$P_j = \frac{1}{n}\sum_{i=1}^{n} S_i = \frac{1}{n}\sum_{i=1}^{n}\frac{C_i}{C_{0i}} \tag{5-1}$$

式中：P_j——流域行政区界 j 断面河流水质的综合污染指数；

S_i——第 i 种污染物的标准指数；

C_i——第 i 种污染物的实测平均浓度，mg/L；

C_{0i}——第 i 种污染物评价标准值，mg/L，可参照国家标准（GB 3838—2002）。

P_j 指数越大，代表流域内行政区界 j 断面河流水质越差；反之，P_j 指数越小，表明河流在该行政区域内的水质越好。

二、河流水量评价指标和方法

流域水流量指标则根据国家流域综合管理办法，依据水权和对国家 GDP 的贡献度或比例进行分配确定，具体计算公式为：

$$L_j = Q_i^*(1 + G_i) = \frac{Q_i^{\text{out}}}{Q_i^{\text{in}}}\left(1 + \frac{GDP_i}{\sum_{i=1}^{m} GDP_i}\right) \tag{5-2}$$

式中：L_j——某条河流经该行政区域的水流量指标；

Q_i^*——该流域行政区的河流总水量系数；

G_i——该行政区的总产值占全流域行政区总产值的比重；

GDP_i——该行政区国内生产总值的总产值，亿元；

Q_i^{in}——经过该行政区界的河流总汇入水量，立方米；

Q_i^{out}——经过该行政区界的河流总流出水量，立方米；

m——该河流所流经的行政区域总数，按同级行政区统计。

需要指出的是，Q_i^{out}、Q_i^{in}、GDP_i 都在某一行政区域内取值，（$1+G_i$）考虑了一个流域行政区域的经济贡献率，Q_i^* 考虑一个流域行政区域的自然水量，这样 L_j 就成为考虑该行政区自然与经济因素的技术经济指标。对于多条河流的情况，则可以流量等指标分配相应的权重系数。

三、流域生态补偿量测算模型

在考虑流域水体水质指标（如 COD 等）的自然增加值和经济贡献值（如 GDP 等）的基础上，国家相关机构应协调流域范围内的各级政府确定行政区界（如省与省、市与市等行政区划之间）的综合指标值 W，即 $W=f$（水质，水量）。结合流域水质环境监测与生态环境评价现有的技术手段，在流域的行政区界断面设置流域水质、水量监测断面，按照上述流域水质水量的计算办法，则可以计算跨区域的生态补偿量（即补偿标准）。

跨区域流域生态补偿量系数测算模型为：

$$W_j=W_j^{out}-W_j^{in}=(P_j^{out}-P_j^{in})L_j=\Delta P_j\cdot L_j \quad (5\text{–}3)$$

式中：W_j——行政区界 j 的流域生态补偿量系数；

W_j^{out}——行政区界 j 在其境内的流域下游区界断面点的生态补偿量系数；

W_j^{in}——行政区界 j 在其境内的流域上游区界断面点的生态补偿量系数；

P_j^{out}——行政区界 j 在其境内的流域下游区界断面点的河流水质综合污染指数；

P_j^{in}——行政区界 j 在其境内的流域上游区界断面点的河流水质综合污染指数。[①]

流域生态补偿量系数 W_j 为一无量纲单位，用于表征流域内不同行政辖区政府在根据流域在整个区域内的生态—经济—社会实际情况下的生态资源分配系数，即经过各行政区域政府就流域水质水量达成一致的基础上，共同确立生态补偿的基本标准 C_0（如某一具体生态补偿经济价值基准），再乘以依据实际指标测算所得的流域生态补偿量系数 W_j，

---

① 源头河流水质指标可取其境内河流发源地的监测值。

即为某一行政区域的生态补偿数额 C_T。

$$C_T = W_j \cdot C_0 \tag{5-4}$$

在式（5-4）中，计算结果 C_T 有可能是正数、负数或者零，这三种情况在假设该行政区域位于流域上游的情况下分别表示为：①当 C_T 为正数时，说明某一行政区域生态环境污染综合水平高于行政区之间商定的“环境责任协议”数值，即流域在该行政区内污染相应地加重，该行政区政府应该对其流域下游一方行政区的同级政府给予生态补偿，具体补偿金额为 C_T；②当 C_T 为负数时，说明某一行政区域生态环境污染综合水平低于行政区之间商定的“环境责任协议”数值，即流域在该行政区内污染相应地减轻，该行政区政府应该得到其流域下游一方行政区的同级政府给予的生态补偿，具体补偿金额为 C_T；③当 C_T 为零时，说明某一行政区域生态环境污染综合水平恰好等于行政区之间商定的“环境责任协议”数值，即流域在该行政区内污染既没有加重也没有减轻，该行政区政府不对其流域上游或下游一方行政区的同级政府进行生态补偿。这样，上下游区域政府将根据“环境责任协议”进行政府间的生态环境补偿，用于激励其环境治理和生态改善，从而避免了上级政府过多地行政干预与协调。

第六节　跨区域流域生态补偿阶梯式计算标准

生态补偿量系数 W_j 的计算结果在本质上只是一个调节分配系数，其数值不一定呈阶梯式分布。生态补偿的基础标准 C_0（即某一流域的具体生态补偿经济价值基准）应考虑环境污染的治理难度和生态损失的恢复程度，参照“阶梯式价格标准”来设定，即行政区域内河流的污染状况越严重，生态补偿标准的额度 C_T 就越高。流域生态补偿标准测算依据上下游地区建立的“环境责任协议”制度，采用流域水质水量协议的模式。同时，“阶梯式流域生态补偿标准”的制定，也需要国家级行政部门统一协调法律、水利、环保等专业机构，在各级流域行政政府的协商配合下共同完成；也可按照相应的国家标准和法规制定程序进行制定。

这种采用阶梯式补偿金的生态补偿方式的意义在于某个行政区域政府对其流域范围内的生态环境负责，其所造成的生态损失越大（或生态贡献越多），则付出（或得到）的生态补偿金数额就越高；反之亦然。其中，生态补偿总额是由上游地区对下游地区污染超标所造成损失的赔偿或生态保护所转让利益的弥补，赔偿额或补偿量与河流污染物的种类、浓度大小、水量多少以及持续时间有关。另外，在遇到旱灾、水灾等自然灾害及其他特殊情况下，需要上下游地区政府在一定框架下进行自由协商和行政复议，以实现生态补偿的危机管理。

第七节　跨区域流域生态补偿的模拟算例分析

A 省位于某河流的上游地区，河流流经 B 省进入下游地区 C 省。经国家相关环境监测部门的实际监测分析，得到 B 省与 A 省和 C 省在其流域监测断面的各项具体环境监测值，经式（5–1）计算得到该断面河流水质的综合污染指数 P_j 为 1.12，并根据 2006 年各省实现的 GDP 产值和水量的数据，按照式（5–2）计算得到该行政区域的水流量指标 L_j 为 1.63，根据式（5–3）即可计算得到 A、B 两省行政区界 j 断面的流域生态补偿量系数 W_j 为 1.825 6。

假设流域各省经协商确定了“阶梯式流域生态补偿标准”，即各省行政区界 j 断面的流域生态补偿量系数 W_j 在 0~1，生态补偿执行的基本标准 C_0 为 100 万元，在 1~3，生态补偿执行的基本标准 C_0 为 300 万元，等等。于是，根据式（5–4）计算得到，B 省需要支付的生态补偿总额 C_T 为 547.68 万元。这样，根据约定标准，B 省政府应该对其流域下游一方行政区的同级政府给予生态补偿，弥补其因环境污染或生态破坏对河流造成的危害，用于下游地区治理河流污染所多承担的那部分成本。

第八节　本章总结

流域生态补偿是一个跨行政区域的综合生态环境问题。生态补偿数量的计算和测定是流域生态区际补偿的前提，也是决定能否顺利实施补偿的关键环节。本章从政策研究的角度，所提出的基于河流水质水量的跨行政区域的生态补偿量计算方法，将实行统一的流域和区域综合环境管理纳入流域地区的行政责任范围内，将流域水体行政区界点河流水质和水量指标设定为生态补偿测算的综合指标值中。同时，首次尝试运用“综合污染指数法”进行流域生态补偿的水质评价，并依据水权和对全流域 GDP 贡献度的方法进行流域水流量的测算，提出了跨区域流域生态补偿量测算的原则、模式、流程及计算模型，并进行了理论上的模拟测算，为流域生态补偿的有效实施提供了执行的方法和参考的依据。最后需要指出的是，流域生态补偿中行政性手段和市场化手段是针对不同主体、不同目的、不同任务的两种方式，其中政府对流域生态的管制和参与是在流域生态补偿主客体进行市场化交易之外的宏观手段；市场化手段能解决的流域生态补偿问题不应是政府行政手段管制的重点和范围。政府应从宏观上管理那些流域区界所涉及的流域生态环境问题及其衍生出的流域水资源所表现的公共产品的产权制度问题，使得跨行政区域的流域生态补偿更加市场化、规范化。

第六章　水环境基尼系数的模型构建与排放量优化的实证研究

第一节　研究背景与研究目标

近年来，由于人类社会的快速发展，特别是盲目地追求经济发展速度，导致人类赖以生存的生态系统日益恶化。生态系统服务功能的不断下降，反过来又严重地影响了人类社会的可持续发展。

我国生态补偿机制建设是在国内政治、经济、法治等基础条件日趋成熟的情况下提出的，近年来逐步得到了各级政府的高度重视。2000 年国务院颁布的《全国生态环境保护纲要》和 2003 年颁布的促进西部开发建设的重要政策文件，都明确提出了要建立生态保护补偿机制。《全国生态环境保护纲要》明确地提出了“谁开发谁保护，谁破坏谁恢复，谁使用谁付费”的原则。2010 年 4 月 26 日，由国家发展和改革委员会牵头的生态补偿条例起草工作也正式启动。

流域是水资源的重要载体之一，流域生态涉及人与生态环境的和谐相处、区域间环境与经济的协调发展等问题，流域生态环境是一个地区社会稳定的重要因素，也关系经济发展的总体质量。目前，国际上解决流域生态环境的通行方法是通过经济杠杆的调节作用，实施流域生态补偿机制建设。

因此，本章将参考基尼系数的相关理论，对如何通过生态补偿机制来公平地兼顾流域地区社会经济发展和生态环境保护之间的关系进行探索研究，力图解决流域上下游地区水资源治理和生态环境保护所存在区域经济发展的公平性问题。

第二节　基本概况和生态目标

辽河流域是我国北方地区最重要的流域之一。辽河被称为辽宁人民的“母亲河”，其地理位置在东经 117° 00′ ~125° 30′ 、北纬 40° 30′ ~45° 10′ 之间，南濒渤海与黄海，西南与内蒙古内陆河和河北海滦河流域相邻，北与松花江流域毗连。辽河流域总面积为 21.9 万 km^2，其中山地占 35.7%，丘陵占 23.5%，平原占 34.5%，沙丘占 6.3%。辽河流域在辽宁境内辖沈阳、抚顺、鞍山、铁岭、本溪、辽阳、营口、盘锦 8 个省辖市和阜新市的彰武县、朝阳市的建平县以及锦州市的黑山县、北镇市。2010 年，辽河流域在辽宁境内总人口为 3 388.9 万人，占全省总人口的 61.2%，其中主要城镇人口为 1 612.5 万人，占流域总人口的 47.5%。

辽河流域是我国七大流域之一，其流域范围主要由辽河及大辽河两个单独入海的水系组成。1996 年，国务院把辽河流域列为国家重点治理的“三河三湖”之一，治理辽河进入实质性阶段。经过十多年治理，辽河流域水体污染恶化趋势基本得到遏制，但水环境污染仍十分严重。辽河流域呈现的主要特点为：水环境污染严重、缺水问题突出。

辽河流域是我国水资源贫乏的地区之一，其水资源分布极其不均衡，季节性变化剧烈。辽河流域水资源的总量为 214 亿 m^3，目前实际的供水量为 151.78 亿 m^3，水资源开发利用率已高达 71%，大大超出了水资源开发利用的极限。近年来，辽宁省政府不断加强对辽河的治理力度。2008 年关闭了辽河沿岸的造纸厂，2009 年开始大规模建设污水处理厂。经过两年的大力整治，截至 2009 年年底辽河流域干流 26 个断面全部消灭了劣五类水体，提前一年完成了省政府提出的辽河治理任务。为此，2009 年《辽宁省跨行政区域河流出市断面水质目标考核暂行办法》正式颁布实施，标志着辽宁省全面启动辽河流域生态补偿机制，进一步推动辽河水污染治理。① 根据《2010 年中国环境状况公报》显示，辽河水系总体为中度污染，干流总体为轻度污染，支流总体为重度污染。大辽河及其支

① 2009 年第一季度，辽宁 5 个城市被监测到向辽河水系主要河流超标排放污水，依据《辽宁省跨行政区域河流出市断面水质目标考核暂行办法》，将由辽宁省财政厅扣缴总计 475 万元的生态补偿金。这笔补偿金作为辽宁省水污染生态补偿专项资金，用于流域水污染综合整治、生态修复和污染减排工程。

流总体为重度污染。为此，在辽河治理和保护上，辽宁省2011年的治理重点任务是：通过采取工程措施、生物措施和管理措施，恢复河滩地植被，创新机制，使辽河干流生态环境发生根本转变。那么，如何科学有效地实施辽河流域生态补偿机制建设？本章从水环境基尼系数的视角开展辽河流域生态补偿的探索性理论研究。

第三节　研究状况与模型设计

一、研究现状

基尼系数是20世纪初意大利经济学家基尼，根据洛伦兹曲线定义的判断收入分配公平程度的指标（如图6.1所示）。它是比例数值，在0和1之间，是国际上用来综合考察居民内部收入分配差异状况的一个重要分析指标。

基尼系数的工具性属性决定了其具有分布均匀度的量化评价功能。因此，基尼系数除应用于经济学社会财富分配平等状况评价外，还应用在其他学科有关分布均匀度评价方面。目前，在资源、生态和环境领域的研究探索中，水环境基尼系数是指定量分析区域内水资源的分配差异程度，其为生态补偿机制研究提供了一个全新的理论视角。

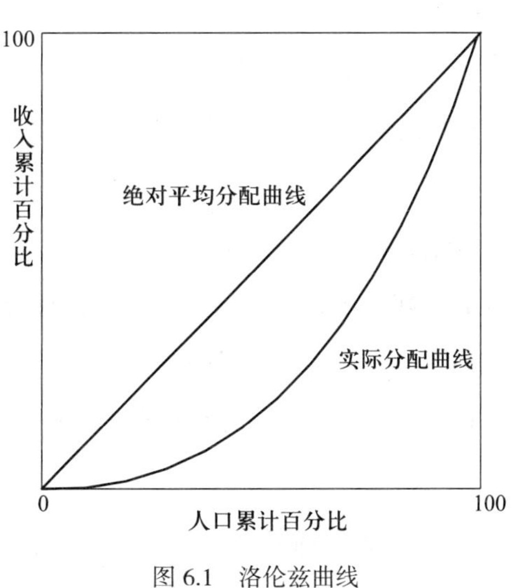

图6.1　洛伦兹曲线

流域生态资源的公平利用是解决环境问题的一个重要原则，但目前还没有找到一种很好的方法，这已成为制约流域生态环境保护事业发展的瓶颈。基尼系数法在经济领域的使用能够很好地体现分配的公平性，为此我国一些学者进行了研究探索。例如，孟祥明（2007）针对天津市水环境问题，利用基尼系数法分析了天津市水污染物总量分配问题；[①] 邱俊勇（2010）利用基尼系数法对黄河流域水污染物总量分配进行了测算；[②] 陈丁江（2010）利用水环境基尼系数法对曹娥江水系的水环境容量分配进行了

① 孟祥明：《基尼系数法在水污染物总量分配中的应用》，天津大学硕士学位论文，2007年。

② 邱俊勇：《基尼系数法在黄河中上游流域水污染物总量分配中的应用研究》，江苏大学硕士学位论文，2010年。

分析研究。[①] 目前，我国主要实行的是流域各行政单位分别监管治理和利用辖区内资源环境的政策。而水资源的合理分配与科学使用对于整个流域的可持续发展起到了至关重要的作用。在市场经济下，水资源的公平分配和生态功能的恢复是实行流域生态补偿的重要原则。流域各行政单位之间的资源使用是实行流域生态补偿机制的核心问题之一。

本章在借鉴相关研究成果的基础上，将基尼系数的一系列应用引入生态补偿领域，根据水环境基尼系数这一概念，建立一个基于流域生态资源公平使用的生态补偿标准分配模型，计算出一个更加兼顾公平、效率的流域生态补偿标准。

二、模型设计

（一）研究的思路

本章采用了基尼系数法的“多目标公平分配”的方法，其基本思想是：在全面了解流域内各行政区域间的自然属性和社会属性，并承认其存在差异的前提下，运用该方法计算得出一个公平、合理的生态补偿标准，以使分配方案更加有效。

该方法主要是在现有研究的基础上，首先通过综合考虑各行政区域的经济、自然等因素，筛选出一些具有充分代表性的指标，建立各指标的基尼系数；然后，以基尼系数之和最小为目标函数，通过设计合理的计算规则和约束条件，构建多约束条件的规划求解方程；并利用相关软件，计算得出最优基尼系数和各行政单位 COD 排放量的合理分配方案，进而计算出流域生态补偿标准，从而实现对流域资源使用的公平与效率（见图 6.2）。

（二）指标选取

本章主要指标的选取是基于公平性、效率性以及水环境承载力原则，选取了人口、GDP、水环境容量、COD 四个指标作为区域水环境基尼系数的计算指标（见表 6.1）。

（三）研究模型

首先，计算各区域人口、GDP、水环境容量的累积百分比和水污染物实际排放量（COD）的累积百分比，采用梯形面积法计算出基于人口、GDP、水环境容量的基尼系数，其计算公式为：

---

① 陈丁江、吕军、沈晔娜：《区域间水环境容量多目标公平分配的水环境基尼系数法》，《环境污染与防治》2010 年第 1 期，第 88~91 页。

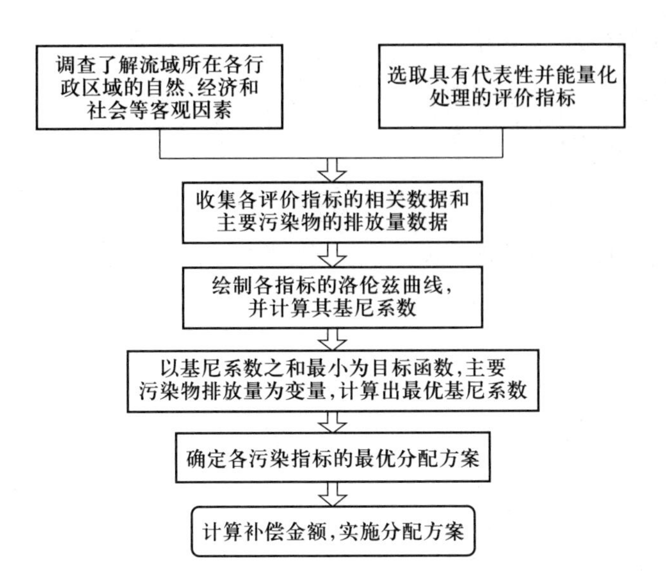

图 6.2　水环境基尼系数应用于生态补偿额测算的思路

表 6.1　水环境基尼系数指标的选取

选取原则	总量分配指标	选取原因
公平性原则	人口——COD 环境基尼系数	在公平性原则中，主要体现在人口——COD 环境基尼系数，反映区域人口公平利用水资源环境的程度
效率性原则	GDP——COD 环境基尼系数	反映资源的利用程度，其数值越小，资源利用程度越高，体现了水资源环境利用的经济效率
水环境承载力原则	水环境容量——COD 环境基尼系数	反映水体承载力利用程度，体现了水资源和水环境的变化关系

$$G_j = 1 - \sum_{k=1}^{n} (X_{j(k)} - X_{j(k-1)})(Y_{j(k)} + Y_{j(k-1)}) \quad (6\text{-}1)$$

$$X_{j(k)} = X_{j(k-1)} + \frac{M_{j(k)}}{\sum_{k=1}^{n} M_{j(k)}} \quad (6\text{-}2)$$

$$Y_{j(k)} = Y_{j(k-1)} + \frac{W_{j(k)}}{\sum_{k=1}^{n} W_{j(k)}} \quad (6\text{-}3)$$

式中：G_j——基于某一指标 j 的基尼系数；

$X_{j(k)}$——指标 j 的累积百分比（各区域人口、GDP、水环境容量的累积百分比）；

$M_{j(k)}$——第 k 个区域内 j 指标值；

$Y_{j(k)}$——基于指标 j 的水污染物排放量（COD）的累积百分比；

$W_{j(k)}$——第 k 区域内的污染物排放量（COD），吨；

n——分配区域的个数。

其次，以各指标的基尼系数之和最小为目标函数、区域水污染排放量（COD）为决策变量，在约束条件下进行优化求解，并分析其可行性，从而确定最优分配方案。

主要计算公式如下：

目标函数：
$$\min G = \sum G_j \tag{6-4}$$

S.t　各指标基尼系数约束：$G_j \leqslant G_j'$（G_j' 为基尼系数现状）　（6-5）

总量削减约束：
$$\sum_{k=1}^{n} W_k = (1 - q\%) \sum_{k=1}^{n} W_{k'} \tag{6-6}$$

各区域削减比例约束：
$$W_j = (1 - d_j) W_{j'} \tag{6-7}$$

$$d_{j0} \leqslant d_j \leqslant d_{j1} \tag{6-8}$$

$$0 < Y_k = \sum_{i=1}^{n} y_i \leqslant 1 \tag{6-9}$$

$$0 < Y_i < 1 \tag{6-10}$$

计算得出各区域应支付或接受的补偿额 P：

$$P = (W_{j(k)} - W_{j(k)'})x \tag{6-11}$$

式中：$W_{j(k)}$——优化后污染物排放量，吨；

$W_{j(k)'}$——当前污染物排放量，吨；

x——单位排污权价格，万元 / 吨。

第四节　辽河流域生态补偿标准的实证测算

一、辽河流域各行政单位基础数据收集

通过对已收集的数据汇总整理，空缺数据通过对相关文献的查阅等手段补充，最终确定水环境基尼系数法分配过程中所需的基础数据。水环境容量是基于流域 COD 最大排放量的基础上计算出来的，所计算的流域生态补偿标准是基于各市行政单位，所以选择

了辽河流域[①]完整经过的 8 个市行政单位的基础数据（见表 6.2）。

表 6.2　2009 年辽河流域各行政单位基础数据

地区	面积 /km^2	人口 / 万人	GDP/ 亿元	污水排放量 / 万 t	COD 排放量 /$t \cdot a^{-1}$	水环境容量 /%
沈阳	12 980	716.5	4 268.51	6 259	84 867.09	9.7
鞍山	9 252	352.0	1 730.47	5 034	39 464.62	27.3
抚顺	11 272	222.6	698.64	3 846	22 050.68	5.9
本溪	8 420	155.5	688.39	5 654	22 242.99	7.5
营口	5 402	235.0	806.96	3 350	18 471.33	22.3
辽阳	4 731	183.5	608.26	3 600	13 314.26	9.3
盘锦	4 071	130.0	676.87	1 751	11 544.23	10.7
铁岭	12 968	306.1	605.71	1 665	23 602.43	7.3
合计	69 096	2 301.2	10 083.81	31 159	235 557.63	100.0

资料来源：根据 2009 年《辽宁省统计年鉴》数据整理而得。

二、辽河流域初始基尼系数的计算与分析

（一）基于水环境容量的基尼系数计算方法与结果分析

根据表 6.2 中的基本数据，采用上述基于水环境容量的基尼系数计算方法，得出的计算结果见表 6.3。通过表 6.3 和图 6.3 可以得出沈阳、本溪、铁岭、抚顺地区的水环境容量比例均小于其 COD 排放比例。因此，在分配的理想情况下，从水环境容量的视角分析，考虑应给予以上这些地区一定的生态经济补偿。根据水环境容量计算得出的基尼系数为 0.21<0.3，则说明基于水环境容量的 COD 分配比较平均。

表 6.3　基于水环境容量的基尼系数计算结果

地区	COD 现状排放量 /$t \cdot a^{-1}$	COD 最大排放量 /$t \cdot a^{-1}$	COD 比值 /%	水环境容量比值 /%	COD 累计百分比 /%	水环境容量累计百分比 /%
鞍山	29.6	223.1	16.8	27.3	16.8	27.3
营口	24.7	493.5	7.8	22.3	24.6	49.6
盘锦	25.2	529.5	4.9	10.7	29.5	60.3
沈阳	28.7	1 153.7	36.0	9.7	65.5	70.0

① 本章中所定义的辽河流域是指包括辽河和大辽河在内的整个水系。

续表

地区	COD 现状排放量 /t · a^{-1}	COD 最大排放量 /t · a^{-1}	COD 比值 /%	水环境容量比值 /%	COD 累计百分比 /%	水环境容量累计百分比 /%
辽阳	35.4	1 633.8	5.7	9.3	71.2	79.3
本溪	38.6	1 658.3	9.4	7.5	80.6	86.8
铁岭	39.6	1 710.7	10.0	7.3	90.6	94.1
抚顺	36.6	2 029.1	9.4	5.9	100.0	100.0

资料来源：根据表 6.2 数据计算而得。

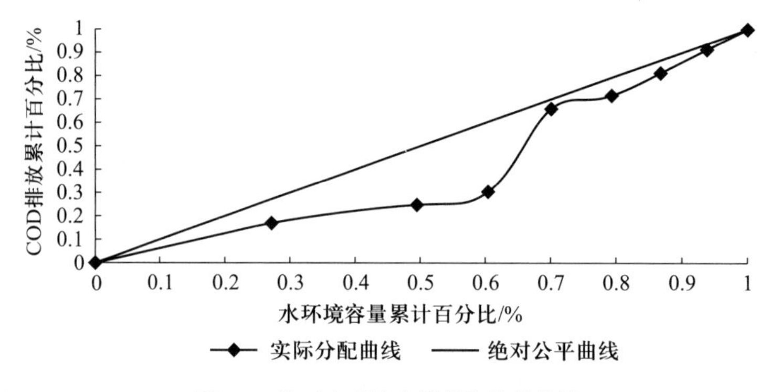

图 6.3　基于水环境容量的洛伦兹曲线

（二）基于 GDP 贡献度的基尼系数计算方法与结果分析

同样地，根据表 6.2 中的基本数据，采用基于 GDP 贡献度的基尼系数计算方法，得出的计算结果见表 6.4。

通过表 6.4 和图 6.4 可以得出沈阳、鞍山、营口、盘锦、辽阳的 GDP 贡献度比例大于其 COD 排放比例。在分配的理想情况下，从 GDP 贡献度的视角分析，应给予一定的生态经济补偿。根据 GDP 贡献度计算得出的基尼系数值为 0.303 852>0.3，则说明基于 GDP 贡献度的 COD 排放量相对合理。

表 6.4　基于 GDP 贡献度的基尼系数计算结果

地区	COD 现状排放量 /t · a^{-1}	GDP/亿元	COD 比值 /%	GDP 贡献比值 /%	GDP 贡献累计百分比 /%	COD 累计百分比 /%
沈阳	84 867.09	4 268.51	36.02	42.33	42.33	36.02
鞍山	39 464.62	1 730.47	16.76	17.16	59.49	52.78
营口	18 471.33	806.96	7.84	8.00	67.49	60.62
抚顺	22 050.68	698.64	9.36	6.93	74.42	69.98

续表

地区	COD 现状排放量 /t · a⁻¹	GDP/亿元	COD 比值 /%	GDP 贡献比值 /%	GDP 贡献累计百分比 /%	COD 累计百分比 /%
本溪	22 242.99	688.39	9.44	6.83	81.25	79.42
盘锦	11 544.23	676.87	4.91	6.71	87.96	84.33
辽阳	13 314.26	608.26	5.65	6.03	93.99	89.98
铁岭	23 602.43	605.71	10.02	6.01	100.00	100.00

资料来源：根据表 6.2 数据计算而得。

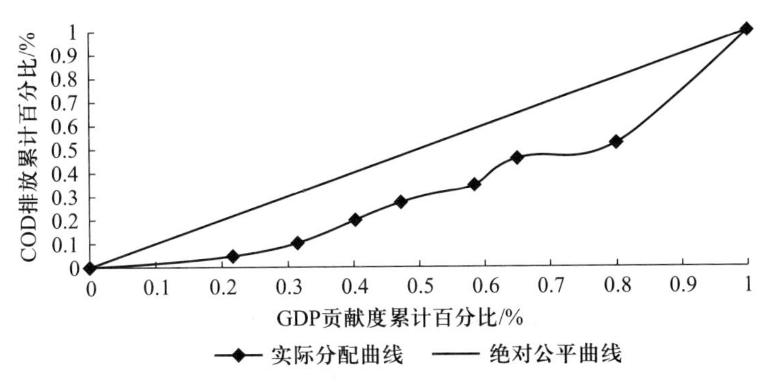

图 6.4　基于 GDP 贡献度的洛伦兹曲线

（三）基于人口的基尼系数计算方法与结果分析

同样地，根据表 6.2 中的基本数据，采用基于人口的基尼系数计算方法，得出的计算结果见表 6.5。

通过表 6.5 和图 6.5 可以得出盘锦、抚顺、营口的人口比值大于其 COD 排放比值。在分配的理想情况下，从人口数量的视角分析，应给予以上这些地区一定的生态经济补偿。根据人口比值计算得出的基尼系数值为 0.200 824<0.3，则说明基于人口比值的 COD 分配比较平均。

表 6.5　基于人口的基尼系数计算结果

地区	COD 现状排放量 /t · a⁻¹	人口 / 万人	COD 比值 /%	人口比值 /%	COD 累计百分比 /%	人口累计百分比 /%
盘锦	11 544.23	130.0	4.9	13.3	4.9	13.3
抚顺	22 050.68	222.6	9.3	10.2	14.2	23.5
营口	18 471.33	235.0	7.8	8.0	22.0	31.5
辽阳	13 314.26	183.5	5.6	5.6	27.6	37.1

续表

地区	COD 现状排放量 /t · a^{-1}	人口 / 万人	COD 比值 /%	人口比值 /%	COD 累计百分比 /%	人口累计百分比 /%
鞍山	39 464.62	352.0	16.7	15.3	44.3	52.4
铁岭	23 602.43	306.1	10.0	9.7	54.3	62.1
本溪	22 242.99	155.5	9.7	6.8	64.0	68.9
沈阳	84 867.09	716.5	36.0	31.1	100.0	100.0

资料来源：根据表 6.2 数据计算而得。

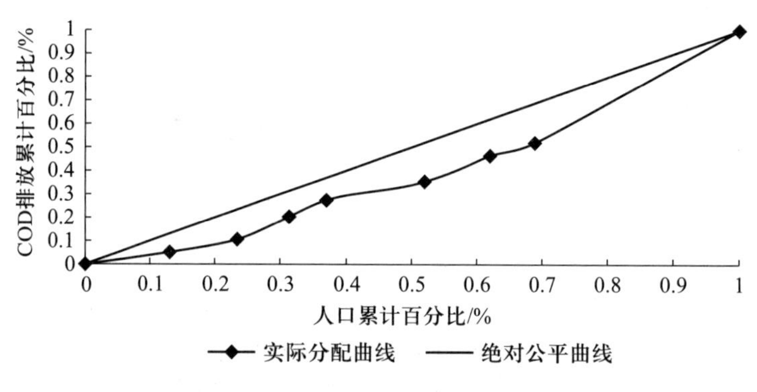

图 6.5　基于人口的洛伦兹曲线

三、水环境基尼系数优化结果分析

为了得到更加公平的生态补偿分配方案，保证对辽河流域水资源的合理使用，将所求各个指标的基尼系数之和最小化作为目标函数，并设定最优化方程中的各约束条件，可以得出以下分析结果。

第一，按照国家环境保护总局的统一规划，确定辽宁省“十二五”期间的总量消减目标为 10%，即确定了总量削减约束条件中的参数 q=10；

第二，在进行实际排放量分配过程中，每个城市都应该有一个削减比例的上下限。如果一个城市的削减比例过大，不但会导致该城市无法完成设定的目标，而且会因为削减比例过大而严重影响该地区的经济发展，从而失去建立流域生态补偿机制的实际意义；若削减比例过小，则会带来削减总量目标无法完成的问题；①

第三，在将各参数以及初始基础数据输入最优化方程计算软件 LINGO 9.0 后，进行结果计算，从而确定各城市行政区域的 COD 最优排放比例，进而可以得出最终的辽河流

① 本章的研究目的是为了流域内污染物排放量的合理分配，不必考虑流域内 COD 的排放总量约束和消减比例问题，所以水环境基尼系数优化不涉及消减比例的上下限。

域生态补偿的具体测算指标金额。

第五节 研究结论及其分析讨论

一、水环境基尼系数优化结果分析与比较

本章将所需的参数和各项基础数据值代入 LINGO 9.0 软件中，计算结果见表 6.6。

表 6.6 基尼系数优化结果

COD 基尼系数	环境容量	GDP 贡献度	人口
原始基尼系数	0.21	0.30	0.20
优化基尼系数	0.19	0.25	0.17
降低幅度	0.02	0.05	0.03

通过表 6.6 可以看出，经过优化后的基尼系数均比当前的基尼系数值小，也就是说优化后的分配方案更加趋于公平、合理。基于 GDP 贡献度的基尼系数值经过优化后，上升为比较公平的区间。

本章经过对基尼系数的优化，最终确定了辽河流域各行政单位的 COD 分配方案，见表 6.7。从表 6.7 可以看出，沈阳、抚顺、本溪、铁岭四个城市的排污量超过了合理分配情况下的排污量，应对其他四个城市（鞍山、营口、辽阳、盘锦）进行一定的经济补偿。

表 6.7 辽河流域各行政单位的 COD 分配方案

城市	COD 现状排放量 /t·a^{-1}	COD 排放比例 /%	优化后 COD 排放量 /t·a^{-1}	优化后 COD 排放比例 /%	多使用排污权 /%	少使用排污权 /%
沈阳	84 867.09	36.03	64 778.35	27.50	8.53	—
鞍山	39 464.62	16.75	46 875.97	19.90	—	3.15
抚顺	22 050.68	9.36	17 596.75	7.47	1.89	—
本溪	22 242.99	9.44	16 324.14	6.93	2.51	—
营口	18 471.33	7.84	31 800.28	13.50	—	5.66
辽阳	13 314.26	5.65	18 232.16	7.74	—	2.09
盘锦	11 544.23	4.91	18 043.71	7.66	—	2.76
铁岭	23 602.43	10.02	21 906.86	9.30	0.72	—
合计	235 557.63	100.00	235 557.63	100.00	13.65	13.66

对表 6.7 的分配方案进行分析，可以发现：基于水环境基尼系数法的污染物排污权的总量分配方案打破了传统的总量分配方法，克服了一些不公平因素，能够综合考虑辽河流域各地级市的客观条件,切合各地级市的实际情况来最终确定污染物的分配方案。同时，分配过程中的指标选取具有代表性，便于统一化和定量化，分配过程程序化，易于操作。

二、基于排放量的流域生态补偿标准确定

在确定辽河流域生态补偿标准之前，首先要确定单位 COD 排放权的价格。由于 COD 属于污染物，污染物很难通过市场交易，所以 COD 的价格无法通过市场价格来直接确定，但是可以通过间接的方法估算出单位 COD 排放权的价格。COD 排放权价格确定可以选取的间接测算指标有很多，例如单位 COD 排放所产生的工业总产值、单位 COD 的处理成本、单位 COD 的 GDP 产出值等。

由于污染物排放中的 COD 主要是由工业企业在生产过程中产生的，所以工业企业排放的 COD 量越多，其创造的工业总产值就会越高；在与其他方法进行综合比较后，应结合数据的可得性，确定采用单位 COD 创造的工业总产值作为 COD 排放权的一个基本价格。

本章没有采用单位 COD 的 GDP 作为 COD 排放权的价格指标，主要是因为 GDP 的产出值不仅包括工业产出，而且包括第一产业和第三产业等。如果采用该指标，会对最终计算结果的准确性产生较大的影响。因为本章主要是针对单位 COD 排放权来确定最终的生态补偿标准，单位 COD 所创造的产值远远大于单位 COD 的治理成本。若采用单位 COD 的治理成本，会在很大程度上损害流域生态环境保护方的利益，所以单位 COD 的治理成本也不符合要求。

由于各地区的工业发展水平存在着比较大的差距，为了保证实证结果的准确性和平稳性，本章通过对表 6.8 所示的辽河流域生态补偿测算标准的比较分析，选择了辽河流域各地级市工业产值的最小值，即 6 582.4 元 / 吨。

流域生态补偿的原则是流域生态保护的受益方需要对受损方进行补偿，其利益相关方主要包括城镇和农村居民、工业企业以及其他利益群体。通过政府调节和市场化运作的方式进行资金筹集，并构建完善的生态补偿资金分配和监督机制。

总之，流域生态补偿作为激励流域生态服务供给、提高流域生态环境质量、推动流域协调发展的一项制度设计，目前已经成为流域内生态环境恢复和保护建设的一项重要措施。本章从流域生态补偿的研究视角，以辽河流域为研究对象，通过对基于水环境容

表 6.8　辽河流域生态补偿的测算标准

城市	多使用 COD 排放量 /t	补偿金额 / 万元
沈阳	20 093	−13 226.02
鞍山	−7 420	4 884.14
抚顺	4 452	−2 930.48
本溪	5 912	−3 891.51
营口	−13 332	8 775.66
辽阳	−4 923	3 240.52
盘锦	−6 501	4 279.22
铁岭	1 696	−1 116.38

量、GDP 贡献度和人口数量的水环境基尼系数指标的分析比较，在基尼系数之和最小的情况下研究辽河 COD 排放量的分配优化问题，进而对辽河流域生态补偿标准进行测算分析，为我国流域生态补偿的理论研究和实践探索提供了一个新的思路。

第七章　基于CVM的辽河流域生态价值评估中WTP与WTA差异性实证分析

第一节　研究背景及研究目标

辽河流域是我国重要的经济区，也是我国水资源相对为短缺、水污染相对严重的区域之一。近年来，由于区域经济发展中大量人为因素的影响，辽河已成为我国江河中污染最严重的河流之一。根据《2009年中国环境状况公报》，在我国的七大水系中辽河水系总体为重度污染，河流水质处于连续严重污染状态，波及沿河地下水，威胁辽宁省大部分地区的饮用水安全，给当地工农业生产造成严重损失。这种情况引起各级政府部门的普遍重视，在国家及辽宁省要求下，对辽河流域生态服务价值进行评估，并建立辽河流域生态补偿机制成为当务之急。

流域生态补偿标准研究的关键问题是确定流域生态系统服务的价值。从目前的情况来看，条件价值评估法（Contingent Valuation Method，CVM）是用来评估环境物品和服务的非使用价值的唯一方法。戴维斯于1963年首次运用条件价值评估法，之后这一方法如雨后春笋般被运用开来。20世纪70年代开始，CVM被用于评估各种公共物品及相关政策的效益。条件价值评估法亦称意愿价值评估法，本质上是通过模拟市场，揭示人们对环境改善措施的最大支付意愿（Willingness to Pay，WTP），或对环境恶化的最小受偿意愿（Willingness to Accept，WTA），其核心是直接调查询问人们对环境产品的支付愿望或受偿意愿，并以支付愿望或受偿意愿来表达环境产品的经济价值。但是，由于对同一环境物品的价值评估可以基于 WTP 和 WTA 两种尺度，这必然会出现不同的结果，那么究竟如何选择测度指标来准确衡量辽河流域生态系统服务价值呢？因此，本章着重探讨了 WTP 与 WTA 的差异性表现，并分析了其影响因素，这将为制定更精确的辽河流域生态补偿标准提供了理论参考和实证依据。

第二节　国内外相关研究的现状分析

国际上对 WTP 与 WTA 的差异性研究已有多年的历史。近年来，许多国外学者对 WTP 与 WTA 的差异性大小、产生的原因等做出了具体研究。格温多林・莫里森（Gwendolyn C. Morrison）认为，即使受访者的学习能力、可替代性和不精确性得到了控制，WTP 和 WTA 的差异仍然会存在而进一步支持了禀赋效应。[①] 托马斯・布朗（Thomas C. Brown）和罗宾・格雷戈里（Robin Gregory）总结了 WTP 与 WTA 存在差异的原因，并提出了解决有效估计 WTA 的方法。[②] 约翰・安德尔森（Johan Anderson）等人研究发现，人们购买传统蛋的平均 WTP 与 WTA 相差甚微，而购买生态蛋的 WTA 的均值是 WTP 的 1.5 倍，解释该现象的原因是道德责任的不对称。[③] 赵金华和凯瑟琳・克林（Catherine L. Kling）通过实验和调查提出了一种解释 WTP 与 WTA 不对称的新方法：不确定性、不可逆性和有限学习机会所引起的承诺成本导致 WTP 与 WTA 的差异。[④] 谢尔达尔・萨伊曼（Serdar Sayman）和爱莎・昂库勒（Ayse Onculer）研究发现，迭代竞价和被试者内设计增加了 WTP 和 WTA 之间的差距，而相比减税和其他间接的支付方式来说，“掏腰包”这种支付方式更加大了 WTP 和 WTA 的差距。[⑤] 托马斯・布朗运用口头协议技术在真正的随机现金拍卖实验中探讨 WTA 与 WTP 存在差异的原因[⑥]，结果表明，造成这种差异的

---

① Gwendolyn C Morrison，“Understanding the disparity between WTP and WTA：endowment effect，substitutability，or imprecise preferences？”，*Economics Letters*，1998（59），pp.189–194.

② Thomas C Brown，Robin Gregory，“Why the WTA–WTP disparity matters”，*Ecological Economics*，1999（28），pp.323–335.

③ Johan Anderson，Dan Vadnjal，Hans–Erik Uhlin，“Moral dimensions of the WTA–WTP disparity：an experimental examination”，*Ecological Economics*，2000（32），pp.153–162.

④ Jinhua Zhao，Catherine L Kling，“A new explanation for the WTP/WTA disparity”，*Economics Letters*，2001（73），pp.293–300.

⑤ Serdar Sayman，Ayse Onculer，“Effects of study design characteristics on the WTA–WTP disparity：a meta analytical framework”，*Journal of Economic Psychology*，2005（26），pp.289–312.

⑥ Thomas C Brown，“Loss aversion without the endowment effect，and other explanations for the WTA–WTP disparity”，*Journal of Economic Behavior & Organization*，2005（57），pp.367–379.

主要原因是无论购买还是出售，当事人都不愿遭受任何交易净损失，且存在认为销售价格远低于假想市场价格损失的趋势，这一解释揭示了厌恶损失即认为是销售创造了损失购买创造了收益，而不是禀赋效应。大卫·怀恩斯（David K. Whynes）和特蕾西·塞奇（Tracey H. Sach）研究发现，只有1/3的受访者的支付意愿与补偿意愿值相等，定量数据也显示这两种价值评估方法的反应模式存在差异。[①] 马坦·楚尔（Matan Tsur）讨论了WTA与WTP比值的可信赖性以及市场经验与禀赋效应间的负相关关系。[②] 有学者揭示了卖空投标价格和WTP与WTA差异的关系，并提出造成这一结果的原因是受访者维持现状的偏见。[③] 孙莉莉、科内利斯（G. Cornelis van Kooten）等人认为WTP和WTA的差异主要归因于禀赋效应。[④]

与国外相比，我国对WTP与WTA的差异性研究起步较晚，仅有少数学者在该方面进行了研究。李金平和王志石采用条件价值法中的WTP和WTA方法，分析比较2003年"非典"疫情爆发前后，居民对我国澳门地区空气污染损失的意愿价值的变化情况，探讨WTP和WTA两种研究方法的估值差异，为城市环境管理提供决策依据。[⑤] 赵军等人以上海某城市河流生态系统服务评价为例，基于CVM研究方法，对WTP和WTA进行了对比分析和探讨，认为WTA与WTP不对称的主要决定因素为收入和学历。[⑥] 张翼飞运用CVM评估上海景观内河的生态价值，证实了支付意愿和受偿意愿的分布差异，与国外研究成果相比，呈现差异更大、范围更分散的特征。[⑦] 刘亚萍等人对黄果树风景区的WTA值与WTP值进行比较，得到WTA与WTP的比值为1.93、1.26。[⑧] 通过分析探讨，可以认为引起WTA与WTP比值差的因素主要有赋予效应与厌恶效应、收入效应与替代效应、模糊性与不确定性和赔偿效应等。

① David K Whynes，Tracey H. Sach，"WTP and WTA：do people think differently？"，*Social Science & Medicine*，2007（65），pp.946–957.

② Matan Tsur，"The selectivity effect of past experience on purchasing decisions：implications for the WTA–WTP disparity"，*Journal of Economic Psychology*，2008（29），pp.739–746.

③ Shosh Shahrabani，Tal Shavit，Uri Benzion，"Short–selling and the WTA–WTP gap"，*Economics Letters*，2008（99），pp.131–133.

④ Lili Sun，G Cornelis van Kooten，Graham M Voss，"What accounts for the divergence between ranchers' WTA and WTP for public forage？"，*Forest Policy and Economics*，2009（11），pp.271–279.

⑤ 李金平、王志石：《空气污染损害价值的WTP、WTA对比研究》，《地球科学进展》2006年第3期，第250~255页。

⑥ 赵军等：《环境与生态系统服务价值的WTA/WTP不对称》，《环境科学学报》2007年第5期，第854~860页。

⑦ 张翼飞：《居民对生态环境改善的支付意愿与受偿意愿差异分析——理论探讨与上海的实证》，《西北人口》2008年第4期，第63~68页。

⑧ 刘亚萍等：《运用WTP值与WTA值对游憩资源非使用价值的货币估价——以黄果树风景区为例进行实证分析》，《资源科学》2008年第30卷第3期，第431~439页。

综上所述，国内外学者对WTP与WTA的差异性研究主要侧重经济学理论的解释，缺少基于CVM方法的理论分析，对WTP与WTA差异性的影响因素研究甚少。本章在国内外现有研究的基础上，以辽河流域（辽宁境内干流）为研究对象，通过对辽河源头福德店和辽河入海口盘锦两地进行实地调研，在运用CVM方法测算辽河流域居民的生态补偿意愿及支付水平的基础上，着重探讨WTP与WTA的差异性，分析引起这种差异的社会经济影响因素，为政府部门制定辽河流域生态补偿标准时提供测度指标的选择依据。

第三节　辽河流域生态价值的WTP与WTA差异性分析

一、问卷设计与调查实施

（一）问卷设计

问卷由三部分组成：第一部分是引言，介绍辽河流域生态补偿机制的重要性和意义，向受访者提供回答问题的必要背景信息，使其尽快进入回答问题的状态；第二部分是调查问卷的核心部分，目的在于以支付卡方式引导受访者对辽河流域生态补偿的支付意愿和补偿意愿；第三部分是受访者的个人基本信息，包括受访者的年龄、性别、文化程度、家庭收入等。

（二）调查实施

本次调查共发放226份问卷，实际回收有效问卷220份，无效问卷6份，有效问卷占97.3%。在问卷调查过程中，为保证样本的有效性，采用入户调查的形式，由参与本次调研的所有本科生、研究生及指导教师完成。调查地点选择具有代表性的两个地方：辽河流域源头——福德店，辽河流域入海口——盘锦市。调查时间为2010年7月25日至29日，为期4天。在调查活动中，指导教师事先对所有调查人员进行了培训，然后再让调查人员向被调查者进行了问卷相关知识的讲解，让被调查者了解辽河流域生态补偿的原理及其必要性，尽可能使假想市场接近于真实市场，使被调查者的行为尽量接近真实的市场行为，从而得到较为实际的数据。

二、WTP与WTA的分布差异比较

本次问卷中的WTP与WTA的估值问题如下。

问题一：如果您是辽河流域生态环境的破坏者或水资源保护的受益者，您愿意每年最多拿出多少钱来支持辽河流域生态补偿这一计划？

（1）≤10 元 （2）11~20 元 （3）21~30 元 （4）31~40 元 （5）41~50 元 （6）51~60 元 （7）61~70 元 （8）71~80 元 （9）81~90 元 （10）91~100 元 （11）101~150 元 （12）151~200 元 （13）201~300 元 （14）301~400 元 （15）401~500 元 （16）501~1 000 元 （17）1 001~1 500 元 （18）1 501~2 000 元 （19）>2 000 元（具体数额____元）

问题二：如果您是辽河流域生态环境的受害者或水资源保护的贡献者，您愿意接受每年最少给您补偿多少金额？

（1）≤10 元 （2）11~20 元 （3）21~30 元 （4）31~40 元 （5）41~50 元 （6）51~60 元 （7）61~70 元 （8）71~80 元 （9）81~90 元 （10）91~100 元 （11）101~150 元 （12）151~200 元 （13）201~300 元 （14）301~400 元 （15）401~500 元 （16）501~1 000 元 （17）1 001~1 500 元 （18）1 501~2 000 元 （19）>2 000 元（具体数额____元）

对于区间值，根据统计学的合理性，采用了每个区间的中值来代替；2 000 元以上根据受访中对于相关问题的回答，采用出现频率最高的 2 500 元作为代替。

本章经过对受访者的 WTP 和 WTA 进行分析整理，得到累计频率分布，见表 7.1。由表 7.1 可知，在所有受访者中，约 81% 的居民愿意支付一定的费用作为生态补偿的费用，约 79% 的居民愿意接受一定的费用作为生态补偿费用。同时，约 19% 的居民不同意支付即其支付意愿为 0，还有约 21% 的居民不同意接受补偿。根据 CVM 对 0WTP 的处理技术，0WTP 的存在是符合零消费等经济学原理的。另外，在 5~65 元和 95~175 元的区间内基本上 WTP 大于 WTA，而在 65~95 元和 175~1 750 元的区间内基本上 WTA 大于 WTP，如图 7.1 所示。

表 7.1 支付意愿（WTP）和受偿意愿（WTA）累计频率分布

投标值 / 元 / 人 · 年	WTP		WTA	
	绝对频数 / 人 · 次 $^{-1}$	频率 /%	绝对频数 / 人 · 次 $^{-1}$	频率 /%
5	26	11.8	13	5.9
15	13	5.9	9	4.1
25	9	4	5	2.3
35	6	2.7	2	0.9
45	27	12.3	9	4.1

续表

投标值 / 元 / 人 · 年	WTP		WTA	
	绝对频数 / 人 · 次 $^{-1}$	频率 /%	绝对频数 / 人 · 次 $^{-1}$	频率 /%
55	9	4	11	5
65	2	0.9	3	1.4
75	7	3.2	40	18.2
85	11	5	25	11.4
95	33	15	13	5.9
125	8	3.6	1	0.5
175	3	1.4	5	2.3
250	7	3.2	8	3.6
350	0	0	5	2.3
450	11	5	6	2.7
750	1	0.5	5	2.3
1 250	1	0.5	6	2.7
1 750	0	0	5	2.3
2 500	4	1.8	3	1.4
愿意支付 / 接受数	178	80.8	174	79.1
拒绝支付 / 接受数	42	19.2	46	20.9
总共	220	100	220	100

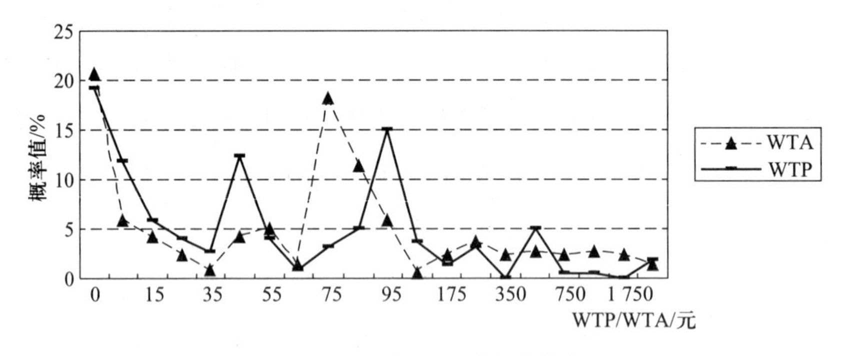

图 7.1　WTP 与 WTA 的概率分布

三、WTP 与 WTA 的影响因素分析

首先通过相关性分析得出对受访者支付意愿或补偿意愿有影响的变量，然后对这些变量进行回归分析。因为问卷分析中用的多数变量都属于分类变量，因此本章中采用斯皮尔曼法进行相关性分析。

表 7.2 是运用 SPSS 16.0 软件对受访者的支付意愿和受偿意愿与相关变量进行相关性分析的结果。其中，相关变量 *SEX*、*AGE*、*JOB*、*EDU*、*INC*、*YX*、*CYD*、*YS*、*ZYX* 分别代表受访者的性别、年龄、职业、学历、收入、生态补偿对自己是否有影响、是否参与生态补偿、生态补偿意识、生态补偿的重要性。

表 7.2　辽河流域居民支付意愿和受偿意愿与相关变量的相关性分析

相关变量	WTP		相关变量	WTA	
	Spearman	Sig.		Spearman	Sig.
SEX	−0.100	0.140	*SEX*	−0.145*	0.032
AGE	−0.160**	0.010	*AGE*	−0.007	0.923
JOB	−0.186**	0.006	*JOB*	−0.004	0.957
EDU	0.204**	0.002	*EDU*	0.065	0.334
INC	0.239**	0.000	*INC*	0.051	0.451
YX	0.002	0.981	*YX*	0.059	0.382
CYD	−0.028	0.676	*CYD*	0.155*	0.022
YS	−0.017	0.802	*YS*	0.152*	0.025
ZYX	0.104	0.124	*ZYX*	−0.033	0.631

注：* * 表示 0.01 的显著性水平（Correlation is significant at the 0.01 level.）。

* 表示 0.05 的显著性水平（Correlation is significant at the 0.05 level.）。

本章相关性分析采用斯皮尔曼等级相关分析（Spearman），并给出其显著性水平（Sig.）。

由表 7.2 可知，辽河流域受访者的年龄和职业与支付意愿值存在显著的负相关关系，学历和收入与支付意愿值存在显著的正相关关系。而受访者的性别和生态补偿的重要性与受偿意愿值存在显著的负相关关系；受访者对生态补偿的参与度和意识与受偿意愿值存在显著的正相关关系。

由于问卷分析中用的是分类变量，为了避免出现“虚拟陷阱”，下面将对相关变量进行重新定义，见表 7.3、表 7.4。

表 7.3　辽河流域居民受偿意愿相关变量定义

变量名称	变量的定义
SEX	男 =1，女 =0
CYD	参与辽河流域生态补偿机制建设为 1，否则为 0
YS	流域生态补偿意识：同意为了发展经济而任意使用辽河流域水资源为 1，否则为 0

表 7.4　辽河流域居民支付意愿相关变量定义

变量名称	变量的定义
*AGE*1	年龄在 18~25 岁为 1，其他为 0
*AGE*2	年龄在 26~35 岁为 1，其他为 0
*AGE*3	年龄在 36~50 岁为 1，其他为 0
*AGE*4	年龄在 51~60 岁为 1，其他为 0
*JOB*1	高收入职业为 1，其他为 0
*JOB*2	中收入职业为 1，其他为 0
*JOB*3	低收入职业为 1，其他为 0
INC	2 500，7 500，15 000，25 000，35 000，45 000，55 000，65 000，75 000，85 000，95 000，100 000 元 / 年

本章运用 EVIEWS 6.0 统计软件对表 7.4 和表 7.5 中的相关变量分别进行回归分析，所得结果见表 7.5 和表 7.6。

表 7.5　辽河流域受访者的受偿意愿与相关变量的回归结果

变量	系数	t 值	P 值
*C*2	3.546	12.040	0.000
SEX	−0.800	−2.604	0.009
CYD	0.686	2.323	0.021
YS	0.691	1.915	0.056

表 7.6　辽河流域受访者的支付意愿与相关变量的回归结果

变量	系数	t 值	P 值
*C*1	0.528	0.853	0.394
*AGE*1	1.270	2.397	0.017
*AGE*2	1.699	3.243	0.001
*AGE*3	1.452	3.035	0.002
*AGE*4	0.988	1.879	0.061
*JOB*1	1.183	2.374	0.018
*JOB*2	1.086	2.154	0.032
*JOB*3	0.461	0.889	0.094
INC	1.42×10^{-5}	2.611	0.009

通过表 7.5 可以得出受访者受偿意愿（WTA）的影响因素变化特征：性别与受偿意愿值的回归系数显著为负，说明女性比男性有更高的受偿意愿值。对辽河流域生态补偿机制参与度和流域生态补偿意识与受偿意愿值的回归系数显著为正，表明受访者对辽河流域生态补偿机制参与度越高及其流域生态补偿意识越强，受偿意愿值就越大。

表 7.6 表明，受访者支付意愿（WTP）的影响因素主要有以下特征：年龄、职业、收入与支付意愿值的回归系数显著为正。这表明随着年龄的增长，受访者的流域环境保护意识逐渐增强，其相应的支付意愿值也增加；职业级别越高，与流域生态保护关系越密切，其支付意愿值就越大；收入越高，其支付意愿值也越大，这与收入效应预期理论相符。

四、WTP 与 WTA 的比值范围分析

从经济学原理的角度来看，同一件商品的支付意愿值与赔偿意愿值应相等。但是，在实际的调查中，获得的结果往往不相同，通常赔偿意愿值要大于支付意愿值。依据以往研究者的经验，常见的 WTA/WTP 的比值为 2~10。

在前述的研究中，对辽河流域居民的支付意愿值和受偿意愿值进行了分析测算，得出 WTP 为 384.574 元 / 人・年，WTA 为 147.915 元 / 人・年，下面对 WTA 与 WTP 的期望值进行比较：

$$E(WTA)/E(WTP)=348.574/147.915=2.357 \qquad (7\text{–}1)$$

计算所得到的 WTA/WTP 的比值为 2.357，这个数值在经验范围以内，因此可以说明辽河流域居民的受偿意愿与支付意愿的差异性是合理的。

五、WTP 与 WTA 差异性因素分析

本章选取代表 WTP 与 WTA 差异性的被解释变量为 WTP 与 WTA 差的绝对值，用 PA 代表。若 WTP 与 WTA 差值为 0，说明这部分居民的支付意愿和受偿意愿没有差异，对分析 WTP 与 WTA 差异性没有贡献，故剔除这部分数据，从而得到本调查有效样本数据 180 个。为了确定解释变量，同样先通过相关性分析得出对 WTP 与 WTA 差异性有影响的变量，结果见表 7.7。

从表 7.7 中可看出，受访者的性别、年龄与其 WTP 和 WTA 的差值呈显著负相关关系，职业、对生态补偿的了解程度、生态补偿的影响度与受访者 WTP 和 WTA 的差值呈显著正相关关系。虽然受访者的年龄与 WTP 和 WTA 差值的相关性显著，但是当与所有变量进行回归时，检验值 P 值表现为相关性不显著，因此剔除该变量。下面对其他显著相关变量重新进行定义，见表 7.8。

表 7.7　WTP 和 WTA 的差异值与相关变量的相关性分析

相关变量	PA	
	Spearman	Sig.
X	−0.157*	0.035
AGE	−0.153*	0.041
JOB	0.142*	0.038
EDU	0.074	0.325
INC	−0.007	0.921
YX	0.177*	0.018
CYD	0.035	0.638
YS	0.103	0.168
ZYX	0.019	0.804

注：* 表示 0.05 的显著性水平（Correlation is significant at the 0.05 level.）。

本章相关性分析采用斯皮尔曼等级相关分析，并给出其显著性水平。

表 7.8　WTP 与 WTA 差异值的相关变量定义

变量名称	变量的定义
SEX	男 =1，女 =0
JOB1	高收入职业为 1，其他为 0
JOB2	中收入职业为 1，其他为 0
JOB3	低收入职业为 1，其他为 0
YX	认为流域生态补偿政策对自己有影响为 1，否则为 0

本章中运用 EVIEWS 6.0 软件进行多重线性回归，结果见表 7.9。

表 7.9　WTP 与 WTA 差异性的影响因素回归结果

变量	系数	t 值	P 值
C	5.081	11.306	0.000
SEX	−0.417	−1.690	0.093
*JOB*1	−1.092	−2.500	0.013
*JOB*2	−0.518	−1.127	0.261
*JOB*3	−1.226	−2.479	0.014
YX	0.626	2.546	0.012

因此，本章通过回归分析，得出以下方程函数：

$$LN|WTP-WTA|=5.081-0.417SEX-1.092JOB1-0.518JOB2-1.286JOB3+0.626YX \quad (7-2)$$

从回归结果，可以得出以下结论：受访者性别的回归系数显著为负，即女性的支付意愿和受偿意愿比较分散，女性比男性更容易导致 WTP 与 WTA 之间的差异。整体来看，受访者的职业与 WTP 和 WTA 之间的差异呈负相关；职业级别越高等，WTP 与 WTA 的差异性越大。流域生态补偿政策影响的回归系数显著为正，这说明认为流域生态补偿政策对自己影响越大的受访者给出的支付意愿值和受偿意愿值的差异性就越大，认为流域生态补偿政策对自己影响越小的受访者给出的支付意愿值和受偿意愿值的差异性也就越小，这符合理论预期。

第四节　本章总结

在对辽河流域生态补偿进行实地问卷调查的基础上，通过分析发现，在对我国辽河开展流域生态服务价值的条件价值分析中，受访者的支付意愿和受偿意愿存在显著的差异，具体表现特征为：①从 WTP 与 WTA 的概率分布来看，二者存在较大差异；②从 WTP 与 WTA 各自的影响因素来看，WTP 受收入的影响而 WTA 不受收入的影响，收入效应很好地解释了 WTA 超过 WTP 的原因；③WTA 与 WTP 的比值在经验范围以内为 2.357，介于 2~10；④引起 WTP 与 WTA 差异的社会经济因素有性别、职业和流域生态补偿政策对受访者的影响程度。从实证结果来看，女性比男性更容易导致 WTP 与 WTA 之间的差异，职业越高等 WTP 与 WTA 的差异性越大，流域生态补偿政策对受访者影响越大时其支付意愿值和受偿意愿值的差异性也越大。

在对上述特征分析的基础上，研究认为，导致辽河流域居民 WTP 与 WTA 差异的原因还包括：一是惩罚效应，即辽河流域大部分受访者在选择受偿投标值时都表达出对辽河流域环境破坏者进行惩罚的意愿，从而使 WTA 不仅包括对辽河流域生态价值的估值还包括对环境破坏者的惩罚，必然导致 WTA 大于 WTP；二是模糊性，即辽河流域居民对流域生态补偿或辽河流域的信息缺乏，在非常模糊或不确定的情况下，当地居民很容易高估自己所受到流域污染的损失而低估自己从辽河流域得到的收益，从而使得 WTA 大于 WTP，造成两者之间的差异。

因此，针对上述情况，建议我国各级政府积极地开展流域生态环境保护和水资源分配及其保护，努力实现流域周边居民的生态福利公平；加大流域生态补偿的宣传力度，通过培训、听证会等方式和传媒，使当地居民从根本上理解流域生态补偿的内涵和意义，做到客观真实地评价辽河流域生态价值，为相关政府部门制定辽河流域生态补偿政策提供科学合理的参考依据。

第八章　跨区域流域生态补偿中的地方政府行为策略研究

第一节　研究意义与研究进展

一、流域生态补偿的意义及其必要性

生态补偿是目前资源、生态及环境经济学领域的研究重点和前沿问题。生态补偿（eco-compensation）是以保护和可持续利用生态系统服务为目的、以经济手段为主，调节相关者利益关系的制度安排。更详细地说，生态补偿机制是以保护生态环境，促进人与自然和谐发展为目的，根据生态系统服务价值、生态保护成本、发展机会成本，运用政府和市场手段，调节生态保护利益相关者之间利益关系的公共制度。

从现有的研究成果来看，生态补偿涉及的领域包括森林、土地、矿场和流域，涉及的内容包括退耕还林、退耕还草、矿产资源开发的补偿和流域生态补偿等。其中，流域生态补偿是生态补偿理论研究的重要内容和理论分支。流域生态补偿是生态补偿中相对复杂的领域，并且实施跨区域流域生态补偿更为困难。它涉及中央政府与地方政府之间、流域上下游地方政府之间、政府与企业和农户之间等多元利益主体在跨区域生态补偿机制中的行为特征及决策策略。

二、流域生态补偿及博弈论运用的研究进展

流域生态补偿在国外研究比较早，特别是在大型跨界的流域生态补偿方面。国外很

少使用生态补偿的概念，而是使用生态服务付费（PES），这体现了国外基于生态服务的付费观点。例如，美国纽约市政府1990年投资4 000万美元购买了卡茨基尔河和特林拉华河流域的生态服务，促使牧场经营者采取环境友好方式进行生产，进而改善水质；帕吉奥拉（Pagiola S.）等人（2005）则简单地认为，流域生态补偿专指对流域水资源生态功能（或生态价值）保护（或恢复）的补偿。[①]

我国是一个江河较多的国家，流域面积大于100 km^2的河流有5万多条。为避免因水资源问题阻碍流域内经济发展，必须尽快出台跨区域流域生态补偿的相关政策和补偿机制，避免走上西方国家“先污染，后治理”的道路。目前，我国经济发展较快地区的河流有些存在跨区域污染问题，上游对下游地区的污染事例时有发生。另外，上游保护河流不受污染而牺牲了一些产业的发展，下游却不需要付出任何代价而享用高质量的水资源。所以，生态补偿成为生态与环境经济学的重点研究领域之一。

我国对于流域生态补偿原则、资金来源和补偿标准等的研究处于不断探索和实验研究阶段，许多学者针对不同实际情况提出了许多有创造性的思路和方法。在原则上，丛澜等人（2008）通过总结分析福建省在闽江、九龙江和晋江三个流域开展生态补偿试点工作得出，不能片面地把生态补偿理解为下游政府对上游政府的补偿，或者是下游政府对上游政府的赔偿，而应该在时间和空间上都是互惠关系；毛占峰和王亚平（2008）则重点分析了流域生态补偿应遵循“谁保护谁受益、谁受益谁付费、谁污染谁付费”的原则，并得出支付意愿（WTP）为补偿下限，机会成本为补偿上线的费用分析补偿。[②] 从资金来源分析，白景锋（2010）从生态服务价值和生态建设成本出发，测算了南水北调中线河南水源区生态建设工程的外部生态补偿每年应该得到外部补偿41 450元；[③] 李宁等人则分析了我国财政政策工具在解决生态补偿中存在的局限性，并提出尽快完善地方税体制、健全和规范转移支付制度，通过积极探索经济合作、产业转移、吸纳人口等方式丰富生态补偿方式；[④] 马莹则基于流域生态补偿的区域性纯公共物品的特点，认为政府在利益协调以及降低交易成本、节省资金方面具有重大的作用。[⑤] 从补偿标准方面，不同学者

① Pagiola S，Agustin A，Gunars Platais，“Can payments for environmental services help reduce poverty？An exploration of the issues and the evidence to date from Latin America”，*World Development*，2005，（33），pp.237-253.

② 毛占峰、王亚平：《跨流域调水水源地生态补偿定量标准研究》，《湖南工程学院学报》（社会科学版）2008年第2期，第15~18页。

③ 白景锋：《跨流域调水水源地生态补偿测算与分配研究——以南水北调中水线河南水源区为例》，《经济地理》2010年第4期，第657~661、687页。

④ 李宁、丁四保、赵伟：《关于我国区域生态补偿财政政策局限性的探讨》，《中国人口·资源与环境》2010年第6期，第74~79页。

⑤ 马莹：《流域生态补偿方式激励相容性的比较研究》，《财经论丛》2012年第5期，第27~33页。

则根据不同的模型针对不同的流域得出生态补偿额度。段靖等人（2010）利用边际成本的方法证明直接成本、机会成本是生态补偿标准的下限，并由此提出基于分类核算的机会成本计算方法，提高了生态补偿标准核算的准确性、科学性和可接受性①；王俊能等人（2010）则从进化博弈的复制动态方法，建立流域生态补偿的进化博弈模型，通过调整对下游的惩罚力度、下游对上游的补偿量以及上游对下游的赔偿量，促使（保护，补偿）成为纳什均衡②；张自英等人（2011）利用直接成本及间接成本的计算方法，修正因素中的水量分摊系数、水质修正系数和效益修正系数，得出陕南汉江收益区补偿额度为71.13亿元。③

由于跨区域流域生态补偿的复杂性，目前为止仍没有一种令上下游政府满意的补偿或赔偿方案。基于以上的考虑，本章尝试通过条件价值评估法，运用效用无差异分析和博弈分析得出上游政府接受补偿意愿下限和下游政府支付补偿意愿上限，最后以辽河为例实际计算生态补偿额度的范围。

第二节　流域生态补偿中地方政府行为的博弈分析

一、流域生态补偿中的纯策略纳什均衡

流域生态补偿涉及的利益主体包括中央政府、上游和下游政府（此处不考虑存在流域中游的情况。因为如果涉及利益关系，一个流域的中游地区相比于上游地区可以被视为下游地区，中游地区相比于下游可以视为上游地区），还有上游和下游企业和农业等与流域相关的部门。所以，基于个人理性，这是一个复杂的多层次博弈，如图8.1所示。

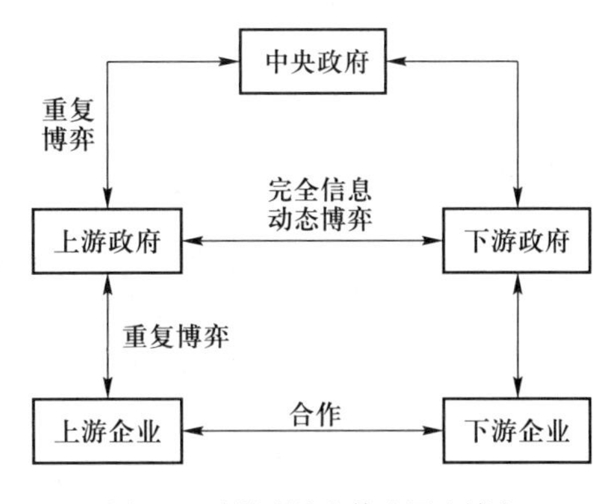

图8.1　流域利益主体多层次博弈

20世纪末以来，我国地方财政的独立性提

① 段靖等：《流域生态补偿标准中成本核算的原理分析与方法改进》，《生态学报》2010年第1期，第221~227页。

② 王俊能等：《流域生态补偿机制的进化博弈分析》，《环境保护科学》2010年第1期，第37~40、44页。

③ 张自英、胡安焱、向丽：《陕南汉江流域生态补偿的定量标准化初探》，《水利水电科技进展》2011年第1期，第25~28页。

高，在制定政策时更加具有自主性。这使得该多层次博弈的关键在于上下游地方政府之间的相关关系，而非中央政府与地方政府的关系。地方政府从自己的利益出发，实现地方利益最大化。所以，该多层次博弈的关键是上游政府和下游政府之间的决策策略。

根据以往的研究，由于一个流域具有得天独厚的优势，上游政府往往拥有参与流域决策的主动权。为了简化分析，上游政府对于流域水资源的策略为保护或者不保护，下游政府的策略是补偿或不补偿，其中补偿既可以是补偿上游为保护环境而产生的成本，也可以是因为上游政府和企业破坏环境而使下游的生产成本增加而接受补偿，博弈结果见表 8.1。

表 8.1　流域上下游地方政府的博弈

		下游政府	
		补偿	不补偿
上游政府	保护	R_1-C+T_1，S_1-T_1	R_1-C，S_1
	不保护	R_2-T_2，S_2+T_2	R_2，S_2

表 8.1 中，R_1 表示上游政府保护流域的收益，C 是保护成本，S_1 是上游在保护的情况下下游的收益，T_1 表示补偿额度。R_2 表示上游政府不保护流域的收益，S_2 是上游在不保护的情况下下游的收益。T_2 代表下游为保护的补偿额度。由表 8.1 可知，该博弈存在纯策略纳什均衡，其解是“不保护，不补偿”。

如果这个结果是符合双方最优的，流域生态补偿不可能达成一致，上游政府和下游政府可以维持自己的发展，共同进步。但是，如果上游地区经济高速发展，影响了下游用水的成本，从而影响下游地区的收益时，流域生态补偿才能发挥作用。生态补偿的关键是将确定性支付下的博弈（补偿额度不确定）转化为承诺行动，这也就意味着如果参与人能在博弈之前采取某种措施改变自己的行动空间或支付函数，或者改变他人的支付行为，原来博弈的纯策略纳什均衡就会变为动态博弈下的精炼纳什均衡。

二、基于公平性的流域生态补偿额度分析方法

在确定生态补偿中，不仅仅涉及“谁开发谁保护，谁破坏谁恢复，谁受益谁补偿，谁污染谁付费”的原则，还必须要保证公平性原则。本章将从效用无差异和博弈两个角度分析这个问题。在本章所指的流域保护中，上游保护河流的条件或者保证河流高质量是指上下游交界处断水面的污染物浓度不高于国家水质三级标准。

（一）流域生态保护效用的无差异分析

1. 条件价值评估的经济学原理

条件价值评估法是一种陈述偏好的评估方法，是在假想市场情况下，直接询问人们对于某一环境效益改善或资源保护措施下的支付意愿（WTP）或者对环境或资源质量损失的受偿意愿（WTA）。

个人对各种市场商品和环境舒适性具有消费偏好，其对市场商品的消费量用 x 表示，环境物品用 q 表示，个人的效用函数可以表示为：$u(x, q)$。个人对市场商品的消费受其可支配收入 y 和商品价格 p 的限制。在一定收入条件下，个人力图达到效用最大化的消费：

$$\max u(x,q)\text{ ,其中 } \sum p_i x_i \leqslant y \tag{8-1}$$

受限的最优化产生一组常规需求函数：

$$x_i = h_i(p,q,y) \tag{8-2}$$

式中：$i=1, 2, 3, \cdots, n$，为市场商品的种类。

定义间接效用函数为：$v(p, q, y) = u[h(p, q, y), q]$。在这里，效用为市场商品的价格和收入的函数，也是环境物品的函数。

假定 p，y 不变，某种环境物品或服务 q 从 q_0 到 q_1，个人的效用从 $u_0=v(p, q_0, y)$ 到 $u_1=v(p, q_1, y)$。

假定变化是一种改进，即 $q_1 \geqslant q_0$，则 $u_1=v(p, q_1, y) \geqslant u_0=v(p, q_0, y)$。这种效用变化可以用间接效用函数来测量：$v_1=v(p, q_1, y-C)=v(p, q_0, y)$，式中的补偿变量为 C。当 q 从 q_0 变化到 q_1 而效用变化后与变化前保持不变，是所要推导的个人所愿支付的金钱数量，即 CVM 调查试图引导的回答者个人的 WTP。由于环境物品的公共物品特性，总的 WTP 由个人的 WTP 加总获得。

同理，假如变化是一种退步或恶化，即 $q_2 \leqslant q_0$，则 $u_2=v(p, q_2, y) \leqslant u_0=v(p, q_0, y)$。这种效用的变化可以用间接效用函数来测量：$u_2=v(p, q_1, y+C)=v(p, q_0, y)$。即当 q 从 q_0 变化到 q_2 而效用变化后，必须接受资金数为 C 的补偿才能满足此变化前的效用，这里试图引导回答者个人的 WTA。

2. 基本推论假设

WTP 和 WTA 反映的是个人对于环境商品或服务变化的支付意愿和价值补偿，用于估算环境资源或服务的非市场价值，通过分析可以得出以下两个推论。

推论 1：WTP 是指个人为使用或共同享有某种环境物品或服务而愿意支付的最大货币数量，即把流域环境质量当作一种特殊的商品，个人愿意支付 WTP 来享受高质量的环境物品或服务。根据效用的无差异曲线，这表示高质量的环境物品或服务产生的效用个人支付意愿 WTP 费用。

推论 2：WTA 是指询问人们为失去某种给定的环境物品或服务而愿意接受的最大货币数量，即消费者不能享有高质量的环境物品或服务时，要求接受 WTA 的支付以弥补环境效用的失去而带来的效用损失。

3. 具体应用分析

根据经济学原理，理性人为商品或服务付出的价格可以间接反映商品或服务的效用。当参与人愿意为高质量的环境支付一定的费用，那么将其从高质量的环境中得到的效益用 WTP 表示。同样地，必定有利益主体因保护环境而失去 WTP 的效用。当参与人在接受低质量的环境时，必须要求 WTA 费用的补偿，那么可以推论必定有其他的理性人因破坏环境而获得收益，其效用为 WTA。由此推论：如果上游不保护河流，那么上游地区得到的效用为 WTA_1，下游为此将得到 $-WTP_2$ 的效用。

假设上游政府在保护河流的条件下，它所能够得到的收益所产生的效用为 U_1^1，即 $u_1=v(p,q_1,y)\geqslant u_0=v(p,q_0,y)$。在不保护河流的情况下，它得到的效用为 U_1^2，即 $u_2=v(p,q_1,y+C)=v(p,q_0,y)$，两者效用之间的差额为 $\Delta U=U_1^2-U_1^1$。

那么，可以得知：$WTP_1=U_1^1$，$WTA_1=U_1^2$

即在上游保护河流情况下和不保护河流情况下的效用损失为：$\Delta U=U_1^2-U_1^1=WTA_1-WTP_1$。

所以，根据理性人效用无差异分析，ΔU 应该是在上游政府保护河流情况下下游政府补偿给上游的支付金额。从上游政府效用无差异条件下考虑，上游在保护河流的情况下效用的损失即为下游的生态补偿额度。在上游保护环境的条件下，下游愿意用 WTP_2 得到效用为 U_2^2，下游地区的支付意愿反映了其得到的效用。

从上述分析可以推导出流域上游在保护河流情况下，接受生态补偿意愿为 $WT=WTA_1-WTP_1$，而下游的支付意愿为 WTP_2。此时，在保护河流条件下和不保护条件下上游政府与下游政府的收益或效用是无差异的；但是，从社会角度而言，却是一种帕累托改进。

（二）不确定支付条件下流域生态补偿博弈关系分析

根据前文所述，现将流域生态补偿理解为完全信息静态博弈，得出纯策略纳什均衡解，可以认为此时不合适。因为上下游政府在制定政策时，往往是考虑自身和双方讨价还价之后的博弈分析，是一种完全信息动态博弈。但是，该博弈不同于一般的博弈，它是基于不确定支付条件下流域生态补偿的博弈关系，双方的补偿额度不确定，这就导致双方博弈均衡的不确定性。所以，补偿额的变化有利于博弈帕累托改进的发生。

在总结该博弈的特点和类型后，可以认为在不确定支付下博弈帕累托改进或潜在帕累托改进的原则如下。

（1）公平性：指的是博弈双方基于一定基础能够达成的条件符合双方各自的利益，确保公正平等的原则，这也使得双方均有动力促使博弈发生；

（2）可置信性：指的是博弈双方补偿的额度必须符合个人策略最优，即补偿后的结果相比于原均衡结果实现了帕累托改进，而违背此策略，收益得不到改善，则补偿是可信的；

（3）支付可转移性：指的是博弈双方的效用或者收益能够转移，即能用物质（金钱、实物等）的转移补偿可以得到实施。

那么具体应用于流域生态补偿中，情况如下：一是确定上游政府和下游政府之间的相互关系。上游政府如果保护河流，那么它的收益为 WTP_1，下游政府的收益为 WTP_2；上游政府如果不保护河流，那么它的收益为 WTA_1，下游政府的收益为 0。很明显，如果 $WTA_1>WTP_1$，此时上游政府会不保护河流，尽可能利用流域水资源，而下游将承担使用水资源的高成本，此时该博弈均衡不是帕累托最优的。二是确定补偿的标准。在完全信息条件下的动态博弈中，如何改变“囚徒困境”，使得结果出现帕累托改进是问题关键。也就是由下游政府对上游政府进行补偿，才能促使上游政府保护河流。在该不确定支付博弈中，同样补偿额度也必须满足上述三个原则。设补偿额度为 x，则必须满足以下条件：

$$WTP_1+x>WTA_1,\quad WTP_2-x>0 \tag{8-3}$$

解得，补偿额度 x 必须满足条件：$WTA_1-WTP_1<x<WTP_2$，此时补偿结果符合公平性、可置信性和支付可转移性的原则。

这样从效用无差异和完全信息动态博弈的角度，分别分析了流域生态补偿的额度和范围。在流域上游保护河流情况下，上游政府要求下游政府补偿的下限为 WTA_1-WTP_1，下游政府能够补偿上游的补偿上限为 WTP_2，这样确保了结果相比于“囚徒困境”是帕累托改进的。

第三节 本章总结

生态补偿的实质是在环境物品或服务作为公共物品出现市场失灵时，政府通过介入形成正确的激励机制，改变生产者和消费者的行为模式，实现生态保护与经济发展的协调。在我国，生态补偿的实施必须依托政府采用制度、法律和财政等多方面的指导和执行，其中补偿的标准确定是关键问题。

本章通过条件价值评估法测算辽河流域上游地区的 WTP 和 WTA，估算上游地区的受偿意愿，通过测算下游的 WTP 表示下游的支付意愿，得出了以下三点结论。

第一，通过效用无差异分析，认为上游政府在不保护河流情况下的收益与保护河流情况下，下游给予上游的生态补偿与上游的支付意愿之差相等，此时上游政府是效用无差异的，但结果相比于下游政府却是帕累托改进的。

第二，在不确定支付下的动态博弈分析中，支付函数的变化影响均衡结果。这类似于完全信息动态博弈下的承诺行动，这里的承诺补偿是同样可行的。

第三，通过两个角度分析流域生态补偿的各个方面，得出辽河下游地区支付上游地区 3 782.5 万元 / 年 ~4 908 万元 / 年，双方实现效用帕累托改进。

虽然，本章运用支付意愿和受偿意愿推算出基于上游地区保护河流条件下，下游地区对其补偿额度，但是仍然存在一些问题值得研究。

第一，利用效用无差异分析和动态博弈分析，得出下游政府的支付意愿上限和上游政府的受偿意愿下限；但是在实施过程中，由于政府的有限理性，未考虑本身的 WTP 支付，这样使得帕累托改进仍然难以实现。

第二，在双方讨论支付意愿和受偿意愿时，存在谈判成本，使得双方“囚徒困境”持续时间加长，所以后续研究需要考虑谈判成本。

第三，由于环境保护意识相对薄弱，个别地方政府官员会寻求经济效益最大化，不愿放弃追求 GDP 的增长，这样便会降低主动进行生态补偿的动力，使得帕累托改进难以实施。

第四，补偿测算方法多样，但是结果只能有一种，所以确保公平最重要。在多层次博弈分析中，中央政府需要从大局出发，考虑多层次公平，维持社会稳定。

综上所述，生态补偿不但是一个多方利益群体的利益博弈过程，而且是社会进步进程中人类对生态系统服务功能的制度安排。本章以流域生态补偿为例，运用效用无差异分析和完全信息动态博弈分析，对流域上下游政府的受偿意愿（WTA）和支付意愿（WTP）

进行了研究，探索实现上下游政府在流域生态治理上的效用帕累托改进，并结合辽河实地调研数据应用条件价值评估法进行了生态补偿标准的测算，从而丰富了流域生态补偿理论，为我国开展流域生态补偿机制建设提供了理论探索和政策建议。

第九章　跨区域流域生态补偿制度设计的新制度经济学扩展性研究

第一节　流域生态环境的外部性与环境产权

人类在社会经济的发展过程中，环境制度问题一直以来得到了社会各界的普遍重视，资源的配置与环境的福利也成为人类社会经济发展过程中需要关注的重要问题之一。其中，流域水环境治理因其涉及的地域的广泛性以及水资源的稀缺性已成为环境经济学研究领域的一个重要问题。

目前，我国正在建设资源节约型、环境友好型社会。人类文明的发源地——河流在一个国家的经济、社会发展和人们的日常生活中起到至关重要的作用，但由于自然和人为的原因以及经济、社会的快速发展，我国相当一部分河流面临着水量日趋减少、水质日益恶化、河流污染事故频繁发生的严重形势。因此，加强河流水质、水量及其生态系统的保护，并防止发生流域重大污染事件，保障人民群众饮水安全和身体健康是环保工作的重中之重。而制定流域生态系统服务补偿政策和建立补偿体制也是建立生态补偿体制的首要任务。[①]

流域生态补偿政策路径的选择包括："庇古税"路径和"产权"路径。"庇古税"路径主要是通过政府征税和补贴，把私人收益（成本）与社会收益（成本）背离所引起的

① 国家环境保护总局自然生态保护司副司长王德辉在"中国流域生态补偿：政府与市场的作用"国际研讨会上的主题发言，2006年9月15日，北京。

外部性影响进行内部化处理；“产权”路径则强调通过市场交易或自愿协商的方式代替庇古税，解决外部性，但前提是产权界定清晰。实际上，不同的政策路径具有不同的适用条件和范围，需要根据生态补偿问题所涉及的公共物品的具体属性以及产权的明晰程度进行细分。[①]

本章的具体内容安排如下：首先，在分析流域这一特殊环境存在的污染负外部性问题的基础上，对公共产品的环境产权进行理论分析；其次，运用新制度经济学理论从环境产权、激励理论以及制度设计等方面对流域生态补偿制度进行剖析，揭示我国环境产权制度的缺失与政府环境规制低效的制度根源；最后，对我国环境治理机制的制度设计和制度安排提出指导性的政策建议与理念性的设计原则。

流域生态环境具有的外部性决定了其制度经济属性。目前，外部性的一般定义是指一些变量进入一个经济主体（个人或企业）的效用或生产函数中去，尽管这些变量的存在是由另一个没有对个体 i 产生影响也没有支付赔偿的经济主体(j)所控制的。至于效用，个体 i 的效用（U）不仅依靠自己的消费量，而且还依靠另一个体 j 的消费量（或者其他一些变量）U_i。

$$U_i = U_i(x_i, x_j) \tag{9-1}$$

在经济主体相互影响时，这一函数将变得更为复杂。但是，关于这些函数本质的信息是包含在其中的。例如,如果许多经济主体（如污染企业）($j=1,2,\cdots,m$)排放污水(w_j)，并且排放污水完全混合到河流水体中去，那么，影响效用的是所有污水的总和（$W = \sum w_j$）。于是，这个问题就简化为：

$$U_i = U_i(x_i, w_1, w_2, \cdots, w_m) = U(x_i, W) \tag{9-2}$$

另外一个定义外部性的方法是，假设市场中特定资源的产权缺失。例如，如果存在对河流水体的私人产权（即排污权），那么，人们就必须购买产权才能排放规定限额的污水或工业废水到河流环境中，被动的污水排放被市场内部化。但是，建立这种产权和市场必然存在现实的障碍。

传统经济学认为，在市场经济中凡是稀缺的资源必定具有较高的价格，因此潜藏着较高的利润。这种潜藏的利益优势自然形成投资诱因，吸引人力、物力和资金的投入，并创造新的可替代的资源和产品。但是，传统经济学忽视了产权明晰和产权交易是资源合理定价的前提，离开了有效的产权制度，价格机制就无法发挥正常的作用。环境资源

① 范弢:《滇池流域水生态补偿机制及政策建议研究》,《生态经济》2010 年第 1 期，第 154~158 页。

在其稀缺程度不断提高情况下的零价格制度，导致了环境资源生产和消费中外部性问题的产生。解决环境问题的有效办法就是通过环境资源的产权明晰，促使市场形成价格，从而在价格机制的作用下诱发技术创新，引导生产消费，扩大资源基础存量，缓解环境资源稀缺程度不断提高所带给的人们生存和发展压力。因此，目前学者普遍认为外部性的存在是环境问题产生的根源。

因此，从经济学角度看，人都是在既定约束条件下追求自身利益最大化的。经济学之所以能更好地解释人的行为，是因为经济学对人的假定更接近人的本质。怎样让人做出对社会有益的事业一直是经济学家研究的问题之一，而环境产权恰恰可以解决这一问题。因为环境产权有激励的功能，环境产权对经济主体的激励程度正是从“立体经济”角度衡量市场经济效率是否真实、合理的最主要指标。环境产权是在遵守自然规律下的制度设计，而市场经济运行只有尊重自然规律才可能产生合理效率。[①] 然而，环境问题的复杂性在于，它不仅是一个简单的自然生态问题，还是一个集自然、经济、社会、制度、人权等诸多问题于一体的复杂体系，其中牵涉着深刻的产权关系。基于此，欲真正研究并缓解一个国家、一个民族乃至更大范围的环境问题，从深层分析，必须建立完整的“环境产权制度”[②]。这样，环境问题突破了原有的新古典经济学的理论框架，需要运用制度这一理论工具，尤其是新制度经济学来对其进行深入的理论分析与现实阐释。

新制度经济学派认为产权起源的原因在于资源稀缺性的显现。诺斯、托马斯及德姆塞茨的产权起源模型都认为，产权的建立实际上是不同社会成员之间对资源权利的界定、行使和保护，关键在于相互间的排他性。由于资源的稀缺性发展到一定程度时，资源的相对价格便会提高，从而建立排他性的成本和收益情况会发生变化，重新界定资源产权成为可能。这样，根据新制度经济学的观点可以认为，环境资源产权的产生源于环境资源的稀缺性。随着环境资源稀缺性的加剧，界定环境资源产权的成本和收益逐渐发生变化，界定环境资源产权成为必要和可能。人们对环境资源稀缺性的认识经历了由浅入深的过程。

因此，基于产权的定义，环境资源产权可以定义为权利行为主体对环境资源拥有的所有、使用、转让、收益等各种权利的集合。环境资源产权涉及一系列影响资源利用的权利。完备的环境资源产权应该是关于对环境资源利用的所有权利，包括环境资源所有权、使用权、转让权、收益权等。其中，这里的环境资源产权既包括自然环境资源产权，

① 孙世强：《美国环境产权对我国的启示》，《税务与经济》2004 年第 6 期，第 36~38 页。

② 常修泽：《建立完整的环境产权制度》，《学习月刊》2007 年第 17 期，第 17~18 页。

也包括人工环境资源产权。[①]

环境产权是人类解决环境问题的制度选择，它具有价值性、可分割性、历史延续性、国际分配性、经济相关性等特点。从环境产权对经济增长内在作用机理上看，私有环境产权因其激励功能，可最大限度地消除外部不经济负效应，对经济有促进作用；公有产权越“公”，对经济的负效应越大。环境产权细分是确定有效环境产权制度的前提。在治理环境观念上，应将单纯依靠政府治理向国家、集体和个人的多主体治理转变。环境产权代际分配无论是从经济增长角度看，还是从伦理角度看，都是必需的。环境产权是微观主体经济活动的动力，也是经济增长的宏观动力。[②] 针对流域生态补偿机制，根据环境经济学以及产权理论，可以认为流域具有自然资源的可得性与环境污染的降解功能，这样的特性和功能决定了其环境价值的高低。在我国目前环境产权缺失的现实条件下，流域流经地区的地方各级政府以及相关企业将流域所带来资源、生态的环境收益内部化、环境污染外部化，这样必然会出现“公共池塘”的环境现象。[③] 对于这类环境问题的具体实践研究表明，单纯地利用政府手段和市场机制均会出现“政府失灵”和“市场失灵”的现象，那么这个问题能否从制度经济学得到答案就需要进行规范性的理论分析与创新性的实践探索。

第二节　环境产权制度的缺失与政府环境规制低效的制度根源

环境产权具有政府公共产权和市场交易产权的双重结构。然而，环境资源产权制度的构建是在矛盾中进行的。作为公共物品，环境消费的特征决定了它只能通过非市场方法解决供给问题，因而它不应与产权相连；而环境消费产生的外部性又使它必须用市场方法解决，即必然用产权的方法解决。因此，环境资源产权的制度安排，既可能是单一的交易产权或公共产权的选择，也可能是公共产权与交易产权的复合性选择。非市场方法要求通过政府制度进行公共选择，市场方法则要求通过市场制度进行私人选择。

多年来，环境产权制度在我国是一个长期被忽视的问题。我国的生态环境领域一直

---

① 张永任、左正强:《论环境资源产权》,《生态经济》2009 年第 4 期，第 62~64、74 页。

② 孙世强、关立新:《环境产权与经济增长》,《哈尔滨工业大学学报》(社会科学版) 2004 年第 3 期，第 78~82 页。

③ 埃莉诺・奥斯特罗姆的“公共池塘资源理论”是基于“如何以对人类处理与公地悲剧部分相关或完全相关的各种情形中表现出来的能力和局限的实际评估为基础，去发展人类组织的理论”。在她的模型中，公共池塘资源是可再生的；这种资源同时又是相当稀缺的，而不是充足的；且资源使用者能够相互伤害，但参与者不可能从外部来伤害其他人。

没有明确地提出产权问题。根据现行法律规定，土地（除农村集体土地）、矿藏、河流、森林等自然资源都属于国家所有，国务院代表国家行使占有、使用、收益和处分的权利，但实际上资源的所有权与收益权之间存在着相当大的偏离，使得自然资源最终所有者从资源开发和使用中得到的收益——本应由全体公民共享的公共利益，未能完全实现。因此，存在着资源产权“主体归属”与产权“收益归属”的“非对称性”。我国法律制度规定，在公有制环境产权的情况下，环境的主体是全体公民。但是在实践中由政府作为公众的代理人来履行管理、利用和分配环境资源的权利。因此，公有制环境产权在本质上表现出一种独特的性质，即公有制国家在法律上否认任何个人合法拥有生产性环境资源，同时又因为监督成本的存在，无法否定环境资源攫取者拥有的事实上的所有权。①

尽管依照法律的规定，各级政府的环境保护机构有本辖区环境管理的责任，但环境保护机构在一级政府部门中的行政地位不高。在各地区经济竞争的背景下，如果污染在本行政辖区内发生，有可能被视为提高经济发展水平的前提条件而被接受，即使需要加以控制，也有相应的规制权力和规制工具用来治理本区域产生的污染。但是，如果污染是从其他地区转移而来的，地方政府没有因污染而获得收益，而是承担污染带给本地区的环境与经济损失，因此政府具有抵制污染的动力，但缺乏相应的规制权力和规制工具。下游用户控制污染的努力从向本区域环境保护部门寻求帮助开始，到两个区域环境保护机构之间的谈判，再到谈判失败之后向上一级政府寻求规制支持，最终回到两个区域政府之间的谈判。由于地区环境责任界定不清，也缺乏超越边界的仲裁机构，越界污染往往具有长期性和积累性的特点。②

这样，环境资源产权的长期缺位也造成了严重的外部不经济——环境污染和资源破坏严重，而外部不经济性将直接影响资源的配置效率。图 9.1 解释了外部性对资源分配的影响。它给定了特定产品的一般性市场分析，其供给由私人生产成本（MC_P）决定，市场的平衡由需求曲线和供给曲线的交点（Q_m，P_m）决定。如果一单位的生产增加了一定的外部性（为简单起见，假设它是不变的），那么就会产生额外的不需要生产者承担的社会成本（MC_e）。这个破坏可以通过外部性影响的个人或者企业的效用降低总和来衡量。对个人而言，$MC_e = \sum_{j=1} U_{ji}$（即所有 i 主体给 j 主体带来的负效用的总和）。如果不能将外部效应内部化，那么就会产生社会边际成本（MC_s）=MC_p+ MC_e。这条曲线和需求曲线的

① 吕晓斌、郭凤典:《环境产权的经济分析》,《特区经济》2008 年第 7 期，第 241~242 页。

② 曾文慧:《越界水污染规制——对中国跨行政区流域污染的考察》，复旦大学博士学位论文，2005 年。

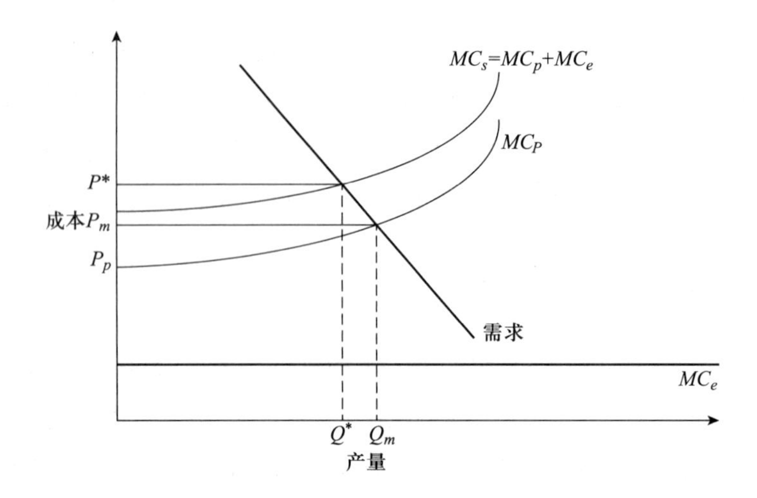

图 9.1　外部性及其对市场的影响

注：P 表示价格；Q 表示数量；MC 表示边际成本；* 表示最优价值；下标 m、p、s 和 e 分别表示市场、私人、社会和污染排放。

交点就是社会的最优产量（Q^*，P^*）。这个分析通常更为复杂，因为一些生产方法会增加不同量的外部性。同样，相同的污染排放量可能会带来不同程度的破坏，如因污染源位置的不同而不同。①

生态环境具有典型的正外部性，表现为私人边际收益与社会边际收益的不一致，产生向外溢出的收益。这种外溢的收益处于市场交易之外，难以通过市场价格反映出来。例如，流域上游地区在生态环境保护方面做了诸多贡献，包括生态公益林的建设以及水源地等生态功能区的自然保护区等，但却未能获得与这种“环境贡献”相对称的收益；与此同时，那些享受到这种生态环境外溢收益的地区却未能支付相应的费用。于是，为生态环境保护做出贡献的地区和享受溢出效应的地区之间存在着利益分配的不公平，这也是造成区域间收入分配关系未能理顺的原因之一。②

环境产权制度的缺失，必然需要政府——这个制度制定者，通过委托—代理关系建立相应的法律制度，实施公共生态环境的有效治理职责。但国家是个抽象的、不清晰的集合，权利无法被具体界定到某个人，因此，要切实行使资源环境的所有权，国家必须把这一所有权委托给中央政府。而中央政府不可能直接控制那么多的资源，所以又必须委托给中央政府各部门和地方政府去管理；各部门和地方政府又不可能事无巨细地全面

① [瑞典] 托马斯·思德纳:《环境与自然资源管理的政策工具》，张蔚文、黄祖辉译，上海人民出版社 2005 年版。

② 王敏:《资源环境产权制度缺陷对收入分配的影响与治理——访著名产权经济研究学者常修泽》,《税务研究》2007 年第 7 期，第 52~57 页。

控制和管理这些资源，它们必须寻找代理人——资源环境部门直接管理。这样，资源环境的产权被层层委托给众多具体代理人去行使。由于国家及其各级委托代理人有着不同的行为目标，而从国家到资源环境的具体代理人经过很多中间环节，每个环节的代理人与其委托人的利益目标都存在差异。因此，各级代理人与国家的利益目标差异可能会越来越大。这样，“就存在着代理人行为严重背离资源环境公共产权主体和终极所有权人利益的可能”[①]。

因此，根据委托—代理理论，本章认为地方政府为了维护或最大化地方利益与国家政府及全体公民存在着双委托—代理关系，即公民作为代理人委托中央政府进行环境治理，而中央政府通过行政分权将环境污染治理职责的委托关系再委托给地方政府。因此，由于地方政府与中央政府存在利益上的差异，必然会产生环境污染的地方企业向地方政府的寻租行为，这样环境污染的治理将会大大降低行政绩效。

第三节　环境治理机制的制度设计与制度安排

在环境污染外部性的治理问题上存在着制度缺失与规制低效的双重问题，那么如何从制度上解决这个“制度”问题呢?

首先，树立科学发展观，开展科学规范的环境制度设计。制度是国家政权的意志体现，因此，我国环境管理制度及环境治理机制的构建必须体现各级政府管理者对生态环境文明的不懈追求。但对于我们这样一个人口大国，如何平衡经济发展与环境保护则是一个两难选择。我国经过了多年改革开放的历程,发展的经验告诉我们,不尊重客观规律、不重视生态环境保护的经济增长只能是一种“虚增长”。因此，我国政府先后提出了“构建资源节约型、环境友好型社会”的目标，实现社会发展的“生态文明”等。

根据环境经济学关于经济增长与环境质量之间关系的“库兹涅茨曲线”，从我国的经济发展水平来看，我国对生态环境质量的需求基本趋于曲线的拐点，即对环境质量的需求日趋高涨。因此，可以认为环境治理机制构建的制度环境日益成熟。目前，关键是如何在中央政府与地方政府之间存在“双委托—代理关系”条件下设计该制度，使之效用最大化。生态补偿机制的建立以明晰的资源环境产权和有效的产权改革为基础和保障。

① 董溯战:《论中国自然资源产权制度的变迁》，郑州大学硕士学位论文，2000 年。

我国学者认为，市场化的措施是应把使用权和经营权按资源环境公共性、外部性做技术性分离，明确使用权和经营权各自的权能，引入民营企业、外资企业等非国有企业参与资源环境产权的经营和竞争，使国有企业从部分资源环境的经营领域退出，形成多元化的资源环境经营制度。[①]

本章认为这只是单纯地解决“看不见的手”的问题,而要想不使其存在“市场失灵”，必须同时妥善地解决另一只“看得见的手”的问题，即两只手协调地解决生态环境问题，才能使之从根本上得以解决（我们认为只是动态地解决，即有时需要用“市场手段”解决一些环境问题，有时则需要用“政府手段”解决另一些环境问题）。因此，根据上述研究的假设条件，即在生态环境治理上中央政府与地方政府之间存在着“双委托—代理关系”，首先应该对地方政府这一“生态环境治理”的代理人进行激励。制度经济学认为，激励机制是使代理人的目标函数与委托人的目标函数趋于一致，即让代理人在实现委托人目标函数的同时，能够合法地实现自己的目标函数。而在中国，中央政府环境治理目标时常与其代理的经济目标不相一致，因此中央政府需要建立明确的社会经济发展观，即在思想上协调好经济发展与环境保护这两个目标（或多个目标的优化）。然后，中央政府需要通过对发展目标的考核，从行动上真正实现上述社会经济发展目标。

需要说明的是，中央政府需要通过契约的形式明确地将地区生态环境保护与治理的目标分解成二级委托—代理关系的目标，由地方政府执行该契约。为此，可以从如下三方面进行设计制度：一是通过各项考核体制的构建，完善地方政府及相关职能部门的环境保护执行能力；二是通过法律、行政和宣传等手段，使地方政府管理者树立正确的发展观念，理清经济发展与环境保护的关系；三是加强环境信息的公开化，实现环境治理的公众参与和社会监督。

其次，利用传统的中国制度文化，开展环境制度的机制创新。制度是西方社会的治理理念，我国作为东方文明的关系型社会模式，在走现代制度经济道路的基础上，应该利用东方文化中的有益因素实现制度创新。这里需要解决两个具有传统文化思想的制度建设问题。一是环境污染问题本质上是经济利益问题，中国传统的经济利益讲究“取之有道”。这样可以在规范环境产权的地方政府管理及所有的属性基础上，建立符合地方政府利益的自然资源开采以及环境污染排放制度，即地方政府不但要发展地方经济还应该改善地方区域的生态环境，从而实现经济发展的“环境保护之道”。二是根据研究

① 王万山:《中国资源环境产权市场建设的制度设计》,《复旦学报》(社会科学版)2003 年第 3 期，第 67~72 页。

可以认为，解决环境问题需要在科学规范标准的基础上，积极构建环境的协商制度，这也是根据中国人讲究的“以和为贵”的原则。目前我国的生态补偿政策主要是实施生态补偿的纵向财政转移支付制度设计，即中央政府为各地方政府利益不平衡“埋单”。长此以往，必然造成地方区域生态环境利益的不平衡，从而难以实现整个社会的“生态和谐”。因此，中央政府应该建立一个制度环境，积极促进各个地方政府构建横向的环境协商制度，即变纵向治理为横向协商的环境污染补偿制度，这样就可以实现环境治理走上“和谐发展道路”。目前，我国部分地区也成功开展了流域生态补偿的地区环境协商机制。东阳和义乌的水权交易是在这方面的创新和实践，东阳市将境内横锦水库5 000万 m^3 水的永久使用权让给下游义乌市。双方经过测算，东阳市通过节水工程使横锦水库增加1 m^3 水资源的成本是1元，而义乌市在境内通过修建水库等方式增加1 m^3 水资源的成本是6元。双方经过多次协商，最后以4元/m^3 的价格成交。东阳和义乌通过市场机制，运用协商方式，为区域资源共享、区域合作进行了有益的探索，同时也为流域内毗邻县（市）如何实现生态补偿提供了新经验。[①]

虽然随着生态意识的加强，人们的支付意愿也逐渐增强。[②]但要使生态补偿变为一种主动行为并将其制度化仍存在很多困难，如补偿机制缺乏有效监管和制衡，交易成本过高[③]。

最初，生态补偿主要用以抑制负的环境外部性，依据污染者付费原则（Polluter Pays Principle，PPP）向行为主体征收税费。然而，在过去的十几年中，生态补偿逐渐由惩治负外部性（环境破坏）行为转向激励正外部性（生态保护）行为。[④]对于流域生态补偿，尽管流域尺度不同，但流域生态补偿机制设计的总体思路是一致的，主要包括：一是确定流域尺度；二是确定流域生态补偿的各利益相关者，即责任主体，并在上一级环保部门的协调下，按照各流域水环境功能区划的要求，建立流域环境协议，明确流域在各行政交界断面的水质要求，按水质情况确定补偿或赔偿的额度；三是按上游生态保护投入和发展机制损失来测算流域生态补偿标准；四是选择适宜的生态补偿方式；五是给出不同

① 王金南、庄国泰主编：《生态补偿机制与政策设计国际研讨会论文集》，中国环境科学出版社2006年版。

② Landell-Mills N，Porras I T，*Silver Bullet or Fool's Gold? A Global Review of Markets for Forest Environmental Services and Their Impact on the Poor*，IIED，2002.

③ 秦艳红、康慕谊：《国内外生态补偿现状及其完善措施》，《自然资源学报》2007年第4期，第557~567页。

④ Cowell R，“Stretching the limits：environmental compensation，habitat creation and sustainable development”，Trans.Inst. Br. Geogr.，1997，22（3），pp.292–306；Merlo M，Briales E R，“Public goods and externalities linked to Mediterranean forests：economic nature and policy”，*Land Use Policy*，2000，17，pp.197–208；Murray B C，Abt R C，“Estimating price compensation requirements for eco-certified forestry”，*Ecological Economics*，2001，36，pp.149–163.

流域生态补偿政策。[①]

对于水资源有偿使用制度来说，按照国家和省有关法律法规，广东省实施了取水许可证制度和有偿使用制度，而且通过省内统一调控，西江、北江、东江、潭江等各大流域部分水资源费统筹使用。目前主要问题在于：一是水资源费征收标准过低，不利于水资源保护和循环利用；二是水资源费采用统一标准征收，不能体现优质优价的市场原则；三是水资源费征收和使用脱节，上游地区和水源涵养区为保护水资源付出了巨大努力和代价，却只能征收辖区内的取水水资源费，下游地区为保护水质承担的责任要小得多，却可以利用大量的水资源消耗征收更多的水资源费。[②]

总之，对于生态补偿制度，本章认为制度设计是至关重要的。根据环境经济学的理论研究，实施污染补偿制度的关键在于：如果在某个接受点，有意向的交易遇到了必须遵守的污染限制条件的制约，那么排污权的交易就必须以与排污者之间的转让系数（取决于转让系数的大小）相同的比率进行。因为转让系数比代表了在不改变某两个接受点的污染物含量的前提下，来自一个排污者的排污量与来自另一个排污者的排污量的替代比率。[③]一种可能是将制度设计视作创建相对稳定的规则和激励集合，它们相互联系，构成了实现目标的连贯的程序。[④]这使得制度设计不同于政策设计，并使之具有更为广泛的用途。

第四节　生态补偿银行制度的案例分析

一、美国生态补偿银行制度的发起及内容

（一）美国生态补偿银行制度的发起

美国国会在1972年颁布的净水法案中纳入了湿地开发利用的管理制度。根据该法案规定，土地开发者要取得这些许可，应当避免对湿地造成不利的影响。如果损失无法避免，则需尽量减小对湿地的影响，即将损失最小化。即使无法避免或是最小化效果不够理想时，开发者也必须用类似的湿地取代受影响的湿地作为补偿。通常，湿地生态补偿必须在同

---

① 中国生态补偿机制与政策研究课题组编著：《中国生态补偿机制与政策研究》，科学出版社2007年版。

② 万军等：《中国生态补偿政策评估与框架初探》，载庄国泰、王金南主编：《生态补偿机制与政策设计国际研讨会论文集》，中国环境科学出版社2006年版。

③［美］威廉·J. 鲍莫尔、华莱士·E. 奥茨：《环境经济理论与政策设计》（第二版），严旭阳等译，经济科学出版社2003年版。

④［美］戴维·L. 韦默主编：《制度设计》，费方域、朱宝钦译，上海财经大学出版社2004年版。

一个水源保护区或是生态区域内进行，这样做比较符合原有湿地的功能。1989 年美国环保署（Environmental Protection Agency，EPA）将湿地保护纳入了法案，规定湿地面积在开发建设中不得减少，这是“无净损失”原则，即湿地总面积保持不变。该法案在实行的初期，采用了“现地”（On-site）、“同质”（In-kind）的补偿方式，也称之为“邮票式补偿”（Postage Stamp Mitigation），即众多小型且不合生态与经济规模的栖息地补偿方式。1993 年开始使用湿地补偿银行（Wetland Mitigation Bank）。在湿地补偿银行计划中，在预期开发行为可能造成某个湿地的损失之前，先购置土（湿）地建造或恢复新的湿地，来满足水源保护区或是生态区域内的补偿需求。一旦这些湿地建立以后，补偿银行可以提供补偿存款（Mitigation Credit）用作异地补偿[①]（Off-site Compensation），这些存款可以由建立银行的人使用，像是银行的发起者或是转卖给另一个团体。

（二）美国生态补偿银行制度的内容

一个完善的补偿银行应包含以下七个方面。

第一，周详的初始计划。一般来说，湿地补偿银行的计划应该在特定的水源保护区或是生态区内完成，该计划应分析保护区开发可能造成的损失以及整体湿地的需求。

第二，良好的地点选择。选择正确的地点可以决定银行的成败。地点需要精密复杂的设计与良好的建设策略达到湿地原有功能。通常恢复湿地比建造湿地更容易成功，所需资金也较少。

第三，地点的明确设计。拟建的湿地在设计上应该明确地符合水源保护区与生态区域或反映其地点的物理特性。它可以提供复合的生态利益，例如水质管理、野生动物栖地、洪水控制乃至教育与娱乐的机会。

第四，及早与政府部门进行协调。银行发起者在补偿银行开始建设前，必须提出一个与政府部门正式的协议，而其他的相关团体也应签署这份协议书，该协议书将作为银行建设、经营与使用的规范。

第五，建设与评估。银行发起者应该对生态补偿银行的建设负责，通过有资质的专业规划设计和建设单位进行具体实施，并委托第三方专业机构评估湿地建设项目的好坏。

① “异地补偿”不同于“异地开发”，美国的“异地补偿”是指在生态资源完整性基础上的生态资源依据产权界定的异地补充和供给；而我国“异地开发”是针对上游水源地保护区域不能布置污染项目，需要下游地区提供发展空间，是一种探索生态效益货币补偿之外的新型生态补偿形式，其本质是上游地区在下游地区的投资项目产生的税利全部或大部分返还给上游地区。

第六，使用补偿银行。银行发起者可以在法律框架下和政府许可授权的情况下使用存款，或是依法卖给经过授权的使用者来使用。

第七，长期管理与维护。湿地补偿银行一旦建立必须进行永久管理与维护。由谁负责确保湿地的保护与维持相关功能和价值必须事先明确，并加以规范。

（三）选择银行地址的因素

选择银行地址是生态补偿银行中最关键的一项工作，地点是否适当将是补偿银行能否成功的关键。当选择一个地点作为湿地补偿银行时，银行的发起者应考虑以下因素：①水源保护区或生态区域的地点；②其地点是否接近其他的水域；③历史上水源保护区与生态区域内是否有曾经损失的湿地；④预期在水源保护区与生态区域内损失的湿地种类；⑤明确列出水源保护区与生态区域内湿地的功能需求；⑥需要与存在的水源保护区与生态区域管理计划协调；⑦由补偿银行提供的明确主要与次要的湿地功能；⑧地点具有建造多样性湿地系统的能力。

（四）生态保护区设计需考虑的因素

银行发起者对湿地的设计应考虑的主要因素如下：①以恢复湿地为最优先的选择。很多案例显示，在现地恢复过去曾经有的湿地水文状况与植被，比尝试建造一个湿地较易获得成功；另外，恢复湿地一般来说是更经济的选择。②具备适当条件的地点建造湿地仍是可行的。建造湿地通常比恢复湿地贵并且容易失败。虽然如此，假如有适当的水文与土壤条件提供的话，建造湿地仍有成功的机会。③多样化设计。很多自然的湿地是复杂的、多样化的生态系统。假如能设计出歧异度较高、结构与功能较完整的多样性湿地，可成为高生态价值的湿地。④设计的湿地系统须能自我维持。建立在补偿银行的湿地必须能够长久维持，以降低银行长期维护的花费。

二、美国生态补偿银行制度的实施流程

湿地补偿银行的发起者可以是个人也可以是团体。发起者是土地拥有者、营利公司、非营利组织、政府单位或是由它们合作组成。银行发起者建造或恢复湿地（该等湿地通常以面积为单位，被称为补偿存款），以提供给需要补偿的单位购买（即提领补偿存款）。在补偿银行被准许湿地存款的转让或售卖之前，国家和州的政府管理单位会成立补偿银行检查小组（Mitigation Bank Review Team，MBRT）批准补偿银行的建立，MBRT 也负责批准银行发起者可以获得的存款数量。

美国密歇根州政府的生态补偿银行实施流程如图 9.2 所示。密歇根环境质量部

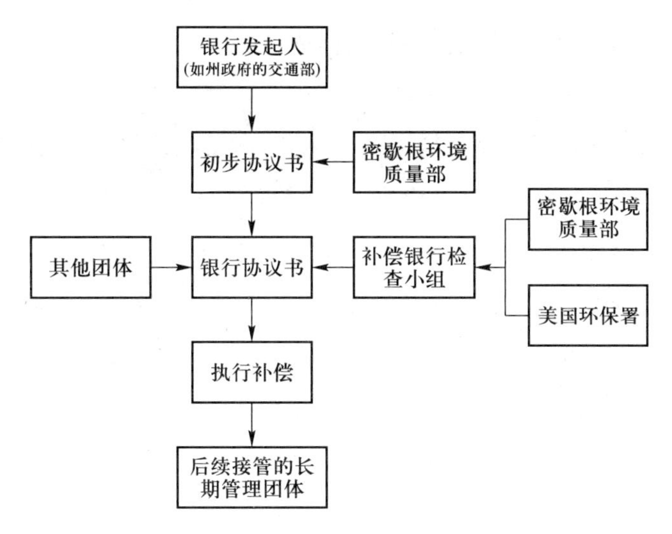

图 9.2 美国密歇根州政府的补偿银行实施流程

(Michigan Department of Environmental Quality, MDEQ)发展补偿银行来满足区域生态性的目标。银行发起者必须与 MDEQ 商讨，确定补偿银行的计划。一旦银行发起者决定了地点，银行发起者应向 MDEQ 提交一份初步协议书。MDEQ 将审核该初步提案并检查这一地点，以给银行发起者提供意见与看法。经 MDEQ 审核后，MBRT 将召集其他团体来确认定稿的银行协议书，以作为日后实施补偿银行的标准。

银行协议书由银行发起者、MDEQ 以及相关单位共同签署。另外，如果补偿银行将用于满足当地湿地条例的需求，当地行政机构也需要签署。在签署协议书前，密歇根环境质量部将再提供意见，确定未来银行的使用。

一旦正式的湿地补偿银行建立在合适的地方，银行发起者就必须遵守协议书里的内容，包括根据计划书的设计监控湿地、追踪存款、长期管理与银行地点后续的维护。MDEQ 将检查其监控报告、设置的地点等，并批准存款的使用，MDEQ 根据以下规则批准存款：①在补偿地点建设（根据计划与详细计划书）完成之后，允许使用 50% 的补偿银行存款；②湿地与植物族群达到 50% 的设计覆盖时，允许使用另外的 25% 的存款；③湿地达到协议中执行标准的完整功能时，方能使用最后的 25% 的存款。

另外，补偿银行建立之后的监控将持续至少 5~10 年。监控的目的是评估执行成效是否符合要求，以及湿地是否达到预期功能性的目标。监控一般以年为单位，在银行协议中应该完整描述监控的时程表，直到达到银行建立的标准。监控补偿银行湿地是银行发起者的责任，发起者应寻求政府单位或是非营利资源管理组织共同监管后续的湿地维护事宜。

第五节 跨区域水资源管理协商机制框架

跨区域水资源管理的重点是跨越按区域行政、政治实体的级别或层次划分的边界，由与水资源相关的个人、组织等利益相关群体（管理主体）对水资源管理客体施加影响，营造一种包含主、客体在内的良好环境，高效处理各种水资源问题以实现预定的目标。所谓跨区域水资源管理协商，其本质是指按照国家内部行政区域之间水资源管理中的合作形式——协商，建立以政治、经济、文化为核心的流域管理与区域管理相协调的水资源管理模式。另外，跨区域水资源管理协商机制的具体内容包括：影响协商顺利进行的各种要素构成、要达到的目标、所需的政策保障、体制对协商的影响和协商对制度的要求，以及这些要素发挥作用的运行框架。[①]

一、跨区域水资源管理协商的主体构成

众多国外水资源管理的实践表明，跨区域水资源管理中的协商方式是水资源管理模式的重要组成部分，是水资源实施流域管理和行政管理的重要纽带。根据国外的经验可以发现，体现不同利益主体要求的制度，要求必须建立以协商为基础的水资源管理模式。只有如此，水资源的跨区域管理，才能更有效地解决当前我国水资源管理中存在的突出问题。在现行水资源管理体制下，跨区域水资源协商管理的主体应包括以下三类：政府、流域管理机构和社团。①政府包括各级政府部门，这其中所属地政府起着主导性的作用；②流域管理机构，它是水行政主管部门的派出机构；③社团，包括各级供水组织、灌溉管理组织以及其他用水组织。社团主要由水资源使用者或受益者构成，他们代表水资源使用者或受益者的利益和意志。

在上述三类主体中，当前迫切需要加强的是社团。由于社团直接代表了民众的意志和利益，因此其应在水资源协商管理中充当重要角色。当前世界范围内兴起并被众多国家采纳的治理理论，其核心观点是要求民众（当事人）积极参与公共事务管理活动，参与的形式一般是通过社会团体。在水资源的管理活动中，应充分听取民众的意见，取得民众的支持。但是在当前环境下，相对于政府而言，由民众构成的社团在跨区域水资源管理中的主体地位非常薄弱。目前,大部分社团主要是针对具体的事务而临时成立,事务结束后即解散。例如灌溉管理组织，在灌溉开始之前由农民自发地组织起来，并有一些简单的章程；一旦

---

① 汪群、周旭、胡兴球:《我国跨界水资源管理协商机制框架》,《水利水电科技进展》2007 年第 5 期，第 80~84 页。

灌溉结束，这个组织也就解散，下次再重新组织。现有社团在水资源管理活动中所起的作用也极为有限，无法充分表达民众的意见和观点。[①]

随着我国政治体制改革的逐步深入，社团在社会中所起的作用将越来越大，在水资源跨区域协商管理中也将发挥越来越重要的作用。因此，加强社团的力量将是建立跨区域水资源协商机制的重要环节。

二、跨区域水资源管理协商的运行环境

若要以上构成主体发挥其应有的作用，必须明确跨区域水资源管理协商的目标，寻找现有的政策支持，把握好已有体制对跨区域水资源管理协商机制的积极和消极的影响，并提出有效实施协商管理的要求，从而使跨区域水资源管理协商机制有一个良好的运行环境。

（一）跨区域水资源管理协商的目标

跨区域水资源管理协商的目标是最终达到使协商各方都满意的结果，妥善解决各种水资源矛盾与冲突。具体来说，协商使跨区域水资源管理的竞争性行为转变为合作性行为，短期行为转变为长期行为，治标行为转变为治本行为；协商可以从更广泛的角度和范围去考虑跨区域水资源管理的行政方式和市场方式的协调运用；可以更好地解决跨区域水资源管理中的立法问题和跨区域管理行为合法化问题，使得跨区域水资源管理行为更加快捷有效。[②]

（二）跨区域水资源管理协商的政策保障

目前，《中华人民共和国水法》《中华人民共和国水土保持法》《中华人民共和国水污染防治法》《中华人民共和国防洪法》《中华人民共和国河道管理条例》等法律法规，以及2004年9月水利部发布的《省际水事纠纷预防和处理办法》、2006年3月颁布的《环境影响评价公众参与暂行办法》等，为解决跨区域水资源矛盾提出了基本指导思想和原则。概括地讲，以“预防为主，预防与处理相结合”是处理跨区域水事纠纷的指导思想。这些政策法规为水资源协商管理提供了政策保障。

但是也应看到这些法律法规存在的不足，对此可以采取相应的措施进行改善和加强。首先，在《中华人民共和国水土保持法》《中华人民共和国水污染防治法》等法律中明确与水资源协商利益有关的主体价值观协调细则，使得协商各方的价值观走向一致；另外，对于水资源的可持续发展如何进行，在法律中也要得到体现，以保证实现“人水和谐”

① 汪群、周旭、胡兴球：《我国跨界水资源管理协商机制框架》，《水利水电科技进展》2007年第5期，第80~84页。

② 周海炜、钟尉、唐震：《我国跨界水污染治理的体制矛盾及其协商解决》，《华中师范大学学报》（自然科学版）2006年第2期，第234~239页。

的理念。其次，对于我国的一些基本法律，如《中华人民共和国水法》《中华人民共和国防洪法》等，要继续强化流域机构的作用，明确流域机构和水行政主管部门的职责，特别是对进行协商的主体的职责要分清，而且要从长远的角度来确定协商的步骤以及评估反馈体系；另外，应加强法律法规的完善要与水管理体制的改革，体现我国治水时集权和分权的综合运用。最后，对于一些省际水事纠纷处理、公众参与水资源管理的法规，需要建立在民主协商的原则上，对于如何协商各相关利益主体的利益分配要有详细的规定，如在制定水价、移民、水污染处理等问题上，把需要协商的内容进行归类，将针对不同原因或不同发展阶段造成的水事矛盾和纠纷采取不同协商方式的具体做法列入法律法规中。

（三）现行水资源管理体制对跨区域协商机制的影响

我国现行的流域管理与区域管理相结合的水资源管理体制，在一定程度上会对跨区域协商机制产生积极和消极的影响。一方面，当前的水行政主管部门、流域机构在处理水资源纠纷中发挥了重要作用。这些管理部门通过行政和法律的手段使水资源纠纷各方在协商的基础上达成共识，能有效避免水资源冲突的进一步恶化，妥善解决水资源冲突带来的一些问题，为构建和谐社会奠定了基础。另一方面，由于地方水利部门在财政上和人事上受制于地方政府，难以摆脱地方利益的束缚，而流域管理机构的事后监督权又缺乏责任追究制度做保障，导致了行政分割、多头管理、职责不清的现象，使得有些水资源纠纷不能顺利进行协商解决。另外，水资源管理缺乏公众参与机制，水资源管理实际上是政府单边行为，是政府或流域机构利益、要求的表达，这种管理无法保证上下游各用水户的利益，难以做到群策群力制订出最优的方案，也难以避免水资源冲突的利益驱使。[①]

（四）跨区域水资源管理协商对制度环境的改革要求

要使跨区域水资源管理协商机制有效地运行，必须在三个层面分别建立协商机制：①在精神和理念层面，跨区域水资源管理指导思想相关的协商机制；②在战略和制度层面，与区域宏观经济整体规划相关的协商机制；③在策略和行为层面，与处理地方各涉水单位或个体之间水事矛盾和纠纷相关的协商机制。这三个层面互为因果，缺一不可。

这些协商机制受到现有水管理体制的限制，运行起来比较困难，这样就需要管理职能部门的参与和支持，更需要区域间科学、合理的产业布局与和谐发展的社会经济。因此，必须对现行的水资源管理体制进行改革。首先，要不断完善流域机构的权威作用，明确行政单位与流域机构的职责，形成跨流域之间的统一规划；其次，本着民主协商的原则，

① 汪群、周旭、胡兴球：《我国跨界水资源管理协商机制框架》，《水利水电科技进展》2007 年第 5 期，第 80~84 页。

推动各种法规、政策积极实施；最后，建立和完善跨区域水资源管理中的公众参与机制、民主协商机制、信息通报机制、联合会商机制和联手行动机制，以行政为主导，继续深化流域管理与区域管理相结合的管理体制。

三、跨区域水资源管理协商模式的构成

根据治水谱系，可从科层和市场两方面来分析跨区域水资源管理，即从宏观的精神和理念、中观的制度和战略安排、微观的主体策略和行为三个层面相结合的角度，利用市场化和层级化的优势，达成一种协商情形下的跨区域水管理，从而归纳出不同管理内容下的协商模式。科层和市场是一个谱系的两端，在实践中并不是离散的不同，而是从一种向另一种渐变，形成一个谱系，从科层到市场，层级化程度渐趋下降。

针对跨区域水资源管理需要处理的问题，不仅是采用科层或市场就能解决的，而是要根据不同管理内容，采用不同程度的科层与市场的结合构成相应的协商模式来解决这些问题。[①]

协商模式主要可以分为以下四种。

（一）以防洪为主的协商模式

该协商模式是指在防洪过程中，以人与自然关系的协调和人们多元价值观的协调为基础，在政府力量的主导下，对防洪管理部门的决策进行协商，取得一致意见；同时，协商涉及防洪有关利益主体的关系，掌握上级管理部门和同级管理部门的相关信息，进行信息沟通和交流，建立完善的应急机制和预警机制。该协商模式处在治水谱系靠近科层的一端，也就是说在解决跨区域水资源纠纷和矛盾中，主要靠行政的力量处理防洪过程中的水事纠纷和矛盾，对其进行协商解决。

（二）以跨区域水污染为主的协商模式

从治水谱系来看，处理跨区域水污染，建立协商模式需要从科层和市场两个角度一起考虑，主要侧重于市场环境下的排污权交易，根据污染物削减量确定转移污染税税率和法律法规的约束；而科层方面要考虑各流域机构由国家授权并在跨区域水污染纠纷中具有权威性和强制性。

（三）以供水为主的协商模式

这种协商模式从治水谱系来看，靠近市场一端的主要考虑供水价格，靠近科层一端的主要考虑参与供水管理的主体多元化，加强区域管理与流域管理的结合体制。以供水为主的

① 王亚华:《水权解释》，上海人民出版社 2005 年版。

协商模式注重科层和市场的相互结合，运用市场价值规律形成供水的价格机制，协商用水户之间水量的分配和水管理部门、水定价部门、用水户之间水费的确定和合理收取，转化多元价值形成统一的供水模式，并让用水户积极参与供水管理，建立用水户组织，形成政府、市场、用水户组织多中心的水治理体系，协商不同用水主体之间的利益以及供水造成的水污染纠纷。

（四）以水能开发、环境保护为主的协商模式

按照治水谱系，水能开发和环境保护是在国家引导下的投资多元化经营，其垄断性较强，也就体现了科层的权威性。但是，随着市场经济的发展，这种垄断行业在给社会带来效益的同时也带来了一些投资成本回收的困难，需要在水能开发中协调投入与回报的关系，增强市场竞争力。在市场化和科层化这两极的相互作用下，需要建立以水能开发、环境保护为主的流域生态补偿的协商机制与实施模式，考虑流域在梯级、滚动、综合开发模式下的政府和投资主体及其他利益相关者的关系，积极探索提高效益、降低成本的市场化机制。

四、跨区域水资源管理协商的运行框架

跨区域水资源矛盾及水事纠纷的协商，应根据问题的状况采取逐级协商、逐层上报的基本程序，在紧急情况下可以采取先干预以停止冲突、后协商处理的方式。在正常情况下，先进行基层政府和相关利益主体间的协商，在不能达成协议的情况下就进入上报程序，由区域政府间协商组织进行再次协商。在再次协商过程中，协商组织必须发挥统一指挥的权威作用，组织各方及专家进行调研；然后，根据调研结果，由专家用科学中立的方法给出协商预案。如果区域协商不能达成协议，则报请中央相关部门调处。

跨区域水资源管理协商机制的构建和高效运作，不仅依赖于良好的协商组织设计，而且依赖于协商支撑机制的设计。协商机制需要有四大机制的支撑，即信息交换机制、预警机制、应急机制和仲裁机制。

目前，跨界水事纠纷协商的主要制度支撑是2004年9月水利部发布的《省际水事纠纷预防和处理办法》。该办法赖以处理省际水事纠纷的依据主要是有关的法律、行政法规和部门规章，国务院、水利部有关处理省际水事纠纷的文件、省际水事协议等。该办法指出，以有利于地区的社会稳定和经济发展、水资源可持续利用为原则，在省际水事纠纷发生之后，纠纷各方的县、市级人民政府水行政主管部门应当立即派人到现场调查协商，将调查协商意见报告县、市级人民政府和上级水行政主管部门，并在当地人民政府的领导下，协同有关部门采取有效措施防止事态扩大。省际水事纠纷的协商过程应按照分级管理的原则和协商程序，进行逐级协商解决，如图9.3和图9.4所示。

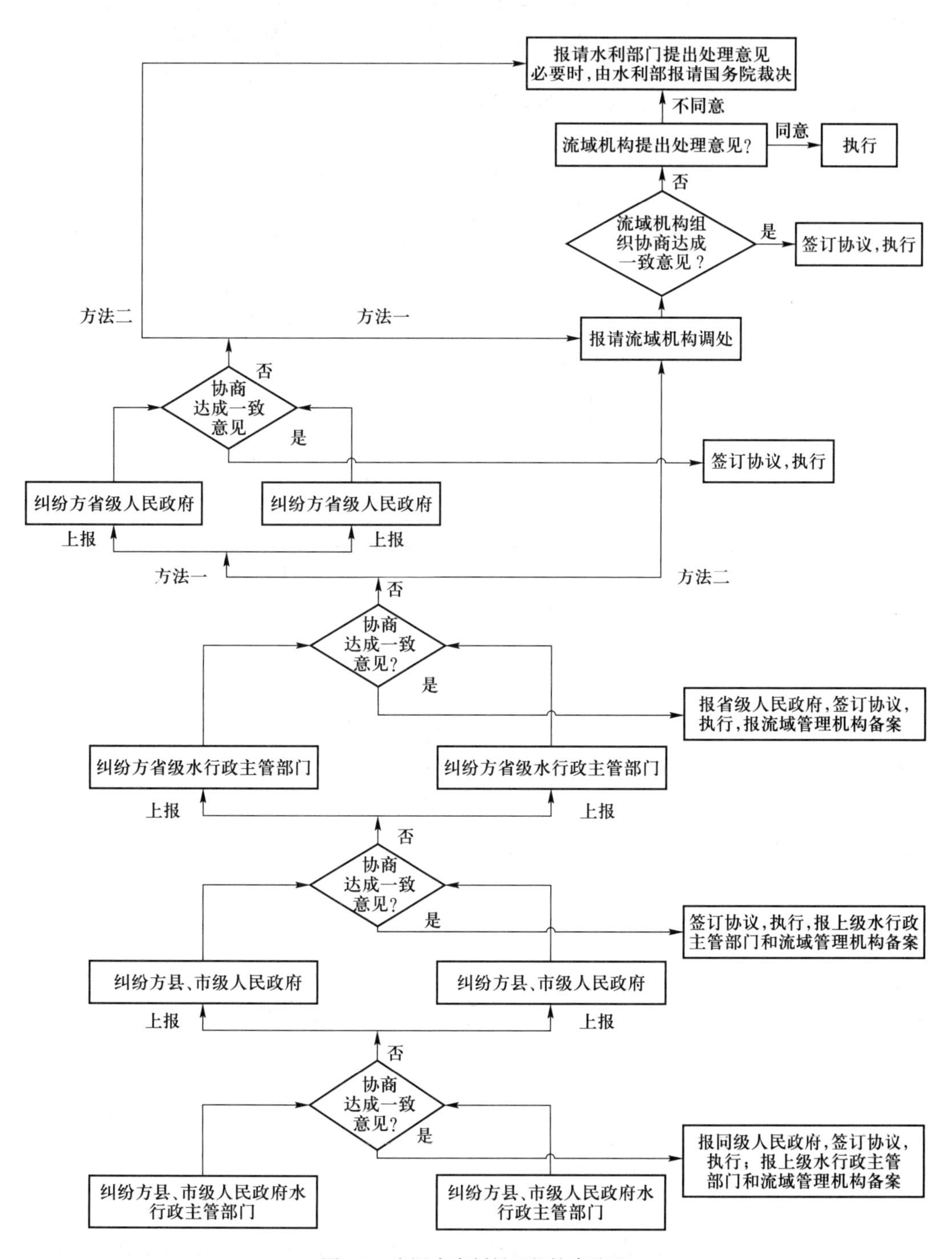

图 9.3　省际水事纠纷逐级协商流程

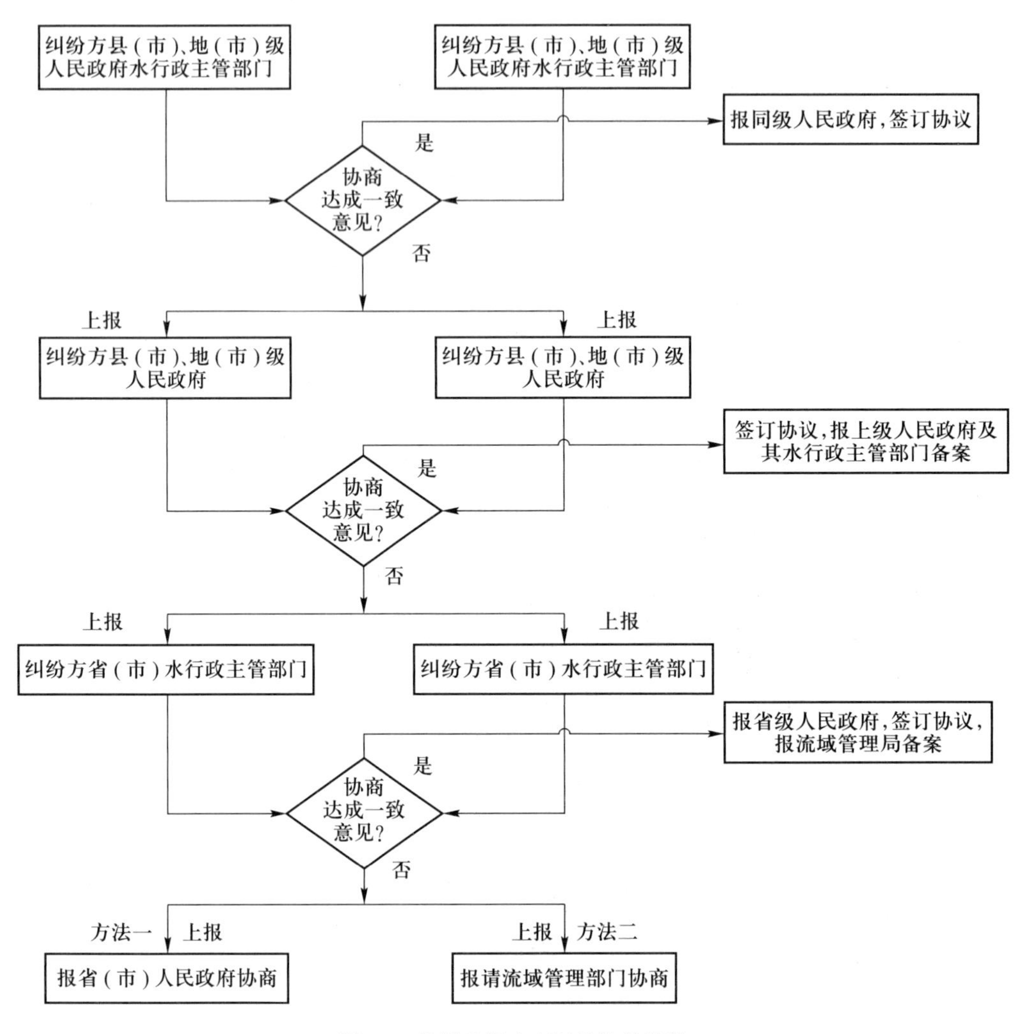

图 9.4　流域省际水事纠纷协商程序

第六节　“费补共治”型农村环境政策制定与综合评价[①]

在流域生态补偿机制建设中，奖励是机制建设的重点，即通过生态环境保护行为的正强化来有效地实施生态环境建设目标。

近年来，我国积极进行生态补偿机制的创新探索。例如，由于超载过牧和草原保护投入不足等原因，内蒙古自治区草原退化严重，建立完善草原生态保护补助奖励机制迫

① 王军等:《面向流域治理的农村“费补共治”型环境政策研究——以白洋淀为例》，载张炳等主编:《中国水污染控制战略与政策创新》，中国环境科学出版社 2012 年版。

在眉睫，需要尽快拿出一套科学可行的实施方案指导全区草原生态保护建设工作。中央财政部门2011年出台了草原生态保护补助奖励机制。2011年，甘肃省通渭县的87 466户草原牧民从财政部门领到总额为5 531万元的草原生态补助资金，使该县87万亩的禁牧草原和56.04万亩人工草场的生态环境步入良性发展的轨道。①

在流域生态建设方面，王军等人（2010）提出了面向流域治理的“费补共治”型农村环境政策。“费补共治”型农村环境政策是指地方政府向农民收取环境费，再以奖励的方法补贴，以提高农村环境治理效果的环境政策。这种政策手段将政府的环境管制、农民参与治理以及第三方效果评价相结合，形成协作型环境治理结构。这种模式是对我国“以奖促治，以奖代补”的农村环境政策的一种探索和完善。“费补共治”型农村环境政策本质上是一种环境治理的财政转移支付形式。

一、面向流域治理的“费补共治”型农村环境政策的设计思路

面向流域治理的“费补共治”型农村环境政策的设计思路如图9.5所示。其中，政府收费是指县乡村级政府采取定期直接收取的方式对流域内村民收取环境费，包括垃圾处理费和污水治理费，或合并为环境卫生费；农民参与是以出工代劳参与等公众可量化的公共治理行为，不包括约束和改变自己的道德规制行为；奖补政策包括奖励和补助两部分，“奖”是指县乡政府对环境效益好的村庄进行的定期物质和精神奖励，“补”是对治理工程和公共治理行为进行补贴，也可以奖补合并，也可以先奖后补，也可以奖后补或以奖代补。第三方评价是指包括由学者为主的学会（协会）的非政府组织（NGO）和公众对环境治理进行定期抽查方式的公正评价过程。

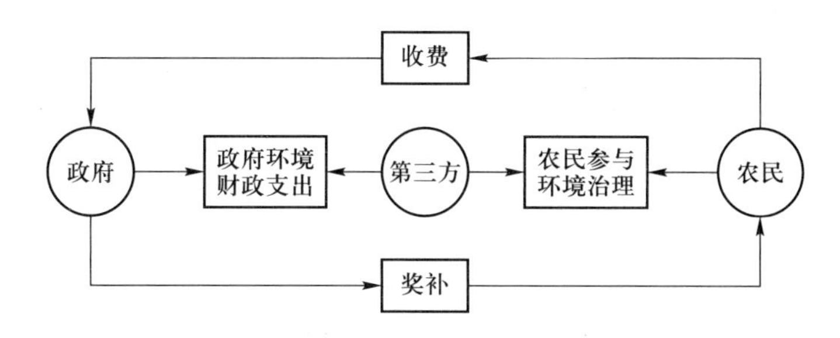

图9.5　面向流域治理的“费补共治”型农村环境政策设计

“费补共治”具有以下七个优点：①有利于正常主体由政府独揽环境政策的制定权和执

①《牧区草原10年内将全面实现草畜平衡》，载中国财经新闻网：http://www.prcfe.com/web/meyw/2011-04/14/content_739712.htm，访问日期：2017年9月1日。

行权向与企业、协会和农民个人共同参与正常制定、执行、评价、监控和终结的分权共治转化；②有利于以公众为核心的第三方主体的形成；③有利于克服管制型刚性的价值取向的政府主观性和官员的自利行为呈现的“政策软化”现象；④有利于克服诱导性环境收益的难计量性和交易环境的非公平性；⑤有利于环境政策手段由管制型向以诱导性、交易性、参与性为特点的共治型转型；⑥有利于通过利益驱动使农户的行为改变，在现有的收入水平下采取低收费，也为今后收入提高后征收环境税打下基础；⑦有利于节约政策执行成本，提高管理效果，降低治理成本。在目前“以奖促治，以奖代补”的执行中，让农户在有支付行为，经济收益和环境受益兼顾中，深刻体验“谁污染谁治理，谁受益谁付费”的环境治理原则。

二、面向流域治理的“费补共治”型农村环境政策的基本原则

环境治理的目的是使外部成本内部化，做到边际治理成本与边际外部成本相等，实现最优污染排放。但是，对农民收取环境费要慎重，避免乱收费和多收费。为了补偿农民收益的损失，还要进行奖励补贴，但是奖补也要适度，做到收费适度、奖励充分。换言之，政府收费和奖励补贴标准，要综合考虑污染排放水平与农户的边际私人纯收益（*MNPB*）、边际治理成本（*MAC*）与边际外部成本（*MEC*）的关系，其经济分析如图 9.6 所示。

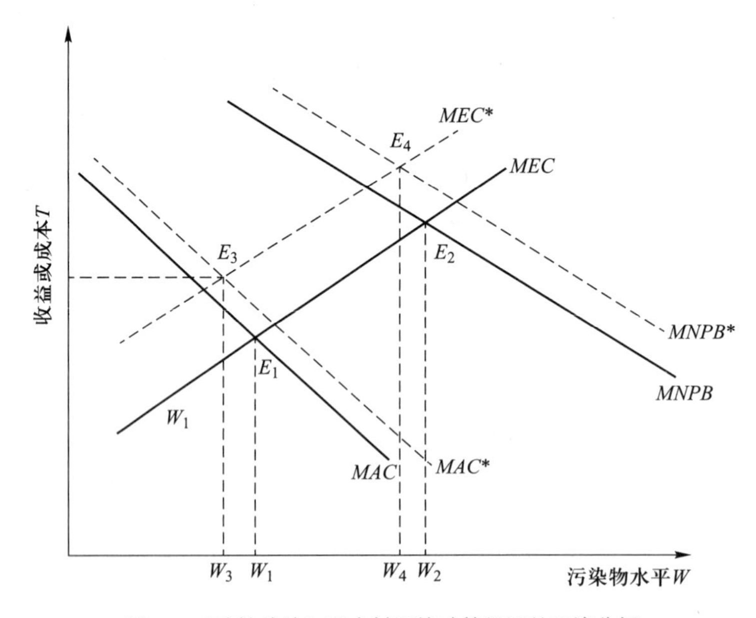

图 9.6 “费补共治”型农村环境政策机理的经济分析

首先，环境费征收要依据适度的原则。如果环境费（*T*）既小于 *MAC*，又小于 *MNPB* 时，农户缴费太少，征收环境费失去外部成本内部化效果；如果环境费既高于农

户的 *MNPB*，又高于其 *MAC* 或甚至高于 *MEC* 时，会导致农户无力支付污染治理费用也无任何收益，最终拒绝交纳；当 $MNPB<T<MEC$，因为农户亏损会拒绝交费，治污也低效；如果 $MAC<T<MNPB$，农民因有收益同意污染治理。其次，征收环境费增加边际治理成本。*MAC* 增加 MAC^*，此时，征费后的最优污染水平配置由 E_1 移到较小的 E_3，这时，$MAC^*=MEC^*$，农民还有收益，实现了最优污染水平的减小。最后，奖励和补贴费应确保增加农民边际个人纯收益。*MNPB* 增加到 $MNPB^*$，此时，最优污染水平 E_2 移到较小的 E_4，也实现了农民有收益下的最优污染水平减小。

综上所述，征收环境费和发放奖补费共同配合可以使最优污染水平减小，起到环境治理的目的。但是在实际应用时，这种帕累托式的理想型难以完全实现，而转向卡尔多－希克斯改进，即少收费多奖补，通过先治理后奖补以激励农民治污，政府施利于民换取环境效益。

三、面向流域治理的“费补共治”型农村环境政策的综合评价

为了全面体验“费补共治”型环境政策的完善性、公平性、执行力和有效性，以下设计了农村环境政策评价体系，并进行了调查和比较分析。

首先，涉及农村环境政策综合评价指标体系。参照《生态县、生态市、生态省建设指标》（2006）、《全国环境优美乡镇考核标准（试行）》（2002）和相关公共政策评价研究成果，对环境政策进行效能、效率、公平性评价。流域农村环境政策综合评价指标体系见表 9.1。

表 9.1　流域农村环境政策综合评价指标体系

目标层 /O	要素层 /E	指标层 /C	权重	基准值	指标解释
环境政策的科学性（0.3）	环境政策的完善性（0.1）	C_1 政策的明确性 /%（0.3）	0.009	>95	政策依据充分、指导思想科学、原则合理、目标明确、内容具体、措施可行
		C_2 政策的协调性 /%（0.3）	0.009	>70	环境政策与配套政策相关性，与其他政策适宜性，环境政策内容与目标协调性
		C_3 政策的可接受性 /%（0.4）	0.012	>60	政策指标人群对政策的认可和理解人数占全部人数的比例
	环境政策的参与性（0.2）	C_4 公众参与环境治理比例 /%（0.4）	0.024	>95	参加农村环保行动的人数 / 全村人数
		C_5 公众对环境的满意率 /%（0.3）	0.018	>90	村民对环境的满意人数 / 全村人数
		C_6 环境保护宣传教育普及率 /%（0.3）	0.018	>85	接受环境教育人数 / 全村人数

续表

目标层 /O	要素层 /E	指标层 /C	权重	基准值	指标解释
环境政策的执行力（0.3）	政策执行主体(0.2)	C_7 人力程度 /%（0.3）	0.018	>70	政策执行者的数量和质量（素质和权威性）
		C_8 技术力程度 /%（0.3）	0.018	>90	政策执行者按程序制定政策和执行的能力
		C_9 创新力程度 /%（0.4）	0.024	>60	政策执行中的灵活变通和创造发挥的能力
	政策执行资源(0.2)	C_{10} 财力程度 /%（0.33）	0.198	>90	政策实施的财政经费，包括贯彻政令的奖励
		C_{11} 资源力程度 /%(0.34)	0.204	>70	政策实施必要的物资和办公设施等
		C_{12} 信息力程度 /%(0.33)	0.198	>90	执行政策需要信息资源在执行系统内传递的效率，沟通有效性
	政策执行制度(0.2)	C_{13} 组织力程度 /%（0.5）	0.030	>90	执行机构的工作效率、组织结构的合理性、执行人员的积极性和忠诚度
		C_{14} 监控力程度 /%（0.5）	0.030	>70	执行主体在减少政策执行误差，及时调整和补救以保证政策目标实现的能力
	政策执行客体(0.2)	C_{15} 积极性程度 /%（0.5）	0.030	>90	执行目标群体对政策需要意愿和参与的积极性
		C_{16} 理解力程度 /%（0.5）	0.030	>90	政策执行主体和客体对内涵的理解能力
	政策执行环境(0.2)	C_{17} 意识形态 /%（0.5）	0.030	>70	意识形态对政策实现的积极影响程度
		C_{18} 社会风俗 /%（0.5）	0.030	>70	习俗风尚对政策实施的相容性程度
环境政策的环境效益（0.3）		C_{19} 生活污水集中处理率 /%（0.168）	0.050 4	≥70	流域内村庄经过污水处理设施处理的生活污水量 / 乡村生活污水排放量 X%
		C_{20} 生活垃圾无害处理率 /%（0.168）	0.050 4	≥90	流域内村庄经无害化处理的生活垃圾数量 / 生活垃圾产生总量 X%
		C_{21} 卫生厕所普及率 /%（0.167）	0.050 1	≥30	达到国家卫生乡镇有关标准

续表

目标层 /O	要素层 /E	指标层 /C	权重	基准值	指标解释
环境政策的环境效益（0.3）		C_{22} 清洁能源普及率 /%（0.167）	0.050 1	≥30	流域内村庄用于生活的全部能源中新能源 X%
		C_{23} 农药实施强度 /kg/hm^2（0.166）	0.049 8	12	流域内村庄农药施用量 / 村庄耕地面积
		C_{24} 农用化肥实施强度 /kg/hm^2（0.166）	0.049 8	≤280	流域内村庄化肥施用量 / 村庄耕地面积
环境政策的经济效益（0.1）		C_{25} 环境投入占 GDP 的比重 /%（0.33）	0.033 0	≥3.5	环保投入资金 / 总产出 X%
		C_{26} 环保奖补占财政支出的比例 /%（0.33）	0.033 0	≥1	环保奖补资金 / 同级财政预算支出 X%
		C_{27} 环境政策财政支出 / 环境政策的收入（0.34）	0.034 0	≥1	乡村政府奖补性财政预算支出 / 同级乡村政府向农民征收的环境费 X%

其次，采用综合指数法通过对实际调查值与基准值的指标无量纲化处理，单项因子与权重的乘积后加权求和得到综合指数的评价结果。

$$A = \sum_{i}^{n} P(C_i) \times w_i \tag{9-3}$$

式中：A——总体评价值，即流域农村环境政策综合指数；

$P(C_i)$——i 因子指数；

w_i——i 因子权重；

n=27 项指标。

第七节　本章总结与启示建议

一、研究总结

生态补偿机制，即以保护生态环境、促进人与自然和谐为目的，根据生态系统服务价值、生态保护成本、发展机会成本，综合运用行政和市场手段，调整生态环境保护和建设相关各方之间利益关系的环境经济政策。也就是说，它以改善或恢复生态功能为目的，对生态保护为社会提供的正外部性——生态效益，通过一定的政策手段实行生态保护外部性的内部化，让生态保护成果的“受益者”支付相应的费用。①

制度安排是管束特定行为模型和关系的一套行为规则。制度安排是获得集体行为收益的手段。由于个人理性并不必然暗含着团体理性，个人会为自己的利益寻找对自己最有利的结果，因此有可能产生利益冲突。在生态环境方面就表现为环境的外部性。外部性是经济主体追求自身利益的一种外在体现，这是符合人的理性选择的；而环境产权界定将给经济主体一种经济激励，促使其维护自身产权的利益。因此，生态补偿制度将使得经济主体根据环境产权的属性，从自身在环境外部性中的得失来决定是否进行环境资产的赔偿及受偿。遵循这样的制度经济学逻辑关系，即环境外部性的解决需要环境产权的界定与明晰，而环境产权涉及公众环境利益，必须通过委托—代理关系由政府进行制度设计。依据政府主导、公众参与的环境经济制度政策设计原则，在平衡各方利益的基础上，中央政府通过界定地方政府在环境产权上的义务与责任，再次将公众的环境利益委托给地方政府进行生态环境治理。而在地方政府与中央政府环境治理目标不一致的前提下，中央政府还需要借助契约这一激励机制和约束机制对地方政府的环境治理行为进行制度安排，这需要结合我国传统文化中的制度影响因素，如“取之有道”“以和为贵”等思想。结合我国传统制度元素与西方制度科学思想的环境治理制度，才能够真正发挥制度的有效性，最终实现我国社会经济可持续发展的“生态文明”目标。

二、启示建议

（一）我国现有的生态补偿制度及其存在的主要问题

生态补偿机制是通过制度创新激励人们保护生态环境，实现生态公平，促进生态资本增值保值，实现生态环境保护外部性的内部化的一种经济制度。在经济学范畴内，“生态补偿”机制属于卡尔多—希克斯改进。按照卡尔多—希克斯改进意义上的效率标准，在社会资源配置过程中，对于那些从资源重新配置过程中获得利益的人，只要其所增加的利益足以补偿在同一资源重新配置过程中受到损失的人的利益，那么，通过受益人对受损人的补偿可以达到双方满意的结果，这种资源配置就是有效率的。生态保护补偿机制属于卡尔多—希克斯改进的这种性质，决定了实施该制度既离不开不同区域、不同行业、不同部门、不同经济主体之间的讨价还价和自愿协商，也离不开政府的强制力和行政协调。

国家环境保护总局于 2007 年 9 月公布的《关于开展生态补偿试点工作的指导意见》

① 凌美娣:《对生态环境保护补偿机制的政策思考——以杭州市余杭区西北部生态环境分析为例》,《中共宁波市委党校学报》2008 年第 4 期，第 92~95 页。

中宣布，将在四个领域（自然保护区的生态补偿、重要生态功能区的生态补偿、矿产资源开发的生态补偿和流域水环境保护的生态补偿）开展生态补偿试点。这是国家环境主管部门首次对开展生态补偿试点发布指导性文件。同时，2007 年国家从中央财政资金中拿出 38 亿元用于建立生态补偿基金。此外，我国各地政府也在积极地开展生态补偿的实践，如浙江、江苏、福建、海南等省（自治区、直辖市）。虽然我国各地在积极探索建立生态补偿机制，但是目前还没有生态银行补偿制度的实践案例。

本章通过上述分析认为，生态补偿银行制度的本质是在经济建设和开发活动中进行生态恢复与生态补偿，其产品是生态资源及环境（如湿地、林地等），实施的条件是环境产权的界定与合法使用，目标是保持区域生态总量满足社会发展需要。生态补偿银行制度的优点：一是确保了地区性生态环境资源的总量不变；二是采用市场手段弥补了生态补偿资金的短缺。但其也存在一定的局限：一是它的使用存在着一定的条件限制，如只适用于湿地、林地等自然保护区和生态功能区等，不适用于大尺度的生态保护项目（如流域）；二是银行产品的质量、功能及其持续性难以保证，需要多领域的专业协作，存在经营风险，等等。

（二）美国生态补偿银行制度对我国生态补偿的启示

目前，我国生态补偿采取的主要手段是经济补偿，即按照生态补偿的基本原则，在明确生态补偿责任主体，确定生态补偿的对象、范围的条件下，环境和自然资源的开发利用者要承担环境外部成本，履行生态环境恢复责任，赔偿相关损失，支付占用环境容量的费用，生态保护的受益者有责任向生态保护者支付适当的补偿费用。

这种手段虽然有其现实意义，可以实现一定的生态公平和经济保障，但生态补偿银行强调的不是短期的经济利益，而是以人类社会和谐的生态环境为基本保障。人类发展需要的不仅仅是经济利益，如果生态保护的受益者（如资源型开发企业等）认为通过经济补偿就可以对环境进行污染、对生态进行破坏、对资源进行掠夺的话，就难以实现持续的生态公平，资源、生态和环境问题会更加严重。这是因为补偿标准的制订是否符合人类社会发展对生态资源的持续性需求尚存在较大争议。而生态补偿银行制度在其应用范围内，可以很大程度地解决生态、资源与环境的需求总量问题，并且在数量（面积）、质量（功能）上保证了人类社会生存环境的可持续发展。

为此，我国政府应该在以下五个方面进行生态补偿制度设计。

第一，进一步建立和完善环境产权制度。我国经济处于转型时期，在资源开发和生态建设活动中必须建立“现代资源产权制度”，包括国有土地资源、矿产资源、水资源、森林资源、海洋资源等，在资源和环境领域建立一整套包括产权界定、产权配置、产权流转、产权保护的现代产权制度。例如，各类资源产权转让的价格问题很多，要使各种资源价格充分反映资源、环境和生态的真实成本和供求关系。从资源环境产权市场交易的三个层次，即在初始产权界定、交易权规定和交易制度安排上，综合研究我国资源环境产权市场的制度优化建设途径，提出三步连续而渐进的制度改变策略：一是建立市场化的资源环境公共产权规制模式；二是在现有的资源环境所有权安排条件下，实现资源环境使用权和经营权的市场化；三是实行多元化和市场化的资源环境所有权制度，形成公私产权对接的完善的资源环境产权混合市场。这样才能责权利明确，强化生态环境保护的责任，激励和保护环境开发人的合法利益，预防和惩治环境损害者的破坏行为。

第二，制定生态补偿的政策法规。进行生态补偿需要完善的法律法规体系，积极开展生态保护立法研究，为建立生态环境补偿机制提供法律依据是实施生态补偿建设的基础。开展生态补偿银行制度不仅需要产权立法，还需要实施和监督领域的法规制度建设，甚至要完善环境影响评价制度来保障生态补偿的规范性。

第三，转变生态补偿的主导模式。建立有效的生态补偿机制是促进全面、协调、可持续发展的重要举措。政府主导的生态建设工程项目是国家生态补偿的重要方式。地区自发形成的一些生态补偿模式具有很好的实践基础和强大的生命力，可以为制定国家生态补偿政策提供实践经验和示范作用。积极探索建立生态环境补偿银行制度，转变单纯的政府经济资金补偿制度，针对不同补偿对象，引入多元化参与机制，综合运用多种手段，实施积极的政策改革和制度创新，建立基于市场经济背景下的生态补偿激励与约束机制。

第四，建立生态补偿的市场机制。建立生态补偿机制是运用市场机制保护生态环境的制度安排，也是一项重要的环境经济政策。积极探索市场化生态补偿模式，引导社会各方参与环境保护和生态建设。培育资源市场，开放生产要素市场，使资源资本化、生态资本化，使环境要素的价格真正反映其稀缺程度，可达到保护生态资源的效应，积极探索资源使（取）用权、交易权等市场化的补偿模式。完善水资源合理配置和有偿使用制度，加快建立水资源取用权出让、转让和租赁的交易机制。引导鼓励生态环境保护者和受益者之间通过自愿协商实现合理的生态补偿。我国生态补偿制度的建立应遵循政府和市场互补的原则，在完善政府财政转移支付制度、环境税收制度的同时，还应逐步完善生态环境产权机制、交易机制、价格机制、监管机制，发挥市场机制对生态环境资源供求的引导作用，建立公平、公开、公正的生态利益共享及相关责任分担机制。

第五，树立以生态功能性恢复为主的生态补偿理念。全面提高领导层、企业和公民的生态环境意识，增强生态功能区居民和领导的维权意识，增强受益地区干部和群众进行生态补偿的自觉性。更重要的是，转变传统认识——“补偿就是掏钱”的思想，树立构建和谐人居环境和适宜生态的理念，将我国在发展建设过程中对生态环境破坏的生态系统功能进行根本性修复，恢复生态系统提供自然资产的功能与服务，实现对地球生命支持系统的重要作用。总之，建立生态补偿机制是促进区域经济公平发展，调整生态环境保护和建设相关各方利益关系的重要环境经济政策。

第十章　流域生态补偿的主客体及其支付行为模式研究

第一节　研究背景与研究意义

生态补偿问题背后所反映的核心矛盾是在生态保护中存在环境利益与经济利益的不协调，即生态保护者和受益者、破坏者和受害者之间利益的不公平分配。也就是受益者无偿占有环境利益，保护者得不到应有的经济回报，缺乏保护的经济激励，破坏者未能承担破坏环境的责任和成本，受害者得不到应有的经济赔偿，责任人丧失保护的经济压力。这种利益关系的扭曲使得生态环境保护的成果在城乡、地区以及不同收入群体间的分配极不合理，不仅增加了生态建设、生态保护的困难，而且加剧了城乡和地区间发展的不平衡和不协调，影响社会福利在不同群体间的公平分配，威胁着地区和不同人群间的和谐发展。而生态补偿机制和政策的实质就是通过调整相关主体环境利益及其经济利益的分配关系，激励其采取生态保护行为。但是，我国目前在生态补偿机制和政策框架的构建方面仍然处于起步和探索阶段，而我国构建和谐社会、实现可持续发展需要进行生态补偿机制研究。

流域是一个从源头到河口的天然集水单元，是对水资源进行统一管理的基本单元，同时也是对河流进行治理开发的基本单元。流域有自然边界和行政边界之分。流域是一种比较特殊的自然区域，既是一个水文自然系统，也是组织和管理国民经济的特殊经济—社会系统。流域的空间整体性极强、各地区关联度很高，流域内不仅自然要素间联系极为密切，而且上中下游之间、干支流之间、各地区之间相互制约、相互影响极其显著。

然而，水资源短缺和水体污染被视为我国当前最突出的环境问题。更为重要的是，目前我国乃至世界各国对生态环境资源的价值体系没有建立起来，由于环境资源的外部性致使其在产权难以界定的前提条件下，流域成为污染物排放的受纳体和水资源的公共取水池。我国流域污染的严重性、流域地区水资源的日益短缺以及流域上下游地区经济发展的不平衡，使得流域生态补偿研究成为国内外生态补偿研究的重点内容之一。

第二节　流域生态补偿的主客体及其行为模式

一、流域生态补偿主体和客体的概念及类型

（一）流域生态补偿的主体

生态补偿的本质是从经济增长的成果中提出相应的部分，来补偿相应的主体为保护因经济增长而遭受不同程度破坏的资源和生态环境所做出的努力或贡献。这样必然存在生态补偿的主体与客体问题，而明确流域生态的主体和客体对生态补偿机制的建立与完善，尤其是经济补偿的实施具有重要的影响。

生态补偿主体按照支付与接受补偿行为，分为“支付主体”和“受偿主体”。“生态补偿支付主体”是指对生态环境造成影响的单位和个人，以及从生态建设和环境保护中获益的单位和个人，他们都具有义务和责任筹集资金，实施补偿。“生态补偿受偿主体”是指在生态开发建设过程中、环境污染损害事件中或资源过度开采活动中，自身利益受直接或间接损害的集体或个人。在流域生态补偿过程中，生态补偿主体是指那些围绕流域水资源构成的生态系统所开展的服务而进行的支付和受偿行为的各方具有民事责任能力的行为人，如污染企业、受损农户等。在流域生态补偿机制中，补偿主体是指在补偿经济活动中既具有享受外部经济的权利，又承担补偿义务的自然人、法人或国家。

（二）流域生态补偿的客体

生态补偿的客体是指生态补偿与生态受偿的标的物，它既可以是水资源、经济林等具体物质，也可以是具有景观功能和生态价值的生态系统组成部分及整体，即生态补偿的客体（标的）有两大类：一是作为资产状态而存在的自然资源客体；二是作为有机状态背景而存在的生态环境系统——统称为自然生态客体。在流域生态补偿机制中，补偿客体是指在补偿经济活动中接受补偿的对象。

二、基于 WTP 和 WTA 的生态补偿支付行为模型

本章引入 WTP/WTA 原理分析和探索了流域生态补偿支付行为所构成的经济利益关系。支付意愿是指个人认为得到商品愿意支付的最高价格，而受偿意愿（WTA）是个人为放弃某一商品所要求的最低补偿。也就是说，WTP 是一种支付（购买）价格；而 WTA 是一种补偿（销售）价格，即一个人放弃商品索要的补偿。

WTP 与 WTA 之间的关系可以使用效用无差异曲线表示。图 10.1 为某人的效用无差异曲线，纵轴表示其私人物品的消费量（以货币表示），横轴表示公共物品的消费量。图中的 I 与 I' 分别表示两条效用无差异曲线，后者代表更高水平的效用。如果无差异曲线向右上移动，则说明其福利水平得到了提高。

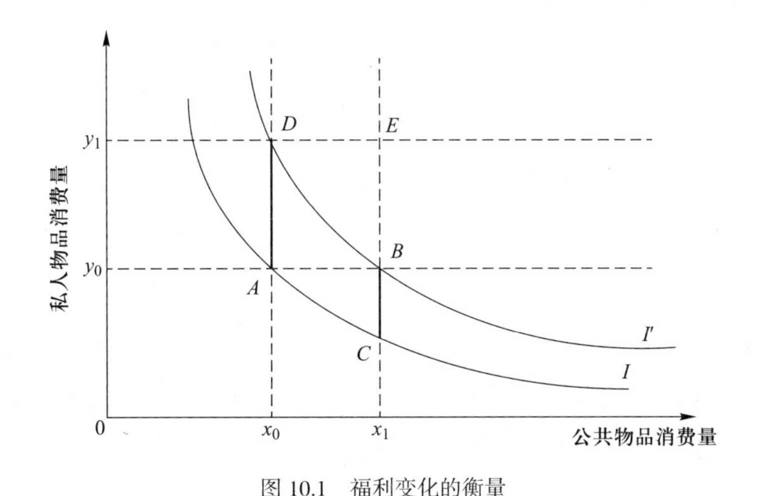

图 10.1　福利变化的衡量

当公共物品的消费数量从 x_0 增加到 x_1，假定最初私人的消费量为 y_0，即点 A。将其与点 C 进行比较，在 C 点此人可以拥有 x_1 的公共物品，但是私人物品的消费量将减少 BC。由于 A 与 C 在同一条无差异曲线 I 上，可以得知对于公共物品增加的补偿变差为 BC，因为私人物品的损失 BC 恰好补偿了这一公共物品的增加。

如果此人的初始状况为私人消费量同样为 y_0，此人现在面临的是公共物品从 x_1 减少到 x_0，即初始点为 B。与 D 点进行比较，在 D 点此人仅消费了 x_0 的公共物品，但是其私人物品的消费量要多 DA。由于 B 和 D 在同一条效用无差异曲线 I' 上，能给此人带来相同的满足，故得出结论：此人对于减少公共物品的受偿意愿等于 DA。这是公共物品减少的补偿变动，因为私人物品的增加 DA 正好补偿了公共物品的损失。

因此，WTP/WTA 理论主要是从福利经济学的角度衡量公共物品和私人物品在供给

和需求之间的变化，但是没有较好地揭示 WTP 和 WTA 的影响因素，而从现实的角度生态补偿的最终目的是达成补偿者与受偿者之间的补偿行为。因此，揭示生态补偿行为的本质具有现实的意义。

第三节 流域生态补偿的个体支付行为和政府支付行为

那么，是什么因素决定了生态补偿行为的发生？这要从消费者个体（或企业）与政府组织部门两个方面，按照其支付行为和受偿行为两个角度综合考虑分析。

一、流域生态补偿的个体支付行为

在理想的市场机制环境下，补偿方和受偿方体现为支付意愿（WTP）和接受意愿（WTA）的博弈。按照现有的研究成果分析，一般情况下决定消费者个人 WTP 和 WTA 的因素分别有收入水平、受教育程度、环境认知程度、性别等一般性变量和一些针对具体问题的特殊性变量。拉吉等人（2002）认为消费者对其所消费水资源的支付意愿受三个方面的影响：消费者对水供给服务的满意度（LOS）、对水供给系统的信心以及对提升供水服务的支付能力。[①] 在流域生态补偿中，徐大伟等人（2007）根据 CVM 理论和方法，以黄河下游地区的重要城市之一——郑州为例，采用支付卡（PC）方式对郑州居民为改善黄河流域生态系统的平均支付意愿进行调查，并运用 OLS、Probit、Logit 和 Tobit 模型对 WTP 进行对比回归分析，探讨了受访者意愿支付价格与其影响变量的关系。在所有模型中常数项、家庭人口及支付与否这三项指标变量均获得了显著性检验，而家庭收入、知道与否及价值认同三项指标变量均未通过显著性检验，其余的变量（性别、年龄、受教育程度、职业）均表现出不同程度的相关性。[②] 郑海霞等人（2006）从认知程度、保护意识、重要程度、支持力度、参与程度五个方面对金华江流域生态补偿问题进行了研究，发现只有教育年限、在流域的居住年限与 WTP 存在较小的显著相关性，并认为人们对流域保护的认识还比较浅薄，而且多数人认为政府应该对流域保护负责。[③]

---

① Raje D V，Dhobe P S，Deshpande A W，“Consumer’s willingness to pay more for municipal supplied water: a case study”，*Ecological Economics*，2002，42，pp.391–400.

② 徐大伟、刘民权、李亚伟：《黄河流域生态系统服务的条件价值评估研究——基于下游地区郑州段的 WTP 测算》，《经济科学》2007 年第 6 期，第 77~89 页。

③ 郑海霞、张陆彪：《流域生态服务补偿定量标准研究》，《环境保护》2016 年第 1 期，第 42~46 页。

结合我国的实际国情，在流域生态补偿的消费者支付行为中，人们逐步认识到生态环境的重要性，因此具有一定的支付意愿。但是，涉及实际支付行为时，存在两种情况：一是由于受收入水平较低的制约，消费者支付行为表现为有支付意愿而缺乏支付动力；二是由于受传统的政府主导生态支付行为的影响，消费者支付行为又表现为有支付意愿而支付行为责任难以界定。这都导致我国居民实际支付行为大大低于其支付意愿。在结合行为经济学理论研究成果的基础上，生态补偿不论从居民角度还是从污染企业的角度都遵循着一定的支付行为过程，如图 10.2 所示。从消费者行为的角度，本章认为在生态系统服务支付行为中，消费者首先在政府的制度安排下，根据个体对生态环境的需要，在效用最大化的经济诱因下激发了其对生态补偿的支付意愿；并在外因影响下驱动其产生支付行为，达成其生态目标，其生态需求通过接受生态服务并进行效果评价得到满足。如果生态需求在支付行为发生后获得了较好的效果，则其支付行为将持续发生；反之，则停止其支付行为。

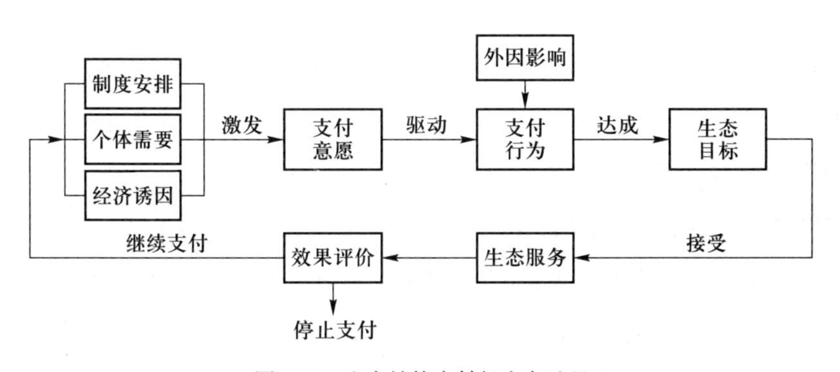

图 10.2　生态补偿支付行为全过程

二、流域生态补偿的政府支付行为

政府支出作为政府经济活动的一个重要方面，对于促进经济发展、提高社会福利水平具有重要的影响。因为政府干预、调节经济的职能，稳定社会、发展社会的职能主要是通过财政支出来实现的。内生增长理论认为，由于知识、基础设施等公共物品具有外部性，政府须干预市场，政府对私人投资的补充对经济增长具有正向的作用。巴罗（1990）将政府支出引入简单的内生经济增长模型，假设政府的目标是追求经济增长率最大化，在内生经济理论的框架下，从政府生产性支出和消费性支出的角度进行研究，发现在政府支出不变的情况下资本具有规模收益递增性；但是，公共支出与私人投资共同带来的规模收益是不变的，得出政府支出具有生产性，且与私人投资互补的结论，并以此证明了经济增长率最大化与消费者效用最大化是一致的，公共支出对经济增长可能产生积极影响的思想。①

经济理论研究认为，为解决生产与需求之间的矛盾，政府支出在经济水平很低时，主要用在资源配置，提高生产能力；随着经济发展水平的提高，政府支出更多地投到社会福利和社会保障上，以提高社会总有效需求。从各国政府各项费用支出来看，基本上与理论相一致。我国各项费用虽然受财政总量不断变化的影响，但仍很好地反映了经济水平不断提高的现实。

在理论上，政府的生态环境支付行为从经济学的视角出发，主要是按照福利经济学的假设来考虑的。而从传统的福利经济学假设来看，社会福利取决于该社会成员的福利。用代数来表示，如果社会中有 n 个人，第 n 个人的效用是 U_n，则社会福利 W 就是个人效用的某个函数 F：

$$W=F(U_1, U_2, \cdots, U_n) \qquad (10\text{-}1)$$

如果社会福利仅取决于收入的相同效用函数之和，收入的边际效用是递减的，且收入总量是固定的,那么收入应当公平分配,但其假设条件是非常严格的。而在现实情况下，政府支付行为是一个复杂的问题，受多种因素的影响，需要综合考虑经济因素、政治因素和环境因素等。

对于生态环境等公共物品的支出主要表现为各级政府的转移支付。转移支付在本质上是一种再分配制度。转移支付是指中央政府与地方政府间、地方上下级政府间或同级政府间财政资金转移的方式及其对社会福利、社会稳定和经济增长的促进作用。作为财政支出的一项重要项目，转移支付的直接目的是维护社会稳定；其途径是通过调节人们之间收入或地区之间收入的差别，解决贫困阶层的生存问题或贫困地区财政困难问题来提高整个社会的平均消费倾向，达到稳定社会、促进经济发展的目的；其施行的主要前提条件是政府的存在、经济发展到一定程度、贫富差距较大，即生产能力大于有效需求能力。目前，我国的生态补偿机制主要是政府主导的对生态环境保护、建设者的财政转移补偿机制，补偿资金来源基本是排污收费、征收的生态补偿费以及财政专项拨款。资金积累和筹措不足，是建立生态补偿机制面临的主要瓶颈问题，没有充足的资金来源，生态补偿机制的建设无法得到保障。

---

① Barro, R J, "Government spending in a simple model of endogenous growth", *Journal of Political Economy*, 1990, 98, pp.103-125.

对于生态补偿的政府行为，一些学者进行了积极的探索。陈祖海（2004）认为课征生态税能使生产达到最适量，为生态补偿提供稳定的资金渠道，促进企业技术创新，推动环境资源产权制度的创新。[①] 然而对于生态服务的交易，市场是无法完成的，必须由政府进行干预，最终通过转移支付补偿生态建设者。王金南等人（2006）从目前的地方实践来看，政府资金在建立生态补偿机制中起到了主要的作用，尤其是浙江、福建、江苏等经济发达地区。[②] 要根据生态保护的事权责任关系，建立生态补偿机制的融资渠道。对于一些受益范围广、利益主体不清晰的生态服务公共物品，应以政府公共财政资金补偿为主；对于生态利益主体、生态破坏责任关系很清晰的，应直接要求受益者或破坏者付费补偿。

在流域生态补偿方面，地方的实践主要集中在城市饮用水源地保护和行政辖区中小流域上下游间的生态补偿问题，如北京市与河北省境内水源地之间的水资源保护协作、广东省对境内东江等流域上游的生态补偿、浙江省对境内新安江流域的生态补偿等。应用的主要政策手段是上级政府对被补偿地方政府的财政转移支付，或整合相关资金渠道集中用于被补偿地区，或同级政府间的横向转移支付。同时，有的地方也探索了一些基于市场机制的生态补偿手段，如水资源交易模式。浙江省东阳市与义乌市成功地开展了水资源使用权交易，经过协商，东阳市将横锦水库 5 000 万 m^3 水资源的永久使用权通过交易转让给下游义乌市。在宁夏回族自治区、内蒙古自治区也有类似的水资源交易案例，上游灌溉区通过节水改造，将多余的水卖给下游的水电站使用。在浙江、广东等地的实践中，还探索出了“异地开发”的生态补偿模式。为了避免流域上游地区发展工业造成严重的污染问题，并弥补上游经济发展的损失，浙江省金华市建立了“金磐扶贫经济开发区”，作为该市水源涵养区磐安县的生产用地，并在政策与基础设施方面给予支持。

三、流域生态补偿支付方的相互关系

国内外学术界就政府支出与居民消费（或企业补偿）是替代或互补关系的争论还没有得出明确的研究结论。关于政府支出与居民消费的关系，贝利（Bailey）和马丁（Martin）（1971）最早进行了研究，他们认为政府支出与居民消费之间存在一定的替代关系，即存在挤出效应。[③] 卡拉斯（Karras）（1994）、德弗罗（Davereux）等人（1996）通过对多个国家的研究发现，由于政府支出的增加会促进收入的增加，因此政府支出与居民消费之

① 陈祖海：《试论生态税赋的经济激励——兼论西部生态补偿的政府行为》，《税务与经济》2004 年第 6 期，第 55~57 页。
② 王金南、庄国泰主编：《生态补偿机制与政策设计国际研讨会论文集》，中国环境科学出版社 2006 年版。
③ Bailey，Martin，*National Income and Price Level*，Mcgraw-Hill，1971.

间存在一定的互补关系。[①]之后，国内外许多学者对此进行了大量的研究。

就流域生态补偿问题而言，存在着政府支出与居民消费（或企业补偿）的客观问题，如何平衡二者的关系是一个现实的生态经济问题。生态补偿的政府支出与消费者生态支出（或污染企业的补偿）是生态补偿的两个主要构成部分。赵连阁和胡从枢（2007）对浙江省东阳—义乌水权交易的实际效果，从水权交易对东阳横锦灌区的影响、义乌居民用水满意度和居民支付意愿的影响因素角度做了系统分析，其结果表明水权交易不仅大大改善了义乌居民的用水满意度，而且提高了居民的支付意愿。[②]对居民支付意愿的影响因素分析则表明，居民的支付意愿主要受支付能力的影响，而对政府提高供水服务的信心和用水满意度对支付意愿的影响不显著。用水满意度对居民支付意愿的影响没有能通过显著性检验，其原因可能在于：一直以来居民支付的水价不是由市场机制决定的而是由政府决定的，居民实际支付的水价与用水满意程度之间没有直接关系，从而居民在考虑支付意愿时，可能会忽略对用水满意度的考虑。本章认为，公共物品的支出会随着经济水平的发展和环境意识的提高而在国民经济的比重中逐步加大，而具体的支出份额则会根据国家的政体性质、财政经济状况以及国民综合素质等因素有所不同。虽然这在一定程度上会出现此消彼长的短期现象，但长期来看政府和消费者（或企业）的生态环境支出会逐步上升到一定的合理水平。

第四节　流域生态补偿的支付行为模型及其特点

本章在综合分析国内外流域生态补偿具体案例的基础上，认为从补偿方和受偿方的角度，生态补偿的支付行为存在以下两种主要模型。

一、没有政府生态政策主导的受益者自愿性支付行为模型

在没有上级政府环境规制管理和行政协调行为的条件下，流域生态补偿行为只能通过流域上下游地方政府自愿性环境协商达成利益的平衡，从而确立彼此之间的支付与服

① Georgios Karras，"Government spending and private consumption：some international evidence"，*Journal of Money，Credit and Banking*，1994，26，pp.9–22；Davereux，Head & Lapham，"Monopolistic competition，increasing returns，and the effects of government spending"，*Journal of Money*，*Credit and Banking*，1996，28（2），pp.233–254.

② 赵连阁、胡从枢：《东阳—义乌水权交易的经济影响分析》，《农业经济问题》2007 年第 4 期，第 47~54、111 页。

务关系。而他们之间的达成必须通过其下辖的行政管理部门（如林业局、环保局等）按照委托—代理关系模式来完成生态补偿的执行与监督，具体行为模型关系如图 10.3 所示。

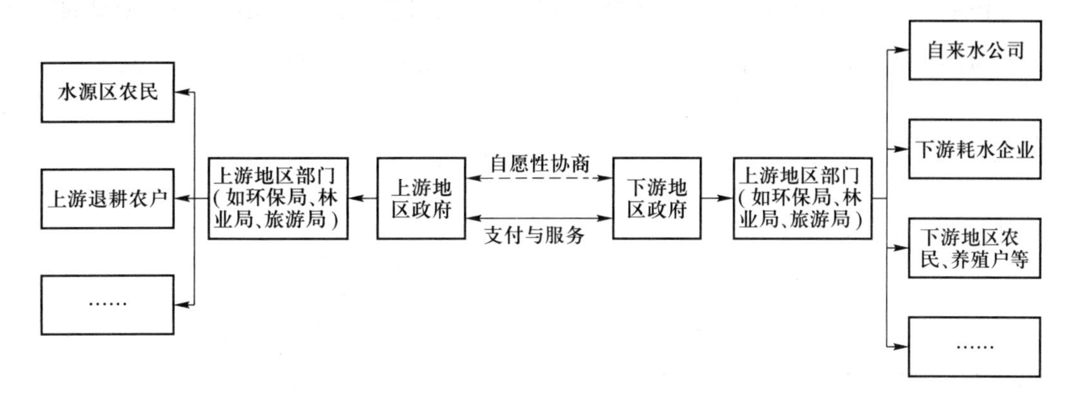

图 10.3　没有上级政府和非政府组织共同参与的流域生态补偿支付行为模型

这种模式的优点是上下游政府的生态支付行为通过自愿性协议容易达成，比较符合市场规律特点，交易成本相对较低，适合于经济相对发达的局部邻近区域和小尺度流域；其缺点是支付行为的长期性难以保证，监督体系不够健全。

二、具有政府生态政策主导的受益者规制性支付行为模型

这种模式是一种比较理想的生态补偿支付行为模式，它是在上述模式的基础上逐步完善的结果。上级政府的行政管理与监督使得上下游政府的生态补偿行为更加规范，同时非政府部门的专业化服务与沟通协调以及社会监督对生态补偿的实现具有积极的促进作用，具体行为模型关系如图 10.4 所示。

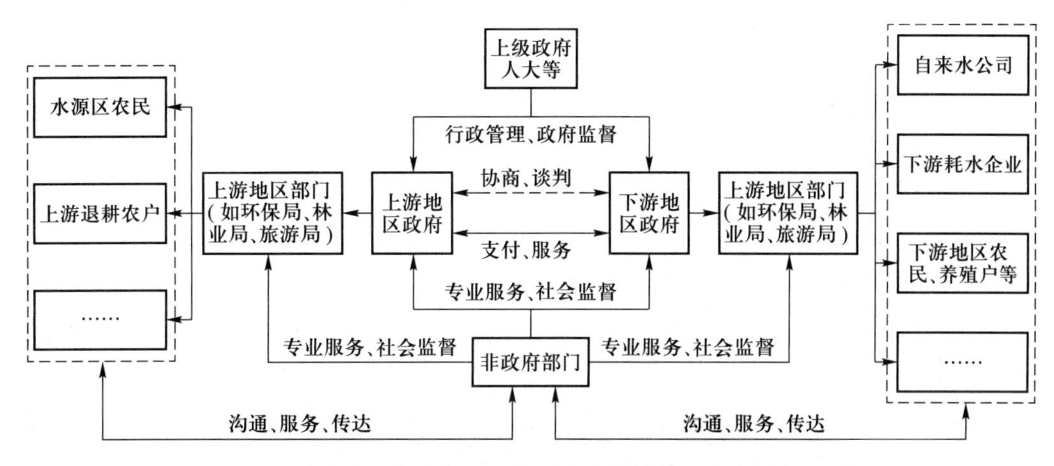

图 10.4　上级政府和非政府组织共同参与的流域生态补偿支付行为模型

这种模式的优点是上下游政府的生态补偿支付行为是通过上级政府监管指导和非政府组织的协调与沟通达成的，支付行为的体系比较健全，监督体系能够保证，适合于地区经济水平差异较大的大尺度流域的跨行政区域生态补偿行为；其缺点是具有明显的政府行为特征，其交易成本相对较高，生态补偿的标准制定和具体执行受多种因素的影响。

第五节　本章总结

实行生态补偿关键在于资金的有效投入，而任何生态补偿机制的建立最终都要涉及生态建设资金的筹集问题。近年来，我国虽然已经初步形成一个由多元投资主体和多渠道的环境融资体系。但是，目前我国处于经济转型时期，政府的职能范围在不断扩大，面对有限的财政资金，一方面政府应增加生态税及专项基金的筹措与管理，理顺现有的中央和地方政府对生态补偿建设的财政支付体系；另一方面应该建立合理完善的流域生态补偿机制，使得生态环境效益的受益者和污染企业按照生态补偿原则真正地承担其外部性的环境支出与生态补偿。因此初步建立起政府主导的和市场机制发挥作用的多渠道融资体系和有效率的管理体制，并根据生态保护的事权责任关系实施生态补偿的支付行为激励机制和监管模式，这是我国流域生态补偿长效机制得以保障的基本保证和实施前提。

第十一章　基于演化博弈的流域生态补偿利益冲突分析

第一节　生态补偿类型与研究现状简述

生态补偿是调节相关方的利益关系，使保护、恢复、维持、改善和利用生态系统服务的行为外部效应内部化，以可持续利用生态系统服务的一种手段或制度安排。[①] 根据生态补偿类型的不同，可以将补偿分为资源型生态补偿和环境型生态补偿。具体而言，资源型生态补偿费是指在有偿使用资源的过程中，对于使用资源而产生的破坏环境的行为征收的费用，例如矿产资源生态补偿、流域水资源生态补偿、土地资源生态补偿等。环境型生态补偿费是指在避免环境或生态被破坏而补偿的费用，例如退耕还林生态补偿、对保护生物多样性的生态补偿等。然而，这两种类型在某种条件下也能够转化或并存。例如，流域生态补偿不仅仅涉及上下游使用水资源的补偿，还包括上游保护河流下游给予的环境补偿。但是，我国地方政府的“建设财政”使得上下游政府之间的财政转移支付缺乏，造成我国流域生态补偿资金严重不足，经济发展与环境问题矛盾日益突出。

执行流域生态补偿的关键是补偿政策及实施方案。流域生态补偿的落脚点是补偿方案的制定与执行。李琪、罗小娟、马莹等学者讨论了流域生态补偿机制的政府补偿、市场补偿或是社会补偿等方案，完善了补偿政策和方法，其难点是补偿标准。许晨阳、段靖、李怀恩、谭秋成等学者基于准确性、科学性和可接受性原则，以成本为基础分析了流域

① 王兴杰等:《生态补偿的概念、标准及政府的作用——基于人类活动对生态系统作用类型分析》,《中国人口・资源与环境》2010 年第 5 期，第 41~50 页。

生态补偿标准问题，得出了有益于执行的补偿方案。苏芳、卢艳丽、耿涌等人则分别以黑河、大伙房水库、碧流河为例计算补偿标准并执行补偿方案。这些研究为我国流域生态补偿提供了有力依据。分析现有研究，针对流域生态补偿的复杂性，学者们从各个方面提出了方案和原则，但是如何提高流域生态补偿效率应是解决问题的关键。在策略分析上，卢方元（2007）用演化博弈论的方法对产污企业之间、环保部门和产污企业之间相互作用时的策略选择行为进行分析。[①] 陈志松等人（2008）将演化博弈理论运用于流域水资源配置中，分别通过对水资源生产商之间以及水资源生产商和政府水资源监管部门的复制动态及其进化稳定策略进行分析，求出了各自的复制动态方程以及进化稳定策略，并进行了稳定性分析。[②]

本章在上述研究基础上，力图通过建立流域生态补偿的非对称演化博弈模型，分析上下游政府的演化稳定策略，提高流域生态补偿效率，期望为流域生态补偿政策的制定提供理论依据。

第二节　非对称演化博弈模型的基本假设

本章研究给出以下三点基本假设。

第一，在一个流域中，涉及与河流相关的保护者、破坏者、受益者和受害者。在通常情况下，一个流域中保护者与破坏者往往是上游有关利益主体，而受益者与受害者是下游有关的政府和企业。为了便于分析，现将利益主体考虑为上游地方政府和下游地方政府。这样存在两个地方政府做流域保护与补偿的决策，它们的目的是各自收益最大化。

第二，假设上游政府基于流域的政策可以选择保护河流，限制一些产业的发展，让下游使用到清洁的水资源。上游政府也可以选择不保护，充分地利用水资源发展经济，向河流排污，这就会提高下游政府的使用成本；当上游政府做完决策后，下游政府面对上游政府的不同行为做出不同的反应。如果上游政府选择保护河流，那么下游政府可以选择做出相应的补偿，因为上游地区为此牺牲了一些经济利益。当然，下游政府也可以选择不对上游政府做出补偿，他们认为下游享有清洁的水资源是自己的权利。如果上游政府选择不保护，那么下游政府可以选择上诉。如果上诉成功，那么将获得上游政府因

① 卢方元:《环境污染问题的演化博弈分析》,《系统工程理论与实践》2007 年第 9 期，第 148~152 页。

② 陈志松等:《流域水资源配置中的演化博弈分析》,《中国管理科学》2008 年第 6 期，第 176~183 页。

为污染河流而给下游政府法律上的赔偿；如果上诉失败则需要付出一定的成本，当然下游政府也可以不上诉而选择接受。

第三，假设下游政府分成两种类型，分别为：基于“谁保护谁受益，谁污染谁赔偿”原则的自主型和基于“不作为”原则的接受型。自主型意味着如果上游政府选择保护河流，下游政府将选择补偿，如果上游政府选择不保护河流，那么下游政府将选择上诉；接受型则刚好相反，下游政府认为一切选择都是上游政府自主选择，与自己无关，即上游政府选择保护河流，下游政府选择不补偿，如果上游政府选择不保护，则下游政府选择不上诉。

第三节　流域生态补偿演化博弈模型分析

在一个流域中，R_1^1、R_2^1 表示上游政府在保护河流情况下上游政府和下游政府的原有收益，P 为下游政府选择对上游政府的补偿的金额；R_1^2、R_2^2 表示上游政府在不保护河流的情况下上游政府和下游政府的收益；T 是上游政府在不保护河流的情况下，下游政府提出上诉时，下游政府上诉成功或不成功时的期望收益。如果上述成功概率大，则相应的 T 就大，反之相反。C 是诉讼成本，即只要下游政府提出上诉就必须承担的成本。流域上游政府和下游政府的收益矩阵见表 11.1。

表 11.1　流域上下游地方政府的博弈矩阵

上游政府	下游政府	
	自主型	接受型
保护	（R_1^1+P，R_2^1-P）	（R_1^1，R_2^1）
不保护	（R_1^2-T，R_2^2-C+T）	（R_1^2，R_2^2）

对下游政府而言，当上游政府选择保护河流时，下游政府选择“自主型”的收益是 R_2^1-P，选择“接受型”的收益是 R_2^1；当上游政府选择不保护河流时，下游政府选择“自主型”的期望收益是 R_2^2-C+T，选择“接受型”的收益为 R_2^2。对上游政府而言，当下游政府为“自主型”时，上游政府选择保护河流的收益是 R_1^1+P，选择不保护河流的收益是 R_1^2-T；当下游政府为“接受型”时，上游政府选择保护河流的收益是 R_1^1，选择不保护河流的收益是 R_1^2。

第四节　流域生态补偿模型演化稳定策略

假设 x 为流域上游地方政府采取“保护”策略的比例，那么“不保护”的比例是 $1-x$，y 是下游政府选择为自主型的比例，那么 $1-y$ 为采取接受型的比例。这样上游政府选择“保护”和“不保护”两类博弈方的期望收益 μ_{11}、μ_{12} 和整个上游政府群的平均收益 $\bar{\mu}_1$ 分别为：

$$\mu_{11}=y(R_1^1+P)+(1-y)R_1^1 \tag{11-1}$$

$$\mu_{12}=y(R_1^2-T)+(1-y)R_1^2 \tag{11-2}$$

$$\bar{\mu}_1=x\mu_{11}+(1-x)\mu_{12} \tag{11-3}$$

流域下游地方政府的“自主型”和“接受型”两类博弈方收益 μ_{21}、μ_{22} 和整个下游政府群体的平均收益 $\bar{\mu}_2$ 分别为：

$$\mu_{21}=x(R_2^1-P)+(1-x)(R_2^2-C+T) \tag{11-4}$$

$$\mu_{22}=xR_2^1+(1-x)R_2^2 \tag{11-5}$$

$$\bar{\mu}_2=y\mu_{21}+(1-y)\mu_{22} \tag{11-6}$$

一、演化路径及稳定策略

（一）上游政府策略的演化稳定分析

由式（11-1）和式（11-3）可得上游政府采用“保护”策略的复制动态方程为：

$$\frac{\mathrm{d}x}{\mathrm{d}t}=x(\mu_{11}-\bar{\mu}_1)=x(1-x)[R_1^1-R_1^2+yP+yT] \tag{11-7}$$

求解该方程关于 x 的一阶导数可得

$$F'(x)=(1-2x)[R_1^1-R_1^2+yP+yT] \tag{11-8}$$

令 $F(x)=0$，根据复制动态方程，求得 $x^*=0$ 和 $x^*=1$ 两个可能的稳定状态点。

（1）当 $y^*=(R_1^2-R_1^1)/(P+T)$（仅当 $0\leqslant(R_1^2-R_1^1)/(P+T)\leqslant1$，即 $(R_1^2-R_1^1)\leqslant(P+T)$ 时成立）时，总有 $F(x)=0$，即对于所有 x 水平都是稳定状态。在这种情况下，上游政府群体的复制动态如图 11.1（a）所示。从图 11.1（a）中可以看出，当下游政府群体以 $(R_1^2-R_1^1)/(P+T)$ 的水平选择“自主型”策略时，上游政府选择两种策略的收益没有区别，即对于所有 x 都是上游政府群体的稳定状态。

（2）当 $y>y^*=(R_1^2-R_1^1)/(P+T)$ 时，$x^*=0$ 和 $x^*=1$ 是 x 的两个可能的稳定状态点。由

于 $F'(1)<0$，所以 $x^*=1$ 是演化稳定策略，上游政府群体的复制动态如图 11.1（b）所示。从图可以看出，当下游政府群体以高于 $(R_1^2-R_1^1)/(P+T)$ 的水平选择“自主型”策略时，上游政府群体逐渐由“不保护”策略向“保护”策略转移，即“保护”策略是上游政府群体的演化稳定策略。

（3）当 $y<y^*=(R_1^2-R_1^1)/(P+T)$ 时，$x^*=0$ 和 $x^*=1$ 是 x 的两个可能的稳定状态点。由于 $F'(0)<0$，所以 $x^*=0$ 是演化稳定策略，上游政府群体的复制动态如图 11.1（c）所示。从图可以看出，当下游政府群体以比例低于 $(R_1^2-R_1^1)/(P+T)$ 的水平选择“自主型”策略时，上游政府群体逐渐由“保护”策略向“不保护”策略转移，即“不保护”策略是上游政府群体的演化稳定策略。

（4）当 $(P+T)/(R_1^2-R_1^1)\leqslant 0$，即 $R_1^2\leqslant R_1^1$ 时，$x^*=0$ 和 $x^*=1$ 是 x 的两个可能的稳定状态点。把 $x^*=0$ 和 $x^*=1$ 代入，得到 $F'(0)>0$，$F'(1)<0$，所以 $x^*=1$ 是演化稳定策略，上游政府群体的复制动态如图 11.1（d）所示，“保护”策略是上游政府群体的演化稳定策略。

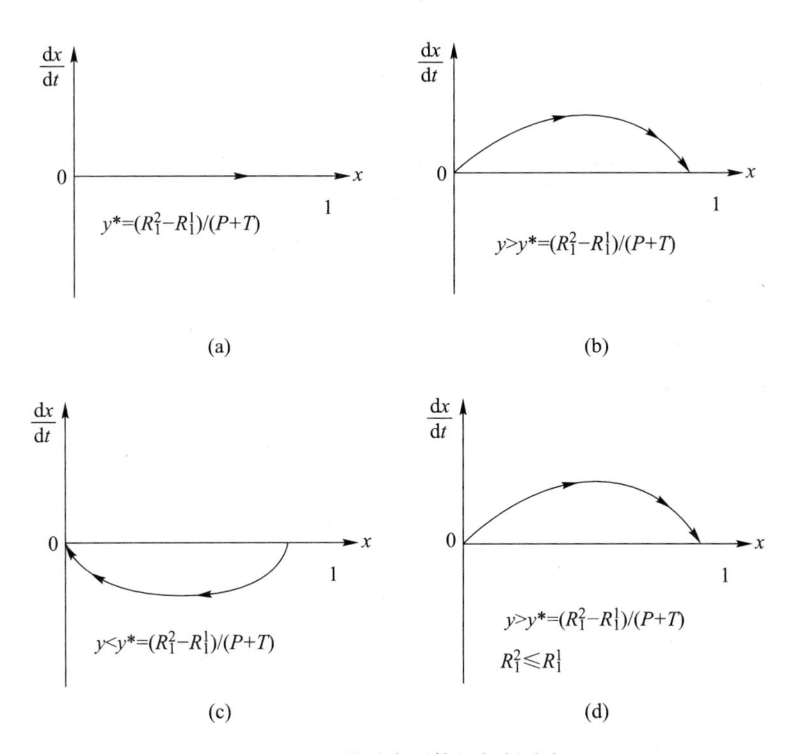

图 11.1　上游政府群体的复制动态

（二）下游政府策略的演化稳定分析

由式（11-4）和式（11-6）可得下游政府群体采取自主型策略的复制动态方程为：

$$\frac{\mathrm{d}y}{\mathrm{d}t}=y(\mu_{21}-\bar{\mu}_2)=y(1-y)[xC-xP-xT+T-C] \tag{11-9}$$

求解该方程关于 y 的一阶导数可得：

$$F'(y)=(1-2y)[xC-xP-xT+T-C] \tag{11-10}$$

令 $F(y)=0$，根据复制动态方程，求得 $y^*=0$ 和 $y^*=1$ 两个可能的稳定状态点。

（1）当 $x^*=(T-C)/(P+T-C)$ 时，总有 $F(y)=0$，即对于所有 y 水平都是稳定状态。在这种情况下，下游政府群体的复制动态如图 11.2（a）所示。从图 11.2（a）可以看出，当上游政府群体以 $(T-C)/(P+T-C)$ 的水平选择“保护”策略时，下游政府选择两种策略的收益没有区别，即对于所有 y 都是下游政府群体的稳定状态。

（2）当 $x>x^*=(T-C)/(P+T-C)$ 时，$y^*=0$ 和 $y^*=1$ 是 y 的两个可能的稳定状态点。由于 $F'(0)<0$，所以 $y^*=0$ 是演化稳定策略，下游政府群体的复制动态如图 11.2（b）所示。从图中可以看出，当上游政府群体以高于 $(T-C)/(P+T-C)$ 的水平选择“保护”策略时，下游政府群体逐渐由“自主型”向“接受型”策略转移，即“接受型”策略是下游政府群体的演化稳定策略。

（3）当 $x<x^*=(T-C)/(P+T-C)$ 时，$y^*=0$ 和 $y^*=1$ 是 y 的两个可能的稳定状态点。由于 $F'(1)<0$，所以 $y^*=1$ 是演化稳定策略，上游政府群体的复制动态如图 11.2（c）所示。

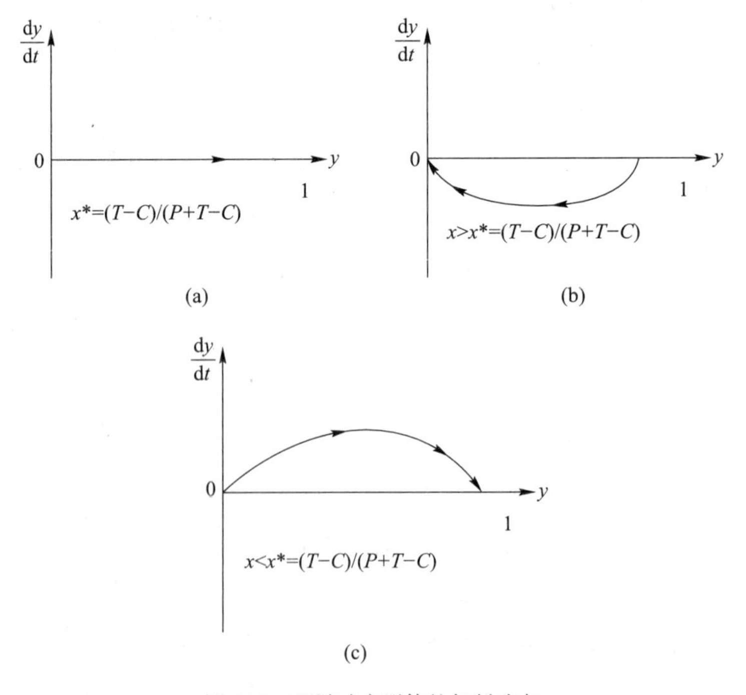

图 11.2　下游政府群体的复制动态

从图中可以看出，当上游政府群体以低于（$T-C$）/（$P+T-C$）的水平选择“保护”策略时，下游政府群体逐渐由“接受型”策略向“自主型”策略转移，即“自主型”策略是下游政府群体的演化稳定策略。

二、演化稳定参数的讨论

式（11–7）和式（11–9）构成该博弈的动态复制系统，接下来研究该动态复制系统的演化稳定策略。弗里德曼（Friedman）提出，一个微分方程系统描述群体动态，其局部均衡点的稳定性分析可由该系统的雅克比（Jacobi）矩阵的局部稳定性分析得到。[①] 根据弗里德曼的思想，对于式（11–7）和式（11–9）所描述的群体动态系统，其均衡点的稳定性由该系统的 Jacobi 矩阵的局部稳定性分析得到。

式（11–7）和式（11–9）的雅可比矩阵对应的行列式和其迹为：

$$J=\begin{bmatrix}\dfrac{\partial F(x)}{\partial x},\dfrac{\partial F(x)}{\partial y}\\ \dfrac{\partial F(y)}{\partial x},\dfrac{\partial F(y)}{\partial y}\end{bmatrix}$$

$$=\begin{bmatrix}(1-2x)(R_1^1-R_1^2+yP+yT), & x(1-x)(P+T)\\ y(1-y)(C-P-T), & (1-2y)(xC-xP-xT+T-C)\end{bmatrix} \tag{11–11}$$

$$\text{Det } J=\frac{\partial F(x)}{\partial x}.\frac{\partial F(y)}{\partial y}-\frac{\partial F(y)}{\partial y}.\frac{\partial F(y)}{\partial x} \tag{11–12}$$

$$\text{Tr}=\frac{\partial F(x)}{\partial x}+\frac{\partial F(y)}{\partial y} \tag{11–13}$$

现在根据矩阵的局部分析法，对五个均衡点进行稳定性分析，见表 11.2。

表 11.2 系统雅克比矩阵分析

局部均衡点	Det（J）	Tr（J）
A（0，0）	$(R_1^1-R_1^2)(T-C)$	$R_1^1-R_1^2+T-C$
B（1，0）	$(R_1^1-R_1^2)P$	$R_1^2-R_1^1-P$
C（0，1）	$(R_1^1-R_1^2+P+T)(C-T)$	$R_1^1-R_1^2+P+C$
D（1，1）	$-(R_1^1-R_1^2+P+T)P$	$-(R_1^1-R_1^2+T)$
E（x^*，y^*）	$\dfrac{P(T-C)(R_1^2-R_1^1)(T+P+R_1^1-R_1^2)}{(T+P)(P+T-C)}$	0

① Friedman D，“Evolutionary games in economics”，*Econometrica*，1991，59（3），pp.637–666.

本章根据上游政府群和下游政府群的收益参数的数值大小来判断该演化博弈的稳定性。

对上游政府群而言，可能存在的收益大小关系如下：

（1）μ_1（保护，自主型）>μ_1（保护，接受型）>μ_1（不保护，接受型）>μ_1（不保护，自主型）

（2）μ_1（保护，自主型）>μ_1（不保护，接受型）>μ_1（保护，接受型）>μ_1（不保护，自主型）

（3）μ_1（保护，自主型）>μ_1（保护，接受型）>μ_1（不保护，自主型）>μ_1（不保护，接受型）

即得：

（1）$R_1^1 + P > R_1^1 > R_1^2 > R_1^2 - T$

（2）$R_1^1 + P > R_1^2 > R_1^1 > R_1^2 - T$

（3）$R_1^1 + P > R_1^2 > R_1^2 - T > R_1^1$

对下游政府群而言，可能存在的收益大小关系如下：

（1）μ_2（保护，接受型）>μ_2（保护，自主型）>μ_2（不保护，自主型）>μ_2（不保护，接受型）

（2）μ_2（保护，接受型）>μ_2（不保护，自主型）>μ_2（保护，自主型）>μ_2（不保护，接受型）

（3）μ_2（保护，接受型）>μ_2（保护，自主型）>μ_2（不保护，接受型）>μ_2（不保护，自主型）

即得：

（1）$R_2^1 > R_2^1 - P > R_2^2 - C + T > R_2^2$

（2）$R_2^1 > R_2^2 - C + T > R_2^1 - P > R_2^2$

（3）$R_2^1 > R_2^1 - P > R_2^2 > R_2^2 - C + T$

三、演化系统稳定性分析

虽然上游政府群和下游政府群各存在 3 种收益情况，即该演化博弈稳定性总共存在 9 种情况，但是还需针对上文所提的参数关系，考虑不同情况分析该演化博弈的系统稳定性。

情况 1：本书将流域生态补偿与赔偿通过建立演化博弈模型，分析随着社会的进步和发展，流域上游政府群体和下游政府群体的决策变化，判断是否最终形成演化稳定策略并进行稳定性分析。从社会最优化的角度分析，D（1，1）（保护，自主型）是最优解，即上游政府群体选择保护，下游政府群体选择自主型，也即下游政府针对上游政府的保护而选择做出相应的补偿。通过分析雅克比矩阵 J 的参数可知，假设（保护，自主型）成为稳定均衡，则需满足：

$$\mathrm{Det}\ J(1,1) = -(R_1^1 - R_1^2 + P + T)P > 0 \tag{11-14}$$

$$\mathrm{Tr}(J) = -(R_1^1 - R_1^2 + T) < 0 \tag{11-15}$$

解得：

$$P + T < -(R_1^1 - R_1^2) < T \tag{11-16}$$

该不等式无解，说明在流域生态补偿中，通过上游政府群体和下游政府群体的自身演化和发展，无法自主地达成稳定的最优解。这也间接说明在流域生态补偿中，最优的稳定均衡结果无法由上游地方政府和下游地方政府自身演化达成，而需要中央政府进行适当干预。

情况 2：由表 11.2 的雅克比行列式分析可知，演化博弈均衡解的稳定性与下游政府群体的原有收益无关。这也说明在该演化博弈中，均衡解的稳定性只与上游政府群体的决策相关，而与下游政府群体决策无关。上游政府群体的决策对于演化博弈均衡的稳定性具有决定性作用，它在整个群体演化过程中是解决问题的关键。

情况 3：针对上述分析，对上游政府群体可能存在的三种收益情况进行分析和讨论。

第一，当 $R_1^1+P>R_1^1>R_1^2>R_1^2-T$，此时可能的稳定状态分析见表 11.3。

表 11.3　均衡点的局部稳定性分析结果

局部均衡点	Det（J）	Tr（J）	稳定性
A（0，0）	+	+	不稳定
B（1，0）	+	−	稳定点（ESS）
C（0，1）	−	+	不稳定
D（1，1）	−	−	不稳定
E（x^*，y^*）	−	0	鞍点

上游政府群和下游政府群在这种情况下的博弈动态演化过程如图 11.3 所示。

第二，当 $R_1^1+P>R_1^2>R_1^1>R_1^2-T$ 时，此时可能的稳定状态分析见表 11.4。这时该演化博弈无演化稳定策略。

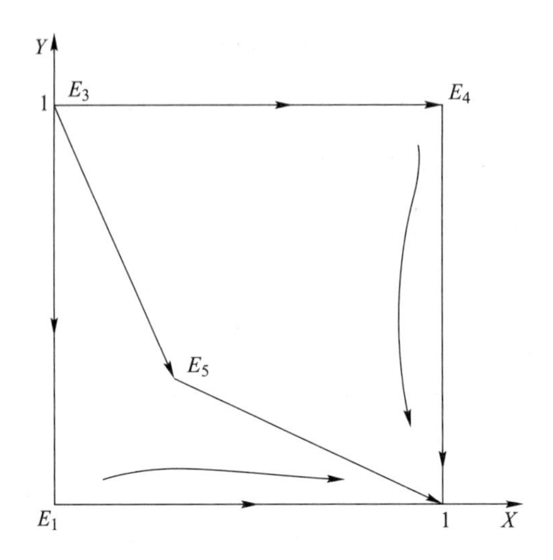

图 11.3　复制动态相位图

表 11.4　均衡点的局部稳定性分析结果

局部均衡点	Det（J）	Tr（J）	稳定性
A（0，0）	−	+−	不稳定
B（1，0）	−	−	不稳定
C（0，1）	−	+	不稳定
D（1，1）	−	+−	不稳定
E（x^*，y^*）	+−	0	鞍点

第三，当 $R_1^1+P>R_1^2>R_1^2-T>R_1^1$ 时，此时可能的稳定状态分析见表 11.5。此时该演化博弈也无演化稳定策略。

表 11.5　均衡点的局部稳定性分析结果

局部均衡点	Det（J）	Tr（J）	稳定性
A（0，0）	−	−	不稳定
B（1，0）	−	−	不稳定
C（0，1）	−	+	不稳定
D（1，1）	−	−	不稳定
E（x^*，y^*）	+−	0	鞍点

综上所述，只有符合以下条件：$R_1^1+P>R_1^1>R_1^2>R_1^2-T$，即在上游政府保护河流下游政府为自主型时，上游政府的收益大于上游政府不保护河流下游为接受型策略，此时该演化博弈才存在稳定均衡，为（1，0），即（保护，接受型）。这也说明“谁保护谁受益”，但是却没有满足“谁受益谁补偿”，所以这种情况往往是难以实现的。这就需要中央政府

加大转移支付力度，通过中央政府对上游的补偿来增加上游政府保护河流情况下的收益，促使（保护，接受型）成为演化稳定策略。

情况 4: 演化博弈和与承诺行动。以往的承诺行动，意味着参与人在博弈之前采取某种措施改变自己的行动空间或支付函数，原本不可置信的威胁就可能变得可置信，这样博弈的均衡就能得到改变。本章认为在演化博弈中同样存在一种承诺行动，能够改变演化策略均衡。

在该演化博弈中，如果上游政府群做出相应的行为，透露自己可能保护的信息大于可能的稳定状态点，即 $X>\frac{T-C}{P+T-C}$，此时下游政府群体选择自主型的比例将会扩大，博弈的稳定策略点将会移动到（1，1），即（保护，自主型）成为系统稳定的均衡解。例如，上游增加环保产业的资金投入、建立污水处理厂等，那么，对于下游政府群体也是如此。

情况 5: 决策与策略。在长时间内，任何理性人的策略都会转化为决策行动，因为任何策略都是依赖于相关群体的决策，所以可以认为是相关群体的决策决定另外相关群体的策略。如果上游政府确定做出保护河流的决策，那么下游政府的策略也会做出相应的改变，即选择一个符合自己长期利益最大化的决策——自主型的补偿策略。

第五节　本章总结

本章运用演化博弈理论，研究了在流域生态补偿和污染赔偿中的决策行为与互动机制。基于上游政府和下游政府有限理性的条件下，得出了以下四点结论。

第一，在流域生态补偿中，无论是基于什么原则下的补偿或赔偿，仅仅依靠上游地方政府和下游地方政府是无法实现最优结果的，必须依靠中央政府对相关群体做出收益上的补偿或处罚才能促使上游政府保护河流、下游政府对上游政府进行资金和物质上的补偿，实现社会福利最优。

第二，由于流域的地理特殊性，上游政府往往对双方结果具有决定性影响。所以，如何确保上游地区的长期收益最大化是中央政府和下游地方政府必须首先考虑的。在我国相关案例分析中，可以认为要实现河流的长期可持续发展，下游政府必须依托中央政府和自身特点对上游政府进行各方面的补偿和提供优惠扶助政策，这样才能使全流域可持续健康发展。

第三，在该演化博弈中，上游政府群体和下游政府群体的演化固然重要，但是在演化过程中给予一定的信息或实施一定的外部条件，就可以影响演化博弈的稳定策略均衡。例如，上游政府可以通过透露自己将建立大型化工厂等信息给下游政府实施压力，这样下游政府将会更多地偏向选择自主型策略。

第四，该演化博弈只有一个演化稳定策略均衡，如何确保该稳定均衡是中央政府必须考虑的。所以，中央政府应该确保上游政府在保护河流而下游不补偿时的收益，比自己不保护河流而下游不上诉时的收益大，这时演化稳定策略才能成为一个长时间的稳定均衡，这给我国流域生态综合管理提出了更高的要求。

第十二章　辽河流域行政区界排污权初始分配模型构建与实证测算

第一节　问题的提出与研究的意义

多年来我国环境状况公报显示，辽河水系总体重度污染，主要污染指标为化学需氧量（COD）和氨氮（NH_3N）。经过十多年治理，水体污染趋势基本得到遏制，但目前辽河流域水环境污染仍十分严重，致使流域地区水资源及生态环境矛盾日益尖锐，给流域地区经济发展造成了损失。科斯定理认为，产权界定不清晰是导致环境外部性存在的重要原因。流域水污染以及生态环境破坏这种环境负外部性正是由于流域水权（水排污权是重要的水权之一）界定不清晰导致的。因此，运用市场手段探索排污权交易以完善辽河流域的水权制度便是解决水污染的有效途径之一。

根据我国已有研究和实践经验，排污权交易被大量用在工业废气，如二氧化硫、二氧化碳的排放上，对流域排污权交易的研究还处于起步阶段。流域排污权交易是通过一定方式将排放污水的权利分配给污染者，同时允许这种排污权在市场上进行交易，最终达到控制水污染的目的。实施流域排污权交易面临的第一个问题便是排污权的初始分配，它不仅是一个环境问题，还是一个政治和经济问题。排污初始权的多少是决定一个区域未来发展状况的制约因素，而排污初始权分配过程也是一个地区总量削减和产业结构调整的有效手段。本章旨在探索排污权交易在辽河流域水污染上的应用，确立辽河流域排污权初始值在各行政区域内的分配。

第二节　关于排污权交易研究的文献综述

排污权交易，又称可交易的许可证制度，指在满足环境要求的基础上，对污染物的排放权进行量化管理，并且允许这种权利在市场上进行交易。美国是世界上最早开展排污权交易的国家，始于 1975 年的“气泡计划”。流域排污权交易就是将这种制度应用于流域环境管理方面。

实施排污权交易制度，在理论和实践中首先要解决的一个关键问题是初始排污权的分配。国外对此问题的研究和探索要早于我国，周迅、詹姆斯·杰夫（James Geoff）等人（2010）在研究二氧化碳排污权交易问题时指出，免费分配初始排污权是排污权初始分配的最佳方式，能够弥补污染企业为减少二氧化碳排放所支付的成本损失。[①] 恩佐·萨乌马（Enzo E. Sauma）等人（2011）提出了促使污染企业和排污权分配当局通过交流来讨论不同初始分配方式对社会福利的影响。[②] 卡松·蒂莫西（Cason N. Timothy）、甘加达兰·拉塔（Gangadharan Lata）等人（2003）通过实证研究发现，在进行排污权交易的初始分配时，如果交易市场被垄断企业控制，污染物的交易价格就会被抬高，交易效率反会下降。[③] 纳哈斯基·兹比格纽（Nahorski Zbigniew）和霍让比克·乔安娜（Horabik Joanna）（2008）认为，污染企业存货的不确定和不参与排污权交易所能接受的风险度是影响排污权交易初始分配的重要因素。[④] 我国学者对排污权交易的初始分配问题也进行了一定的探索和研究，赵文会等人（2007）以最优性和分配公平性为基础，考虑各地的环境质量状况、环境容量、排放系数和削减能力等综合因素，给出了排污权免费分配的一个极大极小模型。[⑤] 如果排污权初始分配不当，在不完全竞争条件下就会降低排污权交易的效率。王成勇（2010）以不完全竞争市场为出发点，建立了一个以成本效率为目标的排污权初始分配模型，目的是使有限的环境资源得到有效利用。[⑥] 刘昌臣等人（2010）指出，

---

① Zhou Xun，James Geoff，Liebman，et al.，“Partial carbon permits allocation of potential emission trading scheme in Australian electricity market”，*IEEE Transactions on Power Systems*，2010，25（1），pp.543-553.

② Enzo E Sauma，Samuel Jerardino，Carlos Barria，et al.，“Electric-systems integration in the Andes community：Opportunities and threats”，*Energy Policy*，2011，39（2），pp.936-949.

③ Cason Timothy N，Gangadharan Lata，Charlotte Duke，“A laboratory study of auctions for reducing non-point source pollution”，*Journal of Environmental Economics and Management*，2003，46（3），pp.446-471.

④ Nahorski Zbigniew，Horabik Joanna，“Greenhouse gas emission permit trading with different uncertainties in emission sources”，*Journal of Energy Engineering*，2008，134（2），SPECIAL ISSUE：Implications of CO_2 Emissions Policies on the Electric Power Sector，pp.47-52.

⑤ 赵文会、高岩、戴天晟：《初始排污权分配的优化模型》，《系统工程》2007 年第 6 期，第 57~61 页。

⑥ 王成勇：《基于成本效率的排污权初始分配模型试建》，《技术与市场》2010 年第 6 期，第 12~13 页。

排污权初始分配的最优性取决于信息是否完全，不完全信息会导致排污权无法达到最优配置。[①] 对于流域排污权交易，于术桐等人（2009）指出，以行政管理区为交易的主体可降低大流域内排污权交易成本，并比较了按需分配法、改进的同比例削减法、排污绩效法、综合法、环境容量法等五种排污权初始分配模式。[②] 张兴榆等人（2009）认为，在目前国内产品市场尚不完善的情形下，流域内不同行政单元的排污权初始分配问题应采取自上而下的计划分配方式，在现行政策指导下，通过不同行政单元之间的合作共同解决流域污染问题。[③]

综上所述，首先，目前我国对排污权交易特别是流域排污权交易的研究尚处于理论探索阶段，实践应用并不成熟；其次，不少学者对排污权交易的初始分配方式进行了研究，比较了有偿分配和免费分配的优缺点，但对初始分配量的确定方法并没有统一的认识；最后，辽河流域虽是我国重点治理的“三江三河”之一，但是对其排污权交易的研究还处于尝试阶段。本章旨在运用 AHP 方法，提出辽河流域排污权初始分配的综合模式，具体确定流域流经省份的排污权初始分配值，为辽河流域排污权交易制度的建立与深入探索提供指导。

第三节　辽河流域排污权初始分配指标体系构建

一、层次分析法及其决策步骤

层次分析法（AHP）是一种多目标决策分析方法，用以解决相互关联、相互制约的众多因素构成的复杂系统问题，结合定量分析和定性分析将人的主观判断用数量形式表达与处理的方法。

运用 AHP 进行决策时，大体可分为四个步骤。

第一步，分析系统中各因素之间的关系，建立系统的递阶层次结构，包括目标层、准则层和方案层；同一层次的元素作为准则对下一层次的某些元素起支配作用，同时它

① 刘昌臣、肖江文、罗云峰:《实施最优排污权配置》,《系统工程理论与实践》2010 年第 12 期，第 2151~2156 页。
② 于术桐、黄贤金、程绪水等:《流域排污权初始分配模式选择》,《资源科学》2009 年第 7 期，第 1175~1180 页。
③ 张兴榆等:《水功能区划在流域排污权初始分配中的应用: 以沙颍河流域为例》,《生态环境学报》2009 年第 1 期，第 116~121 页。

又受上一层次元素的支配。

第二步，对同一层次的各元素关于上一层次中某一准则的重要性进行两两比较，构造两两比较判断矩阵。在这一步中，决策者要反复斟酌，针对某一准则，两个元素哪个更重要，重要多少，并按比例标度对重要性程度赋值。

第三步，将判断矩阵归一化处理，计算被比较元素对于该准则的相对权重，构造相对权重矩阵，并进行一致性检验（一致性检验是判断估计结果可靠性的重要标准）。

第四步，根据各层元素的相对权重矩阵计算其对系统目标的合成权重，构造合成权重矩阵，并进行一致性检验，合成权重矩阵中各元素表示了为实现既定目标各个方案对应的权重系数。

二、建立辽河流域排污权初始分配指标体系

本章运用 AHP 估算辽河流域实施流域排污权交易时，排污权在各省（自治区、直辖市）之间的初始分配值，是将复杂问题分解成各个组成因素，又将这些因素按支配关系分组形成递阶层次结构，通过两两比较的方式确定层次中诸因素的相对重要性，然后综合确定决策方案相对重要性的总的排序。其中，递阶层次结构由三部分组成，分别为目标层、准则层和方案层。

首先，确立目标层。目标层只有一个元素即辽河流域排污权初始值在河北、内蒙古、吉林和辽宁四省（自治区）之间的分配。

其次，确立准则层。准则层是根据目标层确立的，本章认为要确定流域排污权初始分配值这一目标，需要有四方面的考虑，即污染状况、经济发展、公平性和科技水平。第一，污染状况准则主要指流域流经的四省（自治区）目前总体的污染状况，包括工业污染和生活污染两方面，流域排污权初始分配值必然受当前各地区污染状况的影响，为了使流域水污染总量得到有效控制，一般认为污染越严重的地区应当给予越少的排污权初始值。第二，经济发展准则主要指流域流经的四省（自治区）目前的经济发展状况，经济发展越快的地区应当给予越多的排污权初始值，这里所指的经济发展不单指经济的片面增长，还包括高新技术产业的发展。第三，公平性准则是相对效率性而言的，在进行流域排污权初始值分配时不仅要考虑分配效率，同时要注重分配的公平性，否则流域排污权交易这项制度实施的长久性和有效性就难以确保。第四，科技水平准则主要是考虑流域流经各省区目前是否具有与改善流域环境污染状况相匹配的科技发展水平，一般认为，科技水平越高的地区应给予越高的排污权初始值。

最后，确立方案层。方案层是针对以上准则层分层情况分别选取不同的指标来衡量污染状况、经济发展、公平性和科技水平。

（1）污染状况指标。污染状况指标包括污染物排放量、工业废水排放达标量、废水污水排放量。考虑到数据的可得性以及流域排污权交易的对象，污染物排放量指生活污水和工业废水中化学需氧量和氨氮的排放量，是一个逆向指标。废水污水排放量指工业废水和生活污水的排放量，也是一个逆向指标。工业废水排放达标量指在排放的工业废水中达到国家制定的排放标准的排放量，是一个正向指标。

（2）经济发展指标。经济发展指标包括地区生产总值和工业生产总值。这两个指标数据在运用时都需要用价格指数进行处理，将名义值转化为实际值，其中工业总产值不仅包括重化工业的产值，而且包括高新技术产业的产值，两个指标均是正向指标。

（3）公平性指标。公平性指标包括地区人口总数和地区非农人口比例。地区人口总数越高、非农人口比例越高所需的排污权初始分配值必然越高，均是正向指标。

（4）科技水平指标。科技水平指标包括废水处理设备数和大中型工业企业科研项目数。这两个指标主要反映改善流域水污染环境的科技水平，一个地区的科技水平越高，其潜在的减污能力和治污能力也就越强，因此，这两个指标均是正向指标。

本章将流域排污权初始分配值确定这一复杂问题分解成三个层次，最终要确定流域排污权初始分配的最佳方案，即各个方案对目标层的相对权重，引入准则层只是将复杂问题简单化的一个过程。

第四节　辽河流域排污权初始分配的 AHP 模型

一、确立辽河流域排污权初始分配层次结构

本章将辽河流域排污权初始分配值的确定作为目标层，将实现该目标相关的主要因素作为准则层，各准则层下的各指标作为指标层，将河北、内蒙古、吉林和辽宁四省（自治区）的流域排污权初始分配值作为方案层，构建的系统结构模型如图 12.1 所示。

二、确定各项指标的权重矩阵

在研究流域水权分配时，葛颜祥等人（2002）认为让流域各省代表对指标的重要性

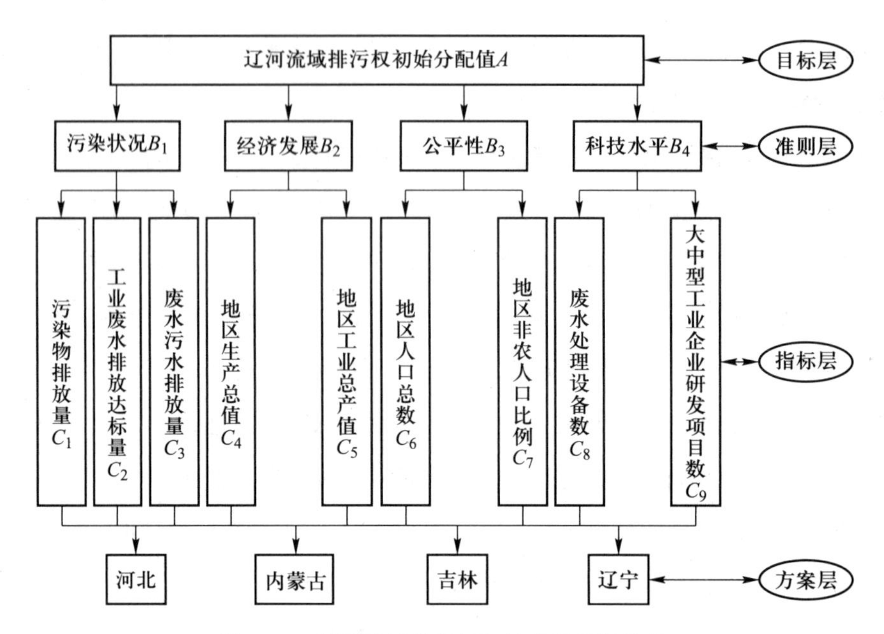

图 12.1　辽河流域排污权初始分配系统结构

进行打分、排序，间接地决定各指标在流域初始水权分配中的权重大小，实际上是流域各省（自治区、直辖市）间谈判和投票机制的一种运用，充分体现了它们在初始水权分配上的博弈关系。[①] 尹云松和孟令杰（2006）指出，对于指标权重的求解首先可以请不同领域的专家和流域各省（自治区、直辖市）的行政代表分别对各指标打分，在此基础上，按照专家和行政代表各占 50% 的比重得出各指标的分值，由此对各指标重要性进行排序，得到判断矩阵。[②] 该方法同样也可以用在流域排污权初始分配确立的问题上。

（一）污染状况权重矩阵的确定及一致性检验

本章选取污染物排放量 C_1、工业废水排放达标量 C_2、废水污水排放量 C_3 作为衡量污染状况的三个指标。确定污染状况的指标权重就是确定这三个指标分别对污染状况的贡献度。综合多位专家意见构造的污染状况判断矩阵见表 12.1。

表 12.1　污染状况判断矩阵

	C_1	C_2	C_3
C_1	1	2	3
C_2	1/2	1	2
C_3	1/3	1/2	1

① 葛颜祥、胡继连、解秀兰：《水权的分配模式与黄河水权的分配研究》，《山东社会科学》2002 年第 4 期，第 35~39 页。
② 尹云松、孟令杰：《基于 AHP 的流域初始水权分配方法及其应用实例》，《自然资源学报》2006 年第 4 期，第 645~652 页。

令表 12.1 的判断矩阵为 $\boldsymbol{B}_1=(b_{ij})$，将 $\boldsymbol{B}_1$ 根据 $b_{ij}^*=\dfrac{b_{ij}}{\sqrt{\sum_{i=1}^{n}b_{ij}^2}}$ 进行标准化处理，得归一化后的判断矩阵 $\boldsymbol{B}_1^*=(b_{ij}^*)$，则污染状况的权重矩阵 $\boldsymbol{w}_1=\dfrac{\sum_{j=1}^{n}b_{ij}^*}{\sum_{k=1}^{n}\sum_{j=1}^{n}b_{kj}^*}=(0.54,0.3,0.16)^T$，即污染物排放量指标 C_1 对污染状况的贡献度是 0.54，工业废水排放达标量指标 C_2 对污染状况的贡献度是 0.3，废水污水排放量指标 C_3 对污染状况的贡献度是 0.16。此时，$\lambda_{\max}=3$，$CI_1=0$，$RI_1=0.52$，因此 $CR_1=\dfrac{CI_1}{RI_1}=0<0.1$，通过一致性检验。

（二）经济发展权重矩阵的确定及一致性检验

本章选取地区生产总值 C_4 和地区工业总产值 C_5 作为衡量经济发展的两个指标。确定经济发展的指标权重就是确定这两个指标分别对经济发展的贡献度。综合多位专家意见构造的经济发展判断矩阵见表 12.2。

表 12.2　经济发展判断矩阵

	C_4	C_5
C_4	1	3
C_5	1/3	1

令表 12.2 的判断矩阵为 $\boldsymbol{B}_2=(c_{ij})$，将 $\boldsymbol{B}_2$ 根据 $c_{ij}^*=\dfrac{c_{ij}}{\sqrt{\sum_{i=1}^{n}c_{ij}^2}}$ 进行标准化处理，得归一化后的判断矩阵 $\boldsymbol{B}_2^*=(c_{ij}^*)$，则经济发展的权重矩阵 $\boldsymbol{w}_2=\dfrac{\sum_{j=1}^{n}c_{ij}^*}{\sum_{k=1}^{n}\sum_{j=1}^{n}c_{kj}^*}=(0.75,0.25)^T$，即地区生产总值指标 C_4 对经济发展的贡献度是 0.75，工业总产值指标 C_5 对经济发展的贡献度是 0.25。此时，$\lambda_{\max}=2$，$CI_2=0$，$RI_2=0$，$CR_2=\dfrac{CI_2}{RI_2}=0<0.1$，通过一致性检验。

（三）公平性权重矩阵的确定及一致性检验

本章选取地区人口总数 C_6 和地区非农人口比例 C_7 作为衡量公平性的两个指标。确定公平性的指标权重就是确定这两个指标分别对公平性的贡献度。综合多位专家意见构造的公平性判断矩阵见表 12.3。

表 12.3 公平性判断矩阵

	C_6	C_7
C_6	1	1
C_7	1	1

令表 12.3 的判断矩阵为 $\boldsymbol{B}_3=(d_{ij})$，将 $\boldsymbol{B}_3$ 根据 $d_{ij}^*=\dfrac{d_{ij}}{\sqrt{\sum\limits_{i=1}^{n}d_{ij}^2}}$ 进行标准化处理，得归一化后的判断矩阵 $\boldsymbol{B}_3^*=(d_{ij}^*)$，则公平性的权重矩阵 $\boldsymbol{w}_3=\dfrac{\sum\limits_{j=1}^{n}d_{ij}^*}{\sum\limits_{k=1}^{n}\sum\limits_{j=1}^{n}d_{kj}^*}=(0.5,0.5)^T$，即地区人口总数指标 C_6 对公平性的贡献度为 0.5，地区非农人口比例指标 C_7 对公平性的贡献度为 0.5。此时，$\lambda_{\max}=2$，$CI_3=0$，$RI_3=0$，$CR_3=\dfrac{CI_3}{RI_3}=0<0.1$，通过一致性检验。

（四）科技水平权重矩阵的确定及一致性检验

本章选取废水处理设备数 C_8 和大中型工业企业研发项目数 C_9 作为衡量科技水平的两个指标。确定科技水平的指标权重就是确定这两个指标对科技水平的贡献度。综合多位专家意见构造的科技水平判断矩阵见表 12.4。

表 12.4 科技水平判断矩阵

	C_8	C_9
C_8	1	3
C_9	1/3	1

令表 12.4 的判断矩阵为 $\boldsymbol{B}_4=(e_{ij})$，将 $\boldsymbol{B}_4$ 根据 $e_{ij}^*=\dfrac{e_{ij}}{\sqrt{\sum\limits_{i=1}^{n}e_{ij}^2}}$ 进行标准化处理，得归一化后的判断矩阵 $\boldsymbol{B}_4^*=(e_{ij}^*)$，则科技水平的权重矩阵 $\boldsymbol{w}_4=\dfrac{\sum\limits_{j=1}^{n}e_{ij}^*}{\sum\limits_{k=1}^{n}\sum\limits_{j=1}^{n}e_{kj}^*}=(0.75,0.25)^T$，即废水处理设备数指标 C_7 对科技水平的贡献度为 0.75，大中型工业企业研发项目数指标 C_9 对科技水平的贡献度为 0.25。此时，$\lambda_{\max}=2$，$CI_4=0$，$RI_4=0$，$CR_4=\dfrac{CI_4}{RI_4}=0<0.1$，通过一致性检验。

（五）目标层权重矩阵的确定及一致性检验

目标层辽河流域排污权初始分配值 A 所对应的准则层有四个要素，分别为污染状况 B_1、经济发展 B_2、公平性 B_3 和科技水平 B_4，确定目标层的权重矩阵就是确定准则层这四个要素分别对目标层的贡献度。综合多位专家意见构造的目标层判断矩阵见表 12.5。

表 12.5　目标层判断矩阵

	B_1	B_2	B_3	B_4
B_1	1	1	2	3
B_2	1	1	2	3
B_3	1/2	1/2	1	1
B_4	1/3	1/3	1	1

令表 12.5 的判断矩阵为 $\boldsymbol{A}=(a_{ij})$，将 $\boldsymbol{A}$ 根据 $a_{ij}^{*}=\dfrac{a_{ij}}{\sqrt{\sum_{i=1}^{n}a_{ij}^{2}}}$ 进行标准化处理，得归一化后的判断矩阵 $\boldsymbol{A}^{*}=(a_{ij}^{*})$，则目标层的权重矩阵 $\boldsymbol{p}=\dfrac{\sum_{j=1}^{n}a_{ij}^{*}}{\sum_{k=1}^{n}\sum_{j=1}^{n}a_{kj}^{*}}=(0.35,0.35,0.16,0.14)^{T}$，

即要素 B_1 污染状况对目标层的贡献度为 0.35，要素 B_2 经济发展对目标层的贡献度为 0.35，要素 B_3 公平性对目标层的贡献度为 0.16，要素 B_4 科技水平对目标层的贡献度为 0.14。此时，$\lambda_{\max}=4.019$，$CI=0.006$，$RI=0.89$，$CR=\dfrac{CI}{RI}=0.006\ 7<0.1$，通过一致性检验。

（六）合成权重矩阵的确定及一致性检验

通过以上步骤得到的都是单一准则下元素的相对权重，构建系统结构的目的是确定各指标对目标层的权重，选定实现辽河流域排污权初始分配这一目标的最优方案。C_1、C_2、C_3 对 B_1 的权重矩阵为 $\boldsymbol{w}_1$，C_4、C_5 对 B_2 的权重矩阵为 $\boldsymbol{w}_2$，C_6、C_7 对 B_3 的权重矩阵为 $\boldsymbol{w}_3$，C_8、C_9 对 B_4 的权重矩阵为 $\boldsymbol{w}_4$，那么这些指标对准则层可构造一个联合权重矩阵 $\boldsymbol{w}=(\boldsymbol{w}_1,\ \boldsymbol{w}_2,\ \boldsymbol{w}_3,\ \boldsymbol{w}_4)$，又 B_1、B_2、B_3、B_4 对 A 的权重矩阵为 $\boldsymbol{p}$，则 C_1~C_9 对 A 的合成权重矩阵：

$$\boldsymbol{w}^{*}=\boldsymbol{w}\cdot\boldsymbol{p}=(0.189,\ 0.105,\ 0.056,\ 0.262\ 5,\ 0.087\ 5,\ 0.08,\ 0.08,\ 0.105,\ 0.035)^{T}$$

即污染物排放量、工业废水排放达标量、废水污水排放量、地区生产总值、地区工业总产值、地区人口总数、地区非农人口比例、废水处理设备数、大中型工业企业研发

项目数对确定辽河流域排污权初始分配值的贡献度分别为0.189、0.105、0.056、0.262 5、0.087 5、0.08、0.08、0.105、0.03。

此时 $CI^*=(CI_1, CI_2, CI_3, CI_4)\cdot \boldsymbol{p}^T=0$，$RI^*=(RI_1, RI_2, RI_3, RI_4)\cdot \boldsymbol{p}^T=0.182$，$CR^*=\frac{CI^*}{RI^*}=0$，通过一致性检验。

三、指标权重矩阵的标准化处理

在以上9个主要指标中，污染物排放量和废水污水排放量是逆向指标，其余都是正向指标。本章选用线性比例变换法将 m_1 标准化，因经线性比例变换法处理后，正、逆向指标均转化为正向指标，便于计算。辽河流域四省（自治区）的指标矩阵 m_1 见表12.6，线性比例变换矩阵 m_1 见表12.7。

表12.6 辽河流域四省（自治区）的指标矩阵

	污染物排放量/万吨	工业废水排放达标量/万吨	废水污水排放量/万吨	地区生产总值/亿元	地区工业总产值/亿元	地区总人口数/人	地区非农人口比例/%	废水处理设备数/个	大中型工业企业研发项目数/个
河北	62.52	108 166	244 989	15 668.62	14 206.56	62 243	61.9	3 869	3 743
内蒙古	31.25	24 366	73 155	8 332.12	5 484.23	21 499	51.1	889	688
吉林	38.94	30 621	109 714	6 407.35	5 579.23	24 349	56.4	638	1 026
辽宁	62.52	64 593	217 155	13 450.48	13 243.54	34 065	68.3	1 798	5 867

资料来源：根据2006—2016年《中国统计年鉴》数据整理而得。

具体方法为：$m_1=(m_{ij})$，对于正向指标，取 $m_j=\max m_{ij}$，则 $m_{ij}^*=\frac{m_{ij}}{m_j}$；对于逆向指标，取 $m_j=\min m_{ij}$，则 $m_{ij}^*=\frac{m_j}{m_{ij}}$，经线性比例变换后的指标矩阵为 $\boldsymbol{m}_1=(m_{ij}^*)$。

表12.7 线性比例变换矩阵

	污染物排放量/万吨	工业废水排放达标量/万吨	废水污水排放量/万吨	地区生产总值/亿元	地区工业总产值/亿元	地区总人口数/人	地区非农人口比例/%	废水处理设备数/个	大中型工业企业研发项目数/个
河北	0.499 8	1.000 0	0.298 6	1.000 0	1.000 0	1.000 0	0.906 3	1.000 0	0.638 0
内蒙古	1.000 0	0.225 2	1.000 0	0.531 8	0.386 0	0.345 4	0.748 2	0.229 8	0.117 3
吉林	0.802 5	0.283 1	0.666 8	0.408 9	0.392 7	0.391 2	0.825 8	0.164 9	0.174 9
辽宁	0.499 8	0.597 2	0.336 9	0.858 4	0.932 2	0.547 3	1.000 0	0.464 7	1.000 0

资料来源：根据表12.6数据计算而得。

四、确定辽河流域各省区的排污权初始分配比例

由以上分析得出对排污权初始分配的权重矩阵为：

$$\boldsymbol{w}^*=(0.189，0.105，0.056，0.262\,5，0.087\,5，0.08，0.08，0.105，0.035)^T$$

指标矩阵为 $\boldsymbol{m}_1^*$，则辽河流域四省区的排污权初始分配比例矩阵为：

$$\boldsymbol{Q}=\boldsymbol{m}_1^*\cdot\boldsymbol{w}^*=(0.846，0.557\,7，0.481\,2，0.690\,5)^T$$

将其标准化处理后得 $\boldsymbol{Q}^*=(0.328\,5，0.216\,5，0.186\,8，0.268\,1)^T$，即河北省的流域排污权初始分配比例为 0.328 5，内蒙古自治区的流域排污权初始分配比例为 0.216 5，吉林省的流域排污权初始分配比例为 0.186 8，辽宁省的流域排污权初始分配比例为 0.268 1。

五、估算辽河流域各省区排污权初始分配值

为保证辽河流域排污权交易实施的有效性和持久性，本章在确定辽河流域排污权初始分配值时有两点考虑：第一，流域排污权交易的主要对象是化学需氧量和氨氮，因此初始分配时分配的也是化学需氧量和氨氮两种污染物的排放量，包括生活污水中排放的化学需氧量和氨氮，工业废水中排放的化学需氧量和氨氮；第二，流域排污权交易的目的是降低污染控制成本，同时使流域内的水污染状况逐步得到改善。因此，流域排污权初始分配值应该是逐年降低的，首次分配总量取过去几年的最低值。

基于数据的可得性，本章比较了河北、内蒙古、吉林、辽宁四省（自治区）2003—2009 年工业废水和生活污水中化学需氧量和氨氮排放量并进行加总后，认为 2003—2009 年四省（自治区）工业废水和生活污水中化学需氧量排放最低值为 171.21 万吨，氨氮排放最低值为 17.6 万吨。因此，根据上述计算，可以得出辽河流域各省区化学需氧量排污权初始分配值为 $171.21\cdot\boldsymbol{Q}^*=(56.24，37.07，31.98，45.90)^T$，即河北省、内蒙古自治区、吉林省、辽宁省化学需氧量排污权初始分配值分别为 57.01 万吨、27.5 万吨、36.6 万吨、50.1 万吨；辽河流域各省（自治区）氨氮排污权初始分配值为 $17.6\cdot\boldsymbol{Q}^*=(5.78，3.81，3.29，4.72)^T$，即河北省、内蒙古自治区、吉林省、辽宁省氨氮排污权初始分配值分别为 5.59 万吨、2.9 万吨、2.86 万吨、6.25 万吨。

第五节　研究结论与讨论

对辽河流域实施排污权交易制度，初始排污权的分配问题是基础也是关键，能否准确确定流域排污权的初始分配值，确保其效率性和公平性，直接关系到流域排污权交易制度实施的效果。

本章运用层次分析法估算辽河流域流经各省区的排污权初始分配值，得出如下四点结论：第一，确定流域排污权初始分配值时不仅要考虑效率性，还要注重公平性，只有将两者结合起来才能确保流域排污权交易制度实施的有效性和持久性。第二，由于河北省的地区生产总值、地区工业总产值、地区人口总数、废水处理设备数等指标较其他省区都占有绝对优势，因此其得到的流域排污权初始分配比例最高，辽宁省由于其地区生产总值、地区工业总产值、地区非农人口比例、大中型工业企业研发项目数的优势，得到的排污权初始分配比例次之，排在最后是内蒙古自治区和吉林省。第三，各省（自治区）分配到的化学需氧量初始排污权和氨氮初始排污权较过去年份都有所变动，这说明科学分配初始排污权才能逐步控制和降低污染总量；除此之外，改善流域生态环境还需要从总量上逐年降低初始排污权的分配。第四，需要注意的是，交易的对象不宜进行相互交易，即化学需氧量只能和化学需氧量进行交易，氨氮只能和氨氮进行交易。

目前，我国对流域排污权交易的研究和实践还处于起步阶段，在未来应逐步增加交易对象和交易主体，使流域排污权交易制度形成一个体系；同时，在保证交易效率的同时，更要考虑各行政区域的差异性，以保证流域实施排污权交易制度的公平。

第十三章　辽河流域上游山区生态补偿绩效评估研究

第一节　问题提出与研究目的

生态补偿是人类在保护环境、改善生态环境的过程中，提出的一种以经济学为理论基础的制度安排。按照“中国环境与发展国际合作委员会”对生态补偿的定义：“生态补偿是一种以保护生态服务功能、促进人与自然和谐相处为目的，根据生态系统服务价值、生态保护成本、发展机会成本，运用财政、税收、市场等手段，调节生态保护者、受益者和破坏者经济利益关系的制度安排。”国外生态补偿主要采取对生态服务支付的形式，如加拿大联邦政府的“永久性草原覆盖恢复计划”（PPCRP）、美国的保护与储备计划（CRP）、环境质量激励项目（EQIP）以及欧盟的农业环境保护项目。自 20 世纪 90 年代起，中国也在 11 个省（自治区）的 685 个县（单位）和 24 个国家级自然保护区开展了征收生态环境补偿费的试点。[①] 根据《国务院关于生态补偿机制建设工作情况的报告》，2012 年，已有 27 个省（自治区、直辖市）建立了省级财政森林生态效益补偿基金，资金规模达 51 亿元；有 30 个省（自治区、直辖市）建立了矿山环境恢复治理保证金制度，累积缴纳保证金 612 亿元；还有包括对草原、湿地、流域、水源地、海洋及重点生态功能区的专项补贴。作为一种公共财政支出，如此大规模的补偿资金投入是否达到预期效果，是否对生态环境的改善起到显著作用是决策者必须关注的问题，这为开展生态补偿绩效评价的研究提供了现实需要。

①《国家环保总局将在四领域开展生态补偿试点》，《环境保护》2007 年第 18 期，第 68 页。

目前，中国对于生态补偿的研究主要集中在理论体系的构建、机制的探索、补偿对象、补偿方式以及补偿金的确定等方面，即关注的是补偿前阶段的研究，而较少涉及对现有补偿项目绩效的评价、评估，即补偿后阶段的研究。现有生态绩效评估的研究也限于方法选取、数据获得、指标确定等方面的制约，还难有科学、客观、准确的标准研究。这些研究的缺陷主要表现为两方面：第一，没有就一个案例给出具体的指标和明确的生态综合绩效值，无法进行进一步的定量统计分析；第二，缺乏对现有前沿评估方法的运用，所运用的研究方法缺陷较多，评估结果难以达到预期效果，缺乏科学性、客观性。由于中国地域辽阔，并没有全国性的生态补偿政策，补偿的实施主要以区域为主，相应研究也主要关注区域补偿政策对本区域发展所产生的效果。因此，本章选择辽宁东部山区森林生态补偿作为案例，通过运用倾向值分析方法对生态补偿政策效应及其影响因素进行评估，以期为全国其他补偿项目绩效评估提供参考。

本章以辽河流域上游的辽东山区 2009—2012 年 27 个农业县为例进行分析，利用熵权法、面板回归方法以及倾向值匹配法，在得出生态绩效综合值的基础上对其进行比较分析，通过生态绩效考察生态补偿政策的实际效应，并最终考察生态补偿绩效的影响因素。

第二节　关于生态补偿绩效研究的文献述评

对生态补偿的研究主要是两大领域，即补偿前研究（包括理论探索、前期评估、补偿机制研究、补偿标准及补偿方式的确定）和补偿后研究（包括效果评估、经验总结、案例分析）。对于前者，国内外研究成果相对较多，体系比较健全，主要原因在于该领域以理论、模型和方法的构建为主，开展研究受客观条件制约较少。对于后者，目前的研究相对较少，而国外的研究无论是方法的运用、数据的收集，还是效果评估的科学性都值得国内学习。在国外，生态补偿主要采取生态服务价值支付（PES）的形式，相应绩效的研究也多以案例研究为主。例如，哥斯达黎加生态服务补偿项目绩效评价[①]、瑞士生态补偿区实施效果研究[②]、印度尼西亚海洋国家公园直接补偿支付效果研究[③]、哥斯达黎加

① Wünscher T，Engel S，Wunder S，"Spatial targeting of payments for environmental services：a tool for boosting conservation benefits"，*Ecological Economics*，2008，65（4），pp.822-833.

② Chevillat V B O B，Doppler V，Graf R，et al.，"Whole-farm advisory increases quality and quantity of ecological compensation areas"，*Agrarforschung Schweiz*，2012，3（2），pp.104-111.

③ Clifton J Compensation，"Conservation and communities：an analysis of direct payments initiatives within an Indonesian marine protected area"，*Environmental Conservation*，2013，40（3），pp.287-295.

PES 项目目标与现实差距评估[1]、澳大利亚森林保护基金和环境监管项目运行效果评估[2]、墨西哥黑脉金斑蝶生物圈（Monarch Butterfly Biosphere）保护区 2001—2012 年森林生态保护绩效评估。[3] 除了案例分析，也有从理论概述角度对生态补偿绩效的研究。勒夫雷尔（Levrel）（2012）对美国生态补偿各种方式的适应性、绩效评价、生态替代标准的适用性及生态补偿的成本进行了研究。[4] 阿拉多提尔（Aradottir）等人（2013）从理论角度就生态服务支付政策对植被、土地、社会等效应进行了论述。[5] 阿迪卡里（Adhikari）等人（2013）通过对 11 个国家的 26 个案例的评述，重新阐述了影响 PES 实施效果的主要因素，并提出从公平、参与、民生、环境可持续等四个角度评估 PES 的产出效果。[6] 至于评估方法，由于 PES 项目的多学科交叉性，国外相关领域的学者运用了环境工程、生态学、项目评估、地理学等领域的方法评估补偿绩效。布雷迪（Brady）等人（2012）通过基于代理人的阿里普利斯（Ariplis）模型模拟了农民用地决策改革的政策后果以及对现实农业区生态服务、生物多样性等方面的伴生影响。[7] 胡贝尔（Huber）等人（2013）将多学科的方法综合运用于瑞士侏罗山脉山峰（Jura Moutains）的 PES 项目效果评价，研究了项目对当地生态、社会、经济状况的影响。[8] 克鲁克斯（Crookes）等人（2013）通过系统动力模型评估了市场机制对南非生态修复的经济效力与风险的作用。[9] 邓肯（Duncan）等人（2013）运用贝叶斯（Bayes）模型推断基期数据，从而对植被修复工程的长期效果进行再评估。[10]由于国外的研究主要是针对生态服务价值支付（PES）项目，从概念上与国内

---

① Matulis B S，“The narrowing gap between vision and execution：neoliberalization of PES in Costa Rica”，*Geoforum*，2013，44，pp.253–260.

② Zammit C，“Landowners and conservation markets：social benefits from two Australian government programs”，*Land Use Policy*，2013，31，pp.11–16.

③ Vidal O，Lopez–Garcia J，Rendon–Salinas E，“Trends in deforestation and forest degradation after a decade of monitoring in the Monarch Butterfly Biosphere Reserve in Mexico ”，*Conservation Biology*，2014，28（1），pp.177–186.

④ Levrel H，Pioch S，Spieler R，“Compensatory mitigation in marine ecosystems：which indicators for assessing the ‘no net loss’ goal of ecosystem services and ecological functions? ”，*Marine Policy*，2012，36（6），pp.1202–1210.

⑤ Aradottir A L，Hagen D，“Ecological restoration：approaches and impacts on vegetation，soils and society”，*Advances in Agronomy*，2013，120，pp.173–222.

⑥ Adhikari B，Agrawal A，“Understanding the social and ecological outcomes of pes projects：a review and an analysis”，*Conservation & Society*，2013，11（4），pp.359–374.

⑦ Brady M，Sahrbacher C，Kellermann K，et al，“An agent-based approach to modeling impacts of agricultural policy on land use，biodiversity and ecosystem services”，*Landscape Ecology*. 2012，27（9），pp.1363–1381.

⑧ Huber R，Briner S，Peringer A，et al.，“Modeling social-ecological feedback effects in the implementation of payments for environmental services in Pasture–Woodlands”，*Ecology and Society*，2013，18（2），pp.41.

⑨ Crookes D J，Blignaut J N，de Wit M P，et al.，“System dynamic modeling to assess economic viability and risk trade-offs for ecological restoration in South Africa”，*Journal of Environmental Management*. 2013，120，pp.138–147.

⑩ Duncan D H，Vesk P A，“Examining change over time in habitat attributes using Bayesian reinterpretation of categorical assessments”，*Ecological Applications*，2013，23（6），pp.1277–1287.

生态补偿综合评估有一定区别。虽然研究方法先进、科学，但这里的研究对象是某一类指标（如生态环境指标、经济指标、社会指标），而较少涉及生态补偿综合指标。另外，运用社会科学特别是经济科学范式的研究并不多见，主要还是环境、生态领域的定性和定量研究。

从国内来看，补偿绩效的研究主要分为方法探讨、定性概述、定量研究三大类。第一类主要是对方法的概括性描述，尚属初级阶段的方法探讨。[①] 第二类研究是目前比较常见的类型，主要针对某一案例对实施效果进行分析、陈述[②]，一些研究也会运用统计调查的研究方法。[③] 第三类则运用了一些定量方法，如层次分析法（AHP）、主成分分析法。[④]

相对于财政绩效、公共政策绩效研究，生态补偿政策方面的绩效研究在定量方法上还有待改进和拓展。本章将试图在该领域的绩效评价方面有所突破，结合生态补偿理论，运用熵权法计算综合绩效；在对政策效果进行评估时，引入倾向值匹配分析法，以辽东山区农业县生态补偿为例加以验证。

第三节　测算方法、实证模型及数据处理

一、生态补偿财政绩效的测算方法

从目前的研究来看，绩效评价的定量方法主要是德尔菲（Delphi）法、层次分析法

---

① 于江海、冯晓淼：《评价生态补偿实施效果的方法初探》，《安徽农业科学》2006 年第 2 期，第 305~307 页；蒋爱军等：《国家级公益林管理绩效评价方法探讨》，《林业资源管理》2013 年第 3 期，第 1~4 页。

② 吴水荣、顾亚丽：《国际森林生态补偿实践及其效果评价》，《世界林业研究》2009 年第 4 期，第 11~16 页；张来章等：《黄河流域水土保持生态补偿机制及实施效果评价》，《水土保持通报》2010 年第 3 期，第 176~181 页；聂学敏等：《青海湖流域退牧还草工程绩效评价——以天峻县为例》，《安徽农业科学》2013 年第 5 期，第 1978~1979、1984 页；任晓明等：《苏州生态补偿政策与实践评估研究》，《中国环境科学学会学术年会论文集》（第三卷），2013 年；王伟华、孙立民、张礼：《退耕还林生态政策实施效果评价研究》，《民营科技》2013 年第 9 期，第 207 页。

③ 赵从举等：《海南西部退耕还林还草生态补偿政策的效果评估》，《安徽农业科学》2011 年第 4 期，第 2107~2109 页；李佳：《石羊河流域生态补偿效果评价与分析》，兰州大学硕士学位论文，2012 年；程琳：《我国集体林权制度改革绩效区域差异化研究》，河北农业大学硕士学位论文，2013 年。

④ 孙思微：《基于 AHP 法的农业生态补偿政策绩效评估机制研究》，《经济视角》（中旬）2011 年第 5 期，第 177~178 页；孙贤斌、黄润：《生态省建设背景下的安徽省会经济圈生态补偿效益评价》，《皖西学院学报》2012 年第 5 期，第 26~29 页；谭映宇等：《浙江省生态补偿的实践与效益评价研究》，《环境科学与管理》2012 年第 5 期，第 156~159 页；张宝林、潘焕学、秦涛：《林业治沙重点工程公共投资绩效研究》，《资源科学》2013 年第 8 期，第 1668~1676 页。

（AHP）、主成分分析法、数据包络法（DEA）以及熵值法。Delphi 法与 AHP 法属于主观评价法，主观性较大，因此结论也颇具争议；主成分分析法是对较多相关变量进行浓缩，并计算综合绩效值。对于本研究对象，无须寻找过多变量进行浓缩，直接寻找相应指标即可。DEA 法是一种基于投入—产出效率的最优化方法，针对有明确投入产出的项目估算其相对效率，而生态效益范围广，一个生态效益并不一定是由固定、明确的投入变量产生。因此，本章采用熵值法对生态综合绩效进行定量计算。

二、政策效果倾向值匹配方法

在政策效果评估时，往往要把研究对象分成干预组与控制组两类，即受政策影响组和未受政策影响组，通过比较两组目标评价变量的平均差异或者通过对政策虚拟变量进行回归，判断政策效果的大小。但是，这种政策效果的估计存在一个严重的问题——样本选择性问题，即样本在干预组与控制组的分配并不是随机的，实际分配过程往往要遵循一定的准则、标准。以生态补偿政策为例，受补偿 16 县的选择要达到一定的森林面积、财政赤字达到一定标准等才能接受生态补偿。如果不考虑这些共同影响协变量因素，将由于遗漏变量而引起内生性问题，从而干扰政策效应的估计。因为，目标评估变量更好的县可能在政策实施前就好于不受补偿政策影响的县。为解决以上样本选择性问题，罗森鲍姆（Rosenbaum）和鲁宾（Rubin）（1983）创立了“倾向值匹配方法”。[①]

倾向值分析的理论框架是“反事实推断模型”，即通过比较同一研究对象在接受干预和不接受干预情况下的差别，评估处理效应。然而，现实政策的实施并不允许对同一研究对象进行具有试验性质的评估，而只能基于某个变量为被干预对象找到一个相似但又未受干预的样本来代替反事实，倾向值匹配方法就是基于倾向值对变量进行匹配的方法。这个逻辑可以用如下数学公式表述：

$$
\begin{aligned}
diff &= E(np_{1i}-np_{0i} \mid group=1) \\
&= E(np_{1i} \mid group=1)-E(np_{0i} \mid group=1) \\
&= E(np_{1i} \mid group=1)-E(np_{0ci} \mid group=0)
\end{aligned}
\quad (13\text{-}1)
$$

式中：np——表示生态绩效值；

$group=1$——表示受影响组，反之表示不受影响组；

np_{0ci}——表示匹配变量生态绩效。

① Rosenbaum，Rubin，“The central role of the propensity score in observational studies for causal effects”，*Biometrika*，1983，（70），pp.41–55.

一个完整的倾向值匹配法主要分如下三步。

（1）寻找最佳选择条件协变量，运用二分类 logistic 或者 probit 回归模型对全样本接受处理的条件概率进行估计。以 logit 模型为例：

$$p\left(group_i=1 \mid X_i=x_i\right)=E\left(group=1\right)=\frac{e^{\beta_i x_i}}{1+e^{\beta_i x_i}} \tag{13-2}$$

（2）在获得倾向得分后，依据这些值来匹配干预组与控制组成员。也可以跳过匹配过程，使用倾向值作为抽样权重来分析政策效应，或者使用非参数回归计算结果变量的加权均值差。

（3）如果对样本进行了匹配，则可根据所使用的匹配方法，选择不同的匹配后分析，从而估计平均处理效应 *ATE*，并进行显著性检验。以最佳匹配后的霍奇斯—莱曼（Hodges-Lehman）有序秩检验为例：

$$ATE=\sum_{i=1}^{b}\frac{n_i+m_i}{N}\left[\bar{Y}_{0i}-\bar{Y}_{1i}\right] \tag{13-3}$$

式中：i——表示匹配的层数；

N——表示样本成员的总数；

n_i——表示第 i 层中干预组成员的数量；

m_i——表示第 i 层中控制组成员的数量；

$\bar{Y}_{0i}$，$\bar{Y}_{1i}$——分别表示与第 i 层中的控制组和干预组相对应的平均应答。

最后，通过 Hodges-Lehman 有序秩检验完成 *ATE* 显著性检验。

三、绩效影响因素的实证模型

参考现有文献，特别是刘春腊和刘卫东（2014）的分析，生态补偿的绩效受多种因素的共同制约。[①] 本章运用面板回归方法分别对全样本 27 县以及补偿 16 县生态绩效影响因素进行考察，核心解释变量包括：补偿政策虚拟变量、行政区划虚拟变量（补偿政策以外的上级行政因素）、赤字占比（财政补贴需求）、人均 GDP、第二产业占比、林业占比；控制变量包括：年度完成环保投资额（环保努力程度）、当年森林面积存量。

（一）全样本面板回归模型

$$\begin{aligned} nsperform_{it}= & \alpha_{it}+\beta_1 dum_{it}+\beta_2 city_i+\beta_3 dgdp_{it}+\beta_4 pgdp_{it}+\beta_5 sgdp_{it}+\beta_6 fgdp_{it} \\ & +\beta_7 eniv_{it}+\beta_8 forst_{it}+\beta_9 year_2+\beta_{10} year_3+\beta_{11} year_4+\varepsilon_{it} \end{aligned} \tag{13-4}$$

① 刘春腊、刘卫东：《中国生态补偿的省域差异及影响因素分析》，《自然资源学报》2014 年第 7 期，第 1091~1104 页。

（二）补偿政策组面板回归模型

$$nsperform_{it}=\alpha_{it}+\beta_1 city_i+\beta_2 dgdp_{it}+\beta_3 pgdp_{it}+\beta_4 sgdp_{it}+\beta_5 fgdp_{it}+\beta_6 eniv_{it}+\beta_7 forst_{it}+\beta_8 year_2+\beta_9 year_3+\beta_{10} year_4+\varepsilon_{it} \quad (13\text{-}5)$$

式中：i、t——分别表示观测样本和时间；

dum_{it}——表示是否有生态补偿政策；

$city_i$——表示行政区划变量；

$dgdp_{it}$——表示赤字占比（财政补贴需求）；

$pgdp_{it}$——表示人均 GDP；

$sgdp_{it}$——表示第二产业占比（产业结构）；

$fgdp_{it}$——表示林业占比；

$eniv_{it}$——表示环保投资额；

$forst_{it}$——表示森林面积；

$year_2$——表示政策实施第二年的时间变量；

$year_3$——表示政策实施第三年的时间变量；

$year_4$——表示政策实施第四年的时间变量；

ε_{it}——表示随机误差项。

四、数据来源及处理

（一）生态绩效估算数据

根据《辽宁省人民政府关于对东部生态重点区域实施财政补偿政策的通知》，确定以岫岩县等 16 个辽东山区农业县为例，并选取同一行政区内，社会经济相近但未获得财政补偿的 11 个农业县作为对照组。由于生态补偿政策从 2008 年起实施，并且《辽宁统计年鉴》农业县环境统计指标自 2009 年开始有新变化，为保持数据完整性，将时间跨度定为生态补偿政策实施后四年数据（2009—2012 年）。此外，需要用 GDP 增长率反映地方发展状况，用城镇在岗职工人均工资和农村居民人均收入反映分配以及补偿政策对收入的影响，用环保投资总额反映当地环保努力程度，用人均森林面积和新造林面积反映政策直接考核指标，用二氧化硫排放量反映当地环境污染状况。数据主要来自 2009—2012 年的《中国林业统计年鉴》以及《辽宁统计年鉴》。

（二）回归方程数据

通过个案排秩方法对生态绩效值进行正态变换，并通过对年份设置虚拟变量，以考察时间效应，最后根据样本是否属于政策组设置政策虚拟变量。模型设定中的其他变量数据均来自 2009—2012 年的《中国林业统计年鉴》以及《辽宁统计年鉴》。

第四节　生态补偿政策绩效计算及差异分析

一、生态补偿综合绩效指标体系构建

本章根据生态补偿理论，以补偿目的为导向，重点考察生态环境改善与公平发展两项指标，考虑数据可得性以及熵权法的要求，构建辽宁东部山区生态补偿绩效评价指标体系，见表 13.1。

表 13.1　辽宁东部山区生态补偿绩效评价指标体系

辽宁东部山区生态补偿绩效	经济发展状况	GDP 增长率 /%
		城镇在岗职工人均工资 / 元
		农村居民人均纯收入 / 元
	生态环境保护	环境污染治理本年完成投资总额 / 万元
		人均森林面积 / 公顷 · 万人 $^{-1}$
		新造林面积 / 公顷
		工业二氧化硫排放量 / 吨，负向指标

通过运用熵权法计算得到各绩效指标的权重，见表 13.2。

表 13.2　辽宁东部山区生态补偿绩效评价指标权重

指标	GDP 增长率	职工人均工资	农民人均收入	环保投资
权重	0.018 807 729	0.069 927 675	0.073 076 262	0.315 419 392
指标	人均森林面积	新造林面积	工业二氧化硫排放	
权重	0.237 430 838	0.264 370 281	0.020 967 824	

从熵权法得出的权重结果来看，该绩效指标体系将绝大多数权重赋予生态环境保护，其中，环保投资代表的环保努力权重最高，达到 32%，生态补偿目标人均森林面积指标和新造林指标为 24% 和 26%。我国生态补偿政策实施处于探索阶段，因此，生态绩效依然以环境效果为主要指标，至于公平发展等更高级阶段的补偿效果并不是现阶段的主要

目标。所以，该权重比较客观地契合了当前生态绩效的现状。

二、生态补偿综合绩效的测算及政策效果分析

根据熵权法计算权重，得出辽东山区 27 县 2009—2012 年生态补偿综合绩效。结果表明，生态补偿政策对生态绩效差异的影响较大。只有 2009 年，绩效最好的县是未受政策影响的海城市。之后年份，绩效最好的县均是政策影响县，其中，凤城市在 2010 年、2011 年连续两年位居第一，而从生态补偿政策实施后三年效果来看，凤城市的生态绩效提升明显，反映出该县生态补偿政策实施较好。同样，与凤城市相仿的还有抚顺县，随着政策实施的不断深入，政策效果逐渐显现，生态绩效排名也逐年提高。而诸如清河、灯塔、弓长岭的生态绩效并没有较大提升，生态绩效甚至连年落后于未实施生态补偿的县。这意味着，补偿政策实施的好坏，还需要考察其他因素，需要在更广的经济、社会、文化背景下进行综合探讨。

通过考察排名的分布情况，可以更加直观地观察政策效果，见表 13.3。从排名的总体分布情况来看，排名靠前的县，绝大多数实施了生态补偿政策。以 2009 年为例，排名前 14 的县中有 13 个是生态补偿县，只有海城市排名靠前且没有实施生态补偿政策；而排名后 13 的县中有 10 个没有实施生态补偿政策。从统计分布可以初步判断，生态补偿政策对生态绩效有较大影响，而政策影响是否显著，是否受其他因素的影响，还需建立计量模型进行检验。

表 13.3　辽宁东部山区 27 县生态补偿综合绩效评价

年份	排名分组	有政策	无政策
2009	前 50%	13	1
	后 50%	3	10
2010	前 50%	11	3
	后 50%	5	8
2011	前 50%	11	3
	后 50%	5	8
2012	前 50%	10	4
	后 50%	6	7

三、生态补偿综合绩效差异的分组检验

按照政策实施与否以及行政区划两个标准进行分组，通过对历年各组均值进行 t 检

验，判断政策以及行政区划对绩效的影响。各地区的行政管理、上级的施政目标、其他政策措施均有不同，因此，引入行政区划的分组形式，补充生态补偿政策以外的其他政策和行政管理的变异，从而使绩效影响因素的考察更加全面。

（一）政策组与非政策组生态绩效差异

将所有样本分成政策组与非政策组，对各组的熵绩效均值进行独立样本引导程序（Bootstrap）检验，见表 13.4。从表 13.4 可见，政策组与非政策组之间的生态绩效差异是非常显著的，显著水平达到了 0.1%。但是，这种显著的影响并没有考虑其他影响因素，比如行政区划、社会发展状况、居民收入、财富等，以及这些因素与政策的交互作用。

表 13.4　独立样本 Bootstrap 检验

		均值差值	Bootstrap		
			偏差	标准误差	显著性水平（双侧）
熵绩效	假设方差相等	0.004 453 6	−0.000 000 1	0.000 934 9	0.001
	假设方差不相等	0.004 453 6	−0.000 000 1	0.000 934 9	0.001

（二）行政区划对绩效差异的影响

为考察行政区划即上级行政制约作用，将考察各地级市的行政管辖对各县生态绩效的影响。同时，为剔除补偿政策因素的影响，分别对有政策和无政策县的生态绩效进行行政区划影响的考察。

由图 13.1 可见，各市实施政策县的绩效均值还是有较大差异的。其中，丹东市政策绩效虽然一直处于高位，但是这四年内波动较大，同样波动较大的行政单位还有本溪市。而铁岭市和抚顺市政策实施的效果是逐年提升的，并且抚顺市的生态绩效在 2012 年上升到各行政单位的第一位。辽阳市的政策效果不太显著，历年生态绩效都居末位，但还是呈现出一种上升趋势。另外，从总体来看，各市实施生态补偿政策的绩效在政策实施过程中，绩效值呈现收敛趋势。这表示生态补偿政策是生态保护的新措施，各市在不断调整、探索、取舍中，已经逐渐摸索出区域经济、生态协调发展的统一方式，并逐渐向政策期望的目标趋近。当然，这种收敛趋势还需要更长时间的观察才能确定。

由图 13.2 可见，总体生态绩效并没有呈现收敛趋势，处于一种分散发展的状态，与政策组相比，未受政策影响地区的绩效由于没有统一的政策目标约束，所以呈现分散状态，这也从侧面反映了政策的效果。丹东的生态绩效依然较高，说明该市相对重视生态环境建设，属于自主保护型。而辽阳不论政策组还是非政策组，都排名最后，这说明生态建设并不是该市行政管理的重要任务。

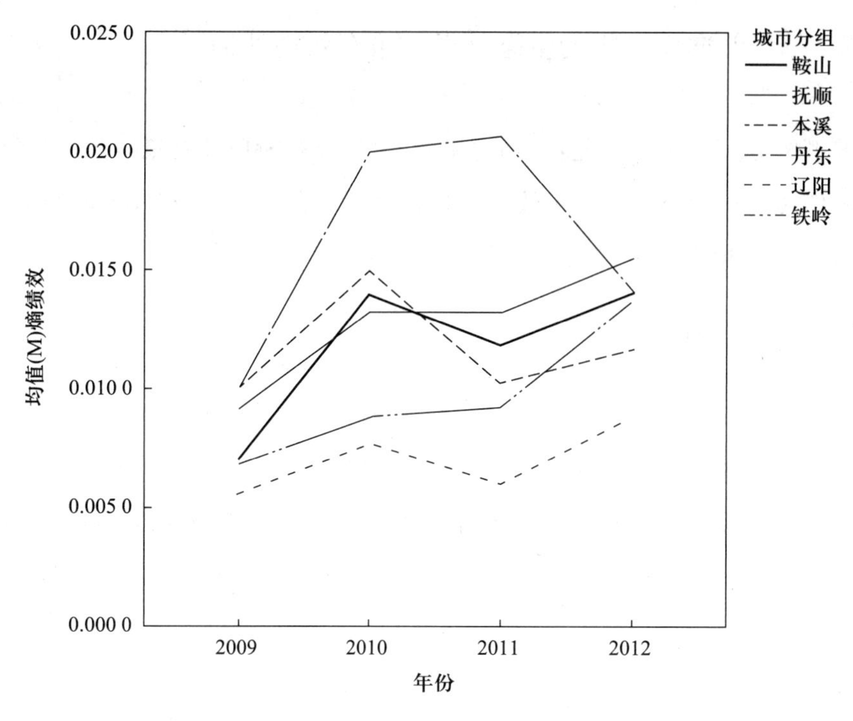

图 13.1　各行政区划内生态绩效的演变趋势（政策组）

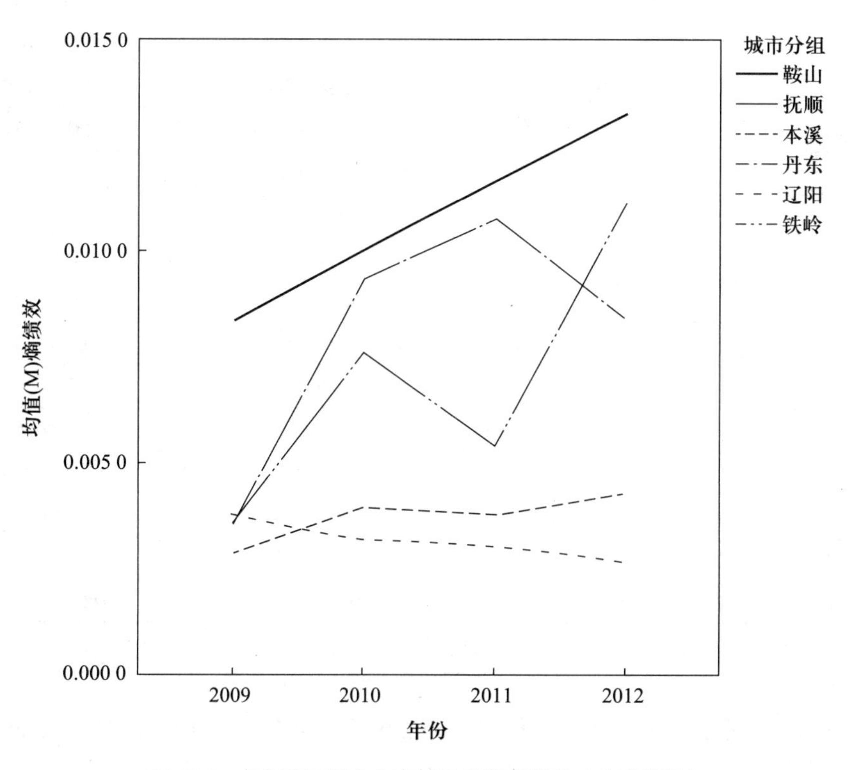

图 13.2　各行政区划内生态绩效的演变趋势（非政策组）

第五节　基于倾向值分析的生态补偿政策有效性评估

本章开展实证研究的逻辑是：先通过倾向值分析法（PSM）对政策的有效性进行检验，即考察补偿县与未补偿县在生态绩效上的差异；然后，在得出政策有效性的基础上，通过回归分析考察影响因素对生态绩效的边际影响。

一、静态面板估计结果

为了与倾向值分析进行对比，并回应统计分析中提出的问题，首先运用面板数据估计方法对政策虚拟变量进行估计。在模型构建过程中，尽量加入可能的控制变量以消除遗漏变量造成的内生性问题。为与前面统计分析提出的交互问题对照，将考察政策变量与人均 GDP 以及政策变量与赤字占比的交互作用，估计结果见表 13.5。

表 13.5　补偿政策有效性的面板回归结果

nsperfom	模型 1	模型 2	模型 3
ECP	0.475 340 8***	0.427 553 2***	0.471 604
ECP × *dgdp*		0.78 414	
ECP × *pergdp*			0.000 101 1
city	−0.063 003 3*	−0.061 615 7*	−0.063 147 6**
dgdp	3.286 613**	2.962 708	3.286 199**
pgdp	0.003 336 8	0.003 496 8	0.003 257 2
sgdp	0.142 367	0.199 878	0.141 815 3
fgdp	0.002 453 4	0.002 574 5	0.002 433 5
eniv	0.086 318 8***	0.086 856 7***	0.086 349***
forst	0.021 173 6***	0.021 219 9***	0.021 183 3***
$year_2$	0.466 794 1***	0.463 976 8***	0.466 746 5***
$year_3$	0.364 331 7***	0.360 501 1***	0.364 303 1***
$year_4$	0.349 263 9**	0.338 145 8**	0.349 467 4**
cons	−1.502 9***	−1.534 621***	−1.498 331***
R^2	0.846 6	0.846 5	0.846 5
Wald 值	725.58***	702.14***	
样本数	108	108	108

注：***、**、* 分别表示 1%、5%、10% 的显著水平。

模型 1 为未引入交互项的估计结果，补偿虚拟变量系数为 0.475，即从无补偿到有补偿可使生态绩效提高 0.475，考虑到生态绩效值在 −2 到 2 之间取值，这个效应比较大。另外，从统计角度看，该估计值在 1% 的水平上显著，因此认为回归结果支持政策有效的判断。至于模型 2 和模型 3 的交互项，结果并不支持存在交互作用。

二、基于倾向得分匹配的估计结果

本章采用 logit 模型估计倾向值，得出各县实施补偿政策的倾向性得分，Kernel 密度分布如图 13.3 所示。从图 13.3 中可知，非补偿组本身就集中于倾向得分较低（0.25）的位置，且最大倾向值也不过 0.8 左右，而补偿组大部分集中于 0.9~1。这说明样本选择对于本案例生态补偿政策绩效的评价是比较重要的问题。

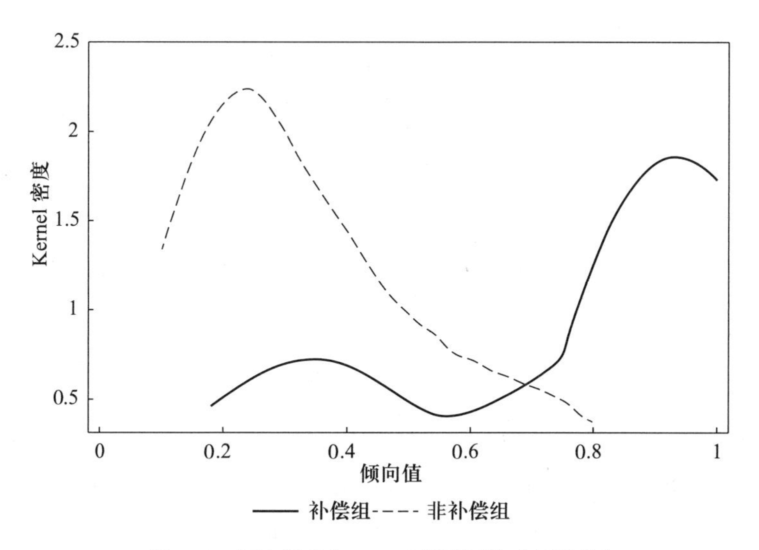

图 13.3　倾向得分与 Kernel 密度函数（匹配前）

首先，以局部线性回归（llr）方法为例对数据进行匹配。因为，最新研究表明该方法似乎有更具前景的抽样性质和更高的极小极大功效。[①] 从表 13.6 可知，经过倾向值匹配后的补偿组与非补偿组之间的差距缩小到 0.783。但是，考虑到绩效值的变量取值范围是（–1，1），所以这个 *ATE* 效应还是比较大的，即在控制了选择性偏差问题后，生态补偿政策也是较大的。至于这个较大的政策效应是否在统计上显著，还需要通过 Bootstrap 自助抽样方法判断，结果见表 13.7。从表 13.7 可知，补偿组与非补偿组的平均绩效差值是 0.78，落入由 0.367 和 1.199 所围成的 95% 自助抽样置信区间。同时，95% 置信区间并不包括 0，这说明有 95% 的把握认为政策效应是显著的。

① Fan J，"Local linear regression smoothers and their minimax efficiencies"，*The Annals of Statistics*，1993，（21），pp.196–216.

表 13.6　倾向得分匹配的处理效应（llr）

补偿效应	补偿组	非补偿组	差距	标准差	*T* 值
未匹配	0.387	–0.563	0.950	0.171	5.54
ATE	0.387	–0.396	0.783	0.677	1.16

表 13.7　处理效应 Bootstrap 置信区间

重复次数	处理效应	偏差	标准差	95% 置信区间
50	0.783	–0.120	0.207	（0.367，1.199）

倾向得分匹配方法主要包括参数方法、非参数方法。[①] 因此，需要对这些匹配方法的代表性方法进行考察，以确定研究方法，并通过比较各种方法的评估结果判断其稳定性。另外，由于生态补偿政策影响变量的不确定性，本章先验地认为非参数估计方法将更加适用。标准研究主要通过匹配变量的平衡性分析进行方法的确定，即通过对补偿组与非补偿组各匹配变量的标准偏差进行匹配平衡性检验，判断匹配效果的优劣。该检验的原理是通过控制匹配变量的差异，从而排除因变量差异对结果变量的影响，以便评估政策效应。根据罗森鲍姆（Rosenbaum）和鲁宾（Rubin）（1985）的研究，一般认为只要标准偏差的绝对值小于 20 就不会引起匹配的失效。[②] 同时，为进一步检验匹配的效果，在计算匹配变量标准偏差的同时，对处理组和控制组匹配变量的均值进行 *T* 检验，以判断二者是否存在显著差异。如果没有统计上的显著差异则可认为匹配效果满足要求，相反则必须改变匹配方法重新匹配。本章选取参数方法的最近邻匹配法、半径匹配法以及非参数方法的局部线性回归（llr）和内核匹配法进行平衡性分析，结果见表 13.8。

从表 13.8 可知，非参数 Kernel 内核匹配法有 3 个协变量的标准偏差显著小于 20%，只有 dgdp 的标准偏差略高于 20%。而局部线性回归匹配方法 llr 有 3 个协变量的标准偏差绝对值显著大于 20%；参数最近邻匹配方法 *dgdp* 变量的标准偏差为 30.8%；半径匹配方法 *dgdp*、*farmincom*、*naturenum* 的标准偏差超过 20%，并且 *forst* 也比较接近 20%。这说明，Kernel 内核匹配法的匹配效果是四种方法中最好的，而非参数局部线性回归匹配法 llr 是最差的。

① 参数方法主要包括一对一匹配、最近邻匹配、半径匹配、马氏距离匹配等；非参数方法主要包括基于内核的匹配估计量（Kernel）、局部线性回归（llr）等。

② Paul R Rosenbaum，Donald B Rubin，"Constructing a control group using multivariate matched sampling methods that incorporate the propensity score"，*The American Statistician*，1985，（39）1，pp.33–38.

表 13.8　匹配变量的平衡性检验结果

匹配协变量	补偿均值	非补偿均值	标准偏差（%）	*T* 值	*p*>|*t*|
方法 1：非参数 Kernel 内核匹配法					
dgdp	0.051 56	0.033 71	24.4	0.81	0.420
farmincom	0.945 43	0.917 17	13.7	0.55	0.586
forst	5.047 6	4.762 7	2.9	0.30	0.768
naturenum	2.08	2.262	–6.6	–0.24	0.808
方法 2：非参数局部线性回归匹配法					
dgdp	0.058 68	0.060 67	–2.7	–0.22	0.826
farmincom	0.861 76	0.720 13	68.5	4.28	0.000
forst	17.99	7.274 5	108.5	6.17	0.000
naturenum	3.062 5	1.296 9	64.3	3.87	0.000
方法 3：参数最近邻匹配方法					
dgdp	0.051 56	0.029 06	30.8	1.07	0.289
farmincom	0.945 43	0.917 16	13.7	0.58	0.564
forst	5.047 6	4.651 7	4.0	0.41	0.683
naturenum	2.08	2.264	–6.7	–0.25	0.806
方法 4：参数半径匹配方法					
dgdp	0.051 56	0.033 82	24.2	0.53	0.602
farmincom	0.945 43	1.026	–39.0	–1.20	0.239
forst	5.047 6	3.414 7	16.5	1.32	0.193
naturenum	2.08	2.727 3	–23.6	–0.63	0.532

从表 13.9 可知，通过运用 Kernel 内核匹配法进行匹配，有 25 个补偿组样本和 44 个非补偿组样本落入共同支持区间，有 39 个补偿组样本被剔除，这表明参与匹配的样本数是可以接受的。表 13.10、表 13.11 分别报告了运用 Kernel 内核匹配法得出的辽东山区生态补偿的政策效应，即平均处理效应 *ATE* 为 0.395，落入由 0.039 和 0.841 所围成的 95% 自助抽样置信区间。同时，95% 置信区间并不包括 0，这说明有 95% 的把握认为辽东山区生态补偿的政策效应是显著的。另外，平均处理效应 *ATE* 相对于未匹配前的平均绩效差距（0.950）小了 0.555，这表明选择性偏差的效应比较大，剔除之后，政策的效应只有 0.395。

表 13.9　匹配情况统计摘要

分组	共同支持区间外	共同支持区间内	合计
非补偿组	0	44	44
补偿组	39	25	64
合计	39	69	108

表 13.10　倾向得分匹配的处理效应（Kernel 内核匹配法）

补偿效应	补偿组	非补偿组	差距	标准差	*T* 值
未匹配	0.387	−0.563	0.950	0.171	5.54
ATE	0.025	−0.370	0.395	0.244	1.62

表 13.11　处理效应 Bootstrap 置信区间

重复次数	处理效应	偏差	标准差	95% 置信区间
50	0.440	−0.061	0.199	（0.039，0.841）

遗漏变量是统计分析中的重要问题，因为重要变量的遗漏会造成模型的内生性问题，从而使误差项的异质性非随机，造成估计参数的偏差、不一致。但是，考虑成本因素，现实的研究往往不能穷尽所有变量。对于倾向值分析而言，倾向回归的条件变量由于客观原因或主观未认知而遗漏，则会影响估计效果。因此，罗森鲍姆等人建议在观察研究中要常规性地进行敏感性分析。[①] 敏感分析主要考察结果对隐藏偏差有多大的敏感性，从而判断模型及结果的稳健性。使用威尔科克森符号秩检验方法进行敏感性分析，结果见表 13.12。

表 13.12　生态补偿倾向研究的敏感性分析结果

Γ	显著性水平最小值	显著性水平最大值
1	<0.001 911	<0.001 911
1.1	<0.000 954	<0.003 601
1.3	<0.000 239	<0.009 585
1.5	<0.000 06	<0.019 717
1.7	<0.000 015	<0.034 289
1.8	<0.000 007 7	<0.043 198
1.9	<0.000 003 9	<0.053 122
2	<0.000 002	<0.063 994

① Rosenbaum，Rubin，"The central role of the propensity score in observational studies for causal effects"，*Biometrika*，1983，（70），pp.41–55；Rosenbaum，T.F.，Hoekstra，A.F.T.，"Ultraviolet triggered switchable mirrors"，*Advanced Materials*，2002，（14），pp.247–250.

第六节　生态补偿绩效影响因素分析

对于全样本回归而言，由于非补偿样本的引入，估计结果反映的是各因素对生态绩效的影响。为考察生态补偿绩效的影响因素，下面将仅对补偿组进行面板回归，考察哪些因素影响补偿实施后生态绩效的大小。

一、政策组短面板数据的检验及估计结果

首先确定面板模型类型，分别检验混合最小二乘法、固定效应、随机效应。运用STATA12 软件的检验结果见表 13.13。由表 13.13 可见，模型在 5% 的显著水平下拒绝所有个体效应等于 0 的原假设，即固定效应优于混合效应。而奥斯曼（Hausman）检验不能拒绝解释变量与残差中个体效应不相关的假设，即随机效应拟合度优于固定效应。因此，本章将选择随机效应模型进行估计。

表 13.13　面板模型类型检验

混合效应和固定效应检验			固定效应、随机效应奥斯曼检验		
F 统计量	自由度	*Prob.*	*chi*2 统计量	自由度	*Prob.*
2.06	（15，39）	0.035 3	5.77	9	0.762 2

对短面板数据的异方差、自相关、截面相关性进行检验，经检验发现，该面板数据不具备截面相关性，但存在异方差和自相关。因此，本章采用随机效应聚类稳健的广义最小二乘法，该方法可以同时解决异方差和自相关问题，估计结果见表 13.14。

表 13.14　政策组与全样本参数估计结果比较

变量	补偿组			全样本		
	系数	*Z* 值	*P* 值	系数	*Z* 值	*P* 值
city	−0.079 330 7	−2.77	0.006	−0.063 003 3	−1.77	0.077
dgdp	3.782 303	6.17	0.000	3.286 613	2.43	0.015
pgdp	0.008 653 8	1.66	0.097	0.003 336 8	0.66	0.507
sgdp	−0.402 464 2	−0.77	0.440	0.142 367	0.48	0.631
fgdp	0.000 229 4	0.11	0.910	0.002 453 4	1.13	0.258
eniv	0.076 115 6	6.71	0.000	0.086 318 8	9.81	0.000
forst	0.019 960 6	5.48	0.000	0.021 173 6	4.96	0.000
$year_2$	0.516 581 3	3.80	0.000	0.466 794 1	4.62	0.000
$year_3$	0.240 512 3	2.09	0.036	0.364 331 7	3.87	0.000

续表

变量	补偿组			全样本		
	系数	Z 值	P 值	系数	Z 值	P 值
$year_4$	0.202 712 2	1.19	0.234	0.349 263 9	2.25	0.024
cons	−0.655 142 1	−2.01	0.044	−1.502 9	−5.88	0.000
R^2	0.816 2			0.846 6		
Wald chi2	541.28		0.000	725.58		0.000

二、生态补偿绩效影响因素的结果分析

从表 13.14 的参数估计结果来看，生态补偿 16 县 *city* 变量的系数绝对值更大，并且更显著，这反映了行政指令在生态补偿政策实施过程中的作用更加明显。因为对于全样本而言，生态绩效取决于各行政区的目标追求，而生态保护只是各市众多目标之一，这分散了行政效应；而对于补偿组，生态补偿政策的提出与实施本身就增加了一项行政任务，因此，各行政区会更加注重对这项工作的关注。另外，各县受上层地级市的行政管辖，各市都有自己的一套管理体制、规章制度、政治生态，政策执行的效率各有不同，都会造成生态补偿绩效的不同，这也与前面的统计结论相契合。

对于财政赤字占比（*dgdp*）而言，系数为正（3.782 303）且显著大于全样本系数（3.286 613），这表明生态补偿财政转移资金对缓解地方财政赤字的作用是明显的，而该资金又是以生态环境绩效的改善为要求。所以，财政赤字占比越大，地方县对补偿资金需求越大，生态保护的行动越积极，绩效会随之改善。通过对补偿 16 县财政赤字的统计分析发现，所有县均处于财政赤字状况，这解释了为什么补偿组 *dgdp* 系数更大更显著。这个估计结果说明，通过财政转移支付的经济激励方式可以有效增加地方政府提供生态环境这种公共产品的动力。

核心解释变量中第二产业占比（*sgdp*）为负但不显著，林业占比（*fgdp*）为正也不显著，其他核心解释变量均显著。从各县林业占比的变量统计特征来看，林业占 GDP 比重较小，林业并不是重要产业，因此对绩效的影响较小。而第二产业的系数非负，说明产业结构对当地的生态具有制约作用，但其影响不显著。而这种不显著很可能跟生态绩效评价指标的选取有关，因为指标中并没有过多考虑与工业生产相关的污染指标。人均 GDP（*pgdp*）为正却在 10% 显著水平上显著，这说明经济发展水平对生态绩效有促进作用。无论从理论的分析还是现实的观察，都有理由认为经济发展水平越高，人均 GDP 越高，社会对生

态环境保护的诉求越强烈。

最后，从时间效应来看，截距项为 -0.655 且在 5% 的显著水平，说明生态补偿政策实施第一年（2009 年）的平均生态绩效为 -0.655，而第二年（2010 年）则增加了 0.517 且在 1% 水平上显著，第三年（2011 年）增加了 0.240 5 且在 5% 水平上显著。这种变化说明了生态补偿政策在逐年增加东部山区的生态绩效，生态补偿绩效是显著的。而到第四年（2012）虽然平均生态绩效得到了提高并且为正，但是已经不显著。这种现象与前面的统计分析相吻合，原因在于：随着生态补偿政策实施的逐年深入，各县、市已经探索出项目平稳实施的方式、方法，政策的效果常态化、均衡化，生态绩效趋于平稳并逐渐收敛。这也反映了生态补偿政策实施效果的演化路径。

第七节　本章总结

第一，运用熵值法对案例关注的综合生态绩效进行计算、比较，经过统计分析初步发现绩效最好的县均是政策影响县，其中，凤城市在 2010 年、2011 年连续两年位居第一，绩效逐年提升。但也存在清河、灯塔、弓长岭的生态绩效并没有较大提升，生态绩效甚至连年落后于未实施生态补偿的县。

第二，通过对补偿组与非补偿组以及按行政区划划分的生态绩效比较分析后发现，补偿政策以及行政归属对生态绩效影响是显著的。但是，初步的统计分析并没有考虑其他因素的综合影响，结果需要更科学的方法进行检验。

第三，运用面板回归方法，发现在控制了行政区划、时间、环保投资和森林资源现有存量后，补偿政策的效应为 0.475，并且在 1% 水平上显著。这表明，辽东山区森林生态补偿政策是显著有效的。

第四，为了避免计量回归方法可能存在的样本选择问题，本章引入倾向得分匹配方法，在选择了恰当的匹配变量后，使用 logit 模型估计了接受生态补偿政策概率作为匹配参照的倾向得分，并对四种典型匹配方法进行平衡性分析比较，最终确定运用 Kernel 内核匹配法对平均处理效应（*ATE*）进行估计。结果显示补偿组与非补偿组平均处理效应 *ATE* 约为 0.783，结论与统计分析以及面板计量分析一致，即生态补偿政策效应是显著的。

第五，为考察生态补偿绩效影响因素，对补偿政策组样本进行面板回归，并与全样本回归结果进行比较。研究认为，行政区划与财政赤字占比分别在 1% 水平上显著，且财政赤字占比效应为正。由于现阶段生态补偿政策依然包含过多行政色彩，所以第二产业占比、林业占比、人均 GDP 等经济因素中只有人均 GDP 在 10% 水平上显著。另外，通过引入年份时间变量，考察了各年平均生态绩效的变化情况，并发现政策效应逐渐趋于收敛，这也从另一个角度证实了补偿政策的实际效果。

第十四章　研究结论和政策建议

第一节　研究结论

当今世界各国社会经济发展的重点不单单是经济发展的问题，更重要的是全球所面临的经济与环境的协调发展问题，究其本质就是人类社会的可持续发展问题。其中，流域生态环境问题就是一个区域性社会经济与生态环境之间发展矛盾的突出表现。

流域是人类社会现代文明的发源地，也是自然界最重要的生态系统之一。自工业革命以来，随着人口的急剧增加和经济的快速发展，以及人类对水资源需求的不断增加和开发力度的不断加大，自然界水循环和再生能力遭到了不同程度的破坏，出现了一系列诸如水资源短缺、水质污染、河道断流、地下水位下降等水资源、水环境问题。联合国《世界水资源发展报告》指出，地球上的河流、湖泊以及人类赖以生存的各种淡水资源状况正以惊人的速度恶化，全球500条主要河流中至少有一半严重枯竭或被污染。近几十年来，我国各大流域也面临着严重的水资源短缺和水污染问题，尤其是北方和西北干旱地区。[①]流域作为一个从源头到河口的天然集水单元，是对水资源进行统一管理的基本单元。流域是一种比较特殊的自然区域，有自然边界和行政边界之分。它既是一个水文自然系统，也是组织和管理国民经济的特殊经济、社会系统。[②]流域的空间整体性极强、各地区关联度很高，流域内不仅自然要素间联系极为密切，而且上中下游之间、干支流之间、各地

① 李文华等:《森林生态补偿机制若干重点问题研究》,《中国人口・资源与环境》2007年第2期，第13~18页。

② 赵来军:《我国流域跨界水污染纠纷协调机制研究：以淮河流域为例》，复旦大学出版社2007年版。

区之间相互制约、相互影响极其显著。[1] 正因为流域往往跨越不同的行政管辖区域，上下游之间常常因为水资源的开采、分配与利用引发利益冲突，同时也会导致跨行政区域的水生态环境污染、破坏甚至安全等问题。这已成为流域生态环境管理亟须解决的现实问题。同时，流域生态补偿由于具有跨行政区域的特点，已成为国内外生态补偿理论研究和实践探索的重点领域和难点问题之一。

我国经过改革开放后经济的快速发展，目前流域水资源与生态环境问题日益突出，已经制约了我国区域经济的持续健康发展。同时，跨行政区域流域生态补偿的研究，由于涉及公共生态治理与空间环境经济等学科理论，是国内外生态补偿研究领域的重点课题之一。为此，本书通过剖析国内外流域生态补偿的理论和实践，力图探索跨区域流域生态补偿的学术前沿问题。本书在分析我国流域实施跨行政区域管理所面临的生态环境问题的基础上，以跨行政区域的流域生态治理为研究目标，总结和剖析了流域生态补偿的基础理论和实践案例，采用理论规范分析与实证检验分析相结合的研究方法，通过探索性研究流域生态补偿的动力机制和补偿机理，在流域生态系统可持续发展目标的框架下，综合运用驱动力分析法、水质水量综合指标法、水环境基尼系数法、条件价值评估法、效用无差异分析、完全信息动态博弈分析、制度经济分析和排污权交易理论对跨区域流域生态补偿的理论基础、驱动因素、测算方法、支付意愿、行为策略、补偿模式、制度设计以及排污权分配等一系列问题进行了科学分析和系统研究。

因此，通过上述对跨区域流域生态补偿的理论研究与案例分析，得出以下主要发现与研究结论。

第一，流域生态补偿的理论基础是由可持续发展理论、公共物品理论、环境外部性理论、生态资产理论、生态系统理论、生态服务功能理论、自然资源价值理论和生态环境价值理论构成的。流域生态补偿的政策取向主要有“庇古税”和“产权”两种选择。由于流域生态环境具有“公共池塘”属性和跨行政管辖区域的特点，我国流域生态环境污染外部性的治理问题上存在着制度缺失与规制低效的双重问题。

第二，在对国内外流域生态补偿动力机制理论分析和案例研究的基础上，对辽河上游浑河流域进行流域生态补偿驱动力分析，提出了流域生态补偿机制的七个驱动力，开展了基于驱动力分析的辽河流域生态补偿运行机理模型构建及其应用研究，构建了流域

[1] 陈湘满:《中国流域开发治理的管理与调控研究》，华东师范大学博士学位论文，2001 年。

生态补偿驱动力数学模型和运行机理模型，探索了我国流域生态补偿的动力机制和补偿机理。

第三，本书提出的基于河流水质水量的跨行政区界的生态补偿量计算方法，将实行统一的流域和区域综合环境管理纳入流域地区政府的责任范围内，即将流域水体行政区界的河流水质和水量指标设定为生态补偿测算的综合指标值。首次尝试运用“综合污染指数法”进行流域生态补偿的水质评价，并依据水权和对全流域 GDP 的贡献度或比率的方法进行流域水流量的测算。同时，提出跨区域流域生态补偿量测算的原则、模式、流程及计算模型，并结合实例进行了理论上的测算，解决了流域生态补偿中利益主体责任不清的弊端和补偿执行不力的缺陷，并为流域生态补偿的有效实施提供了执行的方法和依据。

第四，本书在水环境基尼系数理论分析的基础上，将其创新性地运用于流域生态补偿的研究中。首先，在分析辽河流域概况的基础上，分别计算出基于水环境容量、GDP 贡献度和人口数量的水环境基尼系数指标；其次，根据基尼系数最优化方程求出在基尼系数之和最小的情况下 COD 的标准排放量；再次，根据标准排放量与实际排放量之间的差额以及单位 COD 价格，计算出辽河流域各行政单位的补偿额度；最后，对基于水环境基尼系数的辽河流域生态补偿标准测算结果进行讨论分析。

第五，在流域生态补偿中，如何科学测量利益相关者真实补偿意愿是生态补偿机制构建的关键性问题。本书从居民支付意愿的视角，对辽河流域开展了基于差异性比较的流域生态补偿价值分析与评估，发现了辽河流域居民支付意愿 WTP 与其受偿意愿 WTA 之间差异性存在的主要特征及其本质原因，即引起 WTP 与 WTA 差异的原因有收入效应、惩罚效应和模糊性以及社会经济因素。

第六，生态补偿的实施关系多方利益主体的策略和行为，而其相关补偿政策的理论研究则是问题的核心。研究认为，跨区域流域生态补偿的重点是确定上下游政府之间的行为策略，难点是确保补偿额度能够公平，落脚点则是确定上下游地方政府的补偿额度。首先，通过环境支付意愿的方法，运用效用无差异分析和完全信息动态博弈分析，确定了上游政府的接受补偿意愿下限和下游政府的支付补偿意愿的范围，认为相比于个人效用最大化时，群体合作结果是帕累托最优的。其次，根据实地调研数据，计算得出辽河流域上游政府的接受补偿意愿为 3 782.5 万元 / 年，下游政府的支付补偿意愿为 3 782.5 万元 / 年 ~ 4 908 万元 / 年，而此时上下游双方的效用将有所改进。最后，论证了在确保跨区域流域上下游政府无差异效用和不确定支付的情况下，博弈分析实施中的优缺点。

第七，以我国生态补偿的制度设计为例，在新制度经济学的理论分析基础上，首先通过综合运用规制经济学、环境经济学等理论工具，引入中国传统思想中的惯例、习惯和文化，对我国环境制度设计中的外部性、公共产权和环境制度进行了扩展性理论研究。然后，在揭示我国环境产权制度的缺失与政府环境规制低效的制度根源的基础上，分析了我国在生态补偿的环境制度设计中存在的缺陷，并对我国环境治理机制的制度设计与制度安排提出了指导性的政策建议与理念性的设计原则。此外，介绍了美国生态补偿银行制度的发起、内容、选址因素、设计因素以及具体实施流程。在上述基础上，分析并阐述了我国现有的生态补偿制度及其存在的主要问题，提出了我国在生态补偿制度设计上开展生态补偿银行制度的政策性建议。

第八，从经济个体和地方政府两个视角出发，在分析流域生态补偿利益相关者的基础上，对流域生态补偿主客体的支付行为开展了探索性研究，对流域生态补偿的主客体及其支付行为模式进行了研究，构建了基于 WTP 和 WTA 的流域生态补偿支付行为模型，提出了两种生态政策导向的受益者支付行为模型，阐述了流域生态补偿支付方的行为特征与相互关系。

第九，根据补偿的类型不同，将生态补偿分为资源型生态补偿和环境型生态补偿两个类型。通过以流域生态补偿为例，运用演化博弈的方法，分析了流域生态补偿策略特点和博弈结果，研究表明：流域生态补偿需要中央政府的适度干预，而且关键点是保证上游政府收益最大化；中央政府干预的力度是使上游政府群的收益在保护的情况下收益要大，而干预的结果则是使保护和补偿成为演化博弈的长期稳定均衡。

第十，以辽河流域流经省区河北省、内蒙古自治区、吉林省和辽宁省为研究对象，将生活污水和工业废水中排放的化学需氧量（COD）、氨氮（NH_3N）作为排污权交易的对象，运用层次分析法（AHP），在保证公平性的基础上，综合考虑各省区污染状况、经济发展、科技水平等因素，确定了辽河流域化学需氧量（COD）排污权的初始分配值分别为河北省 56.24 万吨、内蒙古自治区 37.07 万吨、吉林省 36.6 万吨、辽宁省 45.9 万吨；辽河流域氨氮（NH_3N）排污权的初始分配值分别为河北省 5.78 万吨、内蒙古自治区 3.81 万吨、吉林省 3.29 万吨、辽宁省 4.72 万吨。这为辽河流域排污权交易制度的建立提供了理论参考依据。

第十一，阐述了生态补偿绩效评价的必要性与理论意义，以辽东山区 27 个农业县为例，通过熵值法计算生态补偿综合绩效。运用面板回归方法，研究发现在控制了行政区划、时间、环保投资和森林存量后，政策效应为0.475。为避免样本选择问题，引入Kernel内核匹配法得出平均处理效应为0.783。这说明这两种方法均支持补偿政策有效的结论。而对补偿组回归发现，行政区划、财政赤字占比显著为正，经济因素中只有人均GDP显著，各时间变量显著为正，说明政策效应在逐渐显现并趋于收敛。

第二节　政策建议

从本质上讲，生态补偿作为人类调节人与自然资源和生态环境的一种制度设计与机制构建，其关键在于制度体系和机制框架的科学合理性。

在上述研究结论的基础上，本书结合国内外跨区域流域生态补偿的理论研究和实践情况，从以下四个方面提出了我国跨区域流域生态补偿机制构建的政策建议。

第一，加快流域环境综合管理的法制建设，尽快出台我国的生态补偿法规条例。目前我国在生态效益和自然保护领域存在着法律和政策缺位的现象，难以适应国家重要生态功能区、流域上下游之间、水资源、生物多样性保护、土地资源以及矿产资源等领域的生态环境保护需求。为此，要解决生态系统服务功能提供者与受益者在环境资源利益分配上的不公平问题，应尽早实现在生态补偿领域的国家层面立法。根据国内外相关经验，我国应尽快出台生态补偿条例、生态补偿法等法律法规，实施立法优先、法制先行的战略，在调整相关法律法规的基础上，明确实施流域生态环境补偿的基本原则、主要领域、补偿办法，确定相关利益主体的权利义务和保障措施，依据“谁开发谁保护、谁破坏谁恢复、谁受益谁补偿、谁排污谁付费”的基本原则，打破原有行政区划的界限，建立健全我国流域跨界生态补偿管理协调长效机制，构建具有中国特色的生态补偿机制。同时，还应理顺环保基本法和其他环境资源法律、法规之间的关系，建立统一、协调、完善的自然资源生态利益补偿制度，以规范和调整跨行政区域的流域各级政府行政管理行为。

第二，依法成立流域跨区域综合管理机构，赋予其具有强制性的综合管理职权。目前，我国的水污染防治工作在中央一级实行环保部门统一主管，交通部门、水利管理部门、卫生部门等分工负责与协同相结合的政府管理体制。但问题在于我国对环境保护部门的“统一监督管理权”和其他有关主管部门的水环境管理权之间的关系未作明确、详细、可操作的规定，导致实践中经常出现各部门“争夺权力、推诿责任”的现象，不利于水污染的全面系统治理。我国在中央和地方水污染防治管理方面实行分级管理制，即以行政区划为单位，各区域的环保部门承担主要的水污染防治职责，中央一般无权取代地方的执法权力。这样做可以充分调动地方环保部门的积极性，但很容易出现水污染防治工作让位于“地方保护主义”的情况。[①] 因此，鉴于跨区域流域生态补偿机制涉及利益调整的复杂，建议在宏观层面上，构建中央政府与地方政府共同参与的流域生态补偿协调管理机构，推动我国重要跨界流域和生态功能区的生态补偿机制建立与实施。由于流域生态环境治理问题具有典型的公共物品属性，其生态环境治理需要政府的介入和协调，并承担主导性作用，从而使我国流域生态环境治理由单一管理向协作统一管理转变。在微观层面上，建立流域内由地方政府和部门代表参与的议事、决策和仲裁机构，协调中央与地方、地方各级部门在流域生态环境管理上的矛盾。在努力降低流域生态补偿制度性交易成本的前提下，使流域管理从多部门间的分割管理或者从单一部门的统一管理，向一个部门为主导与多部门合作管理相结合的模式发展，即重视流域水资源和生态环境的综合管理、强调部门间及区域间的合作与协调。例如，在流域实施综合管理的基础上，积极探索和试点“河长制”。

第三，引入多元主体参与的准市场模式，构建生态利益公平的流域生态补偿体系。流域生态补偿是流域地区涉及水资源和生态环境等相关责任主体利益关系的一项重要的制度安排。有效的激励约束机制是流域水资源市场化配置得以实施的前提，其约束机制主要是合约（契约）约束。[②] 准市场机制是一种既有“政府”又有“市场”的资源配置方式，兼有二者的优点和特征。由于包括流域水资源在内的自然资源产权的国有属性，使得流域流经的各级政府成为流域水资源市场的自然主体，但政府不宜在“准市场”中充当市场交易主体。流域生态补偿是一个涉及多方利益的机制设计与制度安排，其决策难度是巨大的，尤其是在地方经济利益至上、财政分权体制的形势下，流域内承担相应责任和义务的利益相关者是生态补偿的责任主体。为了调动公众参与流域生态环境保护、治理的积极性，政府应努力拓宽公众参与的途径和渠道，并逐步制度化。例如，通过听证会制度吸纳利益相关者直接参与到流域生态治理的决策过程中，吸收其意见、建议，不仅保障公众对生态环境治理信息的知情权，还需要强化对生态补偿主客体责任和权力的有效监督，积极推动流域生态环境综合防治与水资源保护长效机制的建立。所以，通过制度设计转变政府职能，注重多元主体在跨行政区流域治理过程中

① 黄德春、华坚、周燕萍：《长三角跨界水污染治理机制研究》，南京大学出版社 2010 年版。

② 胡鞍钢、王亚华：《转型期水资源配置的公共政策：准市场和政治民主协商》，《中国水利》2000 年第 11 期，第 4、10~13 页。

的公众参与，增强利益相关者开展流域生态环境治理和生态补偿意愿的驱动力，引入准市场模式，通过构建区域间生态补偿协商谈判机制、流域排污权交易机制、补偿资金转移支付与监督机制和流域跨界断面水质水量监测信息共享机制等，实现流域水资源所有权与水资源使用权的分离，探索并构建跨区域流域水资源准市场交易、排污权交易和生态补偿体系。

第四，兼顾流域上下游地区公平发展，科学制定跨区域流域生态补偿的实施政策。流域生态补偿的实质是流域上下游地区政府之间部分财政收入重新再分配的转移过程，目的是构建公平合理的激励约束机制。因此，需要通过科学合理地制定实施政策，促使整个流域能够发挥出最佳的生态、经济和社会效益。为此，流域上下游地区的生态补偿主体之间围绕着生态补偿经济利益进行着生态支付的行为策略博弈。在这种情况下，生态补偿问题的本质就是接受补偿的意愿和支付补偿的意愿之间的逐步协商、制定达成的平衡问题。因此，统筹分析和制定跨区域流域生态补偿的制度与政策才是实现生态补偿机制的落脚点，如责任主体、约束机制、补偿标准、补偿方式和实施手段等。基于科学的生态补偿标准核算只能是一种理想的状态，需要采用双方“讨价还价”的形式才能最终达成流域跨界生态治理上的“协议补偿”。在此基础上，流域生态补偿的方式和手段还存在较大的差距。调研结果显示，除接受现金补偿以外，还可以接受财政补贴、税费减免等补偿形式；可接受的支付形式包括生态环境税、水电费、义务劳动工等。这样，在具体的生态补偿方式选择上要结合当地居民的生态补偿意愿，通过多样化的生态补偿方式进一步完善流域生态补偿机制。兼顾流域上下游地区公平发展的基本手段是政府调控和市场手段。对此，建议中央政府在制定生态补偿法的基础上，建立流域上下游地方政府间的横向协调机制，由流域生态补偿的责任主体在国家相关的制度框架下，通过科学核算与协商谈判的方式，建立科学有效可行的跨区域流域政府间生态补偿实施政策办法，并将其融入地方政府的行政考核制度中。此外，建议拓宽生态补偿融资渠道，开展生态补偿基金试点，加大责任主体的投入力度，建立和完善流域跨界生态补偿的仲裁制度，适度开展流域内异地开发合作模式的试点工作等。

第三节　不足与展望

跨区域流域生态补偿是一个跨越多个学科的新兴研究领域。本书虽然力图全面地揭示跨区域流域生态补偿研究的前沿学术问题，但是一个跨学科领域的课题需要综合性的研究与分析。尽管笔者及科研团队成员一直在不断探索，然而仍不能完全有效地解决跨区域流域生态补偿中的所有问题。并且，随着对该涉及多个学科的崭新领域研究的不断深入，笔者及科研团队成员越发感觉到其研究难度之大、问题之复杂。我国是一个幅员辽阔的国家，不同流域的形态、特征及其生态系统呈现多样性的特点。因此，本书虽然做出了一些探索性研究，但尚存诸多的不足之处，寄以本书为后续研究做铺垫，期望为广大学者和实践工作者提供理论和实践探究上的参考。由于受数据资料和研究工具等限制，有许多问题需要在未来的研究中进一步探索与验证。

第一，跨区域流域生态补偿的理论研究是一个涉及众多学科的兼具综合性和实践性的科学研究探索，这就要求研究者具有深厚而广博的知识背景和理论功底。虽然笔者具有环境工程、管理科学和经济学的理论研究基础与实践工作经历，但对于如此艰巨的课题研究就像愚公面对大山一样，仍显得渺小和力不从心。因此，在研究中如果能够更好地结合遥感技术等现代科研手段将会有更加突出的研究成果。

第二，跨区域流域生态补偿实际上是两类前沿课题的交叉性学术问题，既涉及跨界（生态）管理理论又融入了（空间）环境经济学的最新研究成果。因此，笔者认为本书在学术创新上要取得良好的成绩更加艰巨。为此，近年来笔者聚焦于课题研究的核心内容，通过整合创新等研究方法，揭示这一学术前沿问题的本质与客观规律。

第三，对于流域水资源及其生态环境的实证研究，需要流域水质监测数据等相关资料的支撑，而目前很难获取和掌握这方面的资料。由于我国对于流域监测的具体数据还没有实施公开制度，现有数据较为宏观，对于支撑基础性的理论研究尚显不足。如要想深入分析和系统研究，则需要更加全面的一手数据支持。实际上，我国流域环境监测数据的公开不但可以满足科研需要，也是对流域各级地方政府环境保护行为措施的有效监督，更有利于实现流域水环境及其生态环境的治理目标。

第四，受困于目前我国流域管理的机制和体制状况，本书在制度设计上必然要考虑我国的国情及其现实情况，其中最大的难题就是如何协调流域间各级地方政府的利益关系。目前，在我国财政分权的体制下，流域上下游地方政府以经济利益为主要发展目标，而流域水资源是其经济发展不可或缺的重要资源，这就更加凸显流域水资源及其生态环境的重要价值。因此，设计一个良好的跨区域环境制度体系将是一个长期研究的课题。虽然本书已经将制度因素融入跨区域流域生态补偿机制研究中，但还是显得缺乏系统性和科学性。

第五，本书对生态补偿绩效的研究并没有通过实际调查、掌握一手资料的方式考察政策情况，而是根据二手数据，利用统计和计量方法对生态绩效及影响因素进行了评估、检验。因此，可以将本书研究成果作为实地调研前的理论假设分析，从而提出相应的问题，为实地调研的开展提供前期准备，以使调研工作有的放矢、事半功倍。另外，鉴于生态补偿概念界定模糊以及生态绩效测定口径、方法的不统一、不完全，同时限于数据统计的制约，本书引入的指标、变量有些局限，可能在一定程度上影响综合绩效的评价以及倾向性分析的有效性。最后，书中没有考虑动态变量的引入与考察，主要原因在于数据样本量的缺乏。

参考文献

中文部分

[1] 拉赫曼 M M. 跨界水资源管理原则分析[J]. 明静，译. 水利水电快报，2010，31(7): 1-5.

[2] 伊斯特 K W，狄逊强 A J. 流域资源管理——方法与实例[M]. 彭应登，译. 北京: 中国环境科学出版社，1990.

[3] 鲍莫尔 J W，奥茨 E W. 环境经济理论与政策设计[M]. 严旭阳，译. 2 版. 北京: 经济科学出版社，2003.

[4] 沃克 M D. 牛津法律大辞典[M]. 李双元，等，译. 北京: 法律出版社，2003.

[5] J A 麦克尼利，等. 保护世界的生物多样性[M]. 薛达元，等，译. 北京: 中国环境科学出版社，1991.

[6] 蔡邦成，陆根法，宋莉娟，等. 生态建设补偿的定量标准——以南水北调东线水源地保护区一期生态建设工程为例[J]. 生态学报，2008，28(5): 2413-2416.

[7] 曹明德. 试论建立我国生态补偿制度[A]// 王金南，庄国泰. 生态补偿机制与政策设计国际研讨会论文集. 北京: 中国环境科学出版社，2006.

[8] 常杪，邬亮. 流域生态补偿机制研究[J]. 环境保护，2005(12): 66-68.

[9] 常修泽. 建立完整的环境产权制度[J]. 学习月刊，2007(17): 17-18.

[10] 陈德辉，姚祚训，刘永定. 从生态系统理论探析生态环境的内涵[J]. 上海环境科学，2000，19(12): 547-549.

[11] 陈瑞莲，胡熠．我国流域区际生态补偿：依据、模式与机制［J］．学术研究，2005(9)：71–74.

[12] 陈湘满．中国流域开发治理的管理与调控研究［D］．上海：华东师范大学博士学位论文，2001.

[13] 陈艳萍，吴凤平．基于演化博弈的初始水权分配中的冲突分析［J］．中国人口·资源与环境，2010，20(11)：48–53.

[14] 陈玉清．跨界水污染治理模式的研究——以太湖流域为例［D］．杭州：浙江大学硕士学位论文，2009.

[15] 陈源泉，高旺盛．基于生态经济学理论与方法的生态补偿量化研究［J］．系统工程理论与实践，2007，(4)：165–170.

[16] 陈志松，王慧敏，仇蕾，等．流域水资源配置中的演化博弈分析［J］．中国管理科学，2008，16(6)：176–183.

[17] 陈仲新，张新时．中国生态系统效益的价值［J］．科学通报，2000，45(1)：17–22、113.

[18] 陈祖海．试论生态税赋的经济激励——兼论西部生态补偿的政府行为［J］．税务与经济，2004，15(6)：55–57.

[19] 程琳．我国集体林权制度改革绩效区域差异化研究［D］．保定：河北农业大学硕士学位论文，2013.

[20] 丛澜，徐威．福建省建立流域生态补偿机制的实践与思考［J］．环境保护，2006(10A)：29–33.

[21] 戴维·L 韦默．制度设计［M］．费方域，朱宝钦，译．上海：上海财经大学出版社，2004.

[22] 丁四保．主体功能区的生态补偿研究［M］．北京：科学出版社，2009.

[23] 董溯战．论中国自然资源产权制度的变迁［D］．郑州：郑州大学硕士学位论文，2000.

[24] 杜群，张萌．我国生态补偿法律政策现状和问题［A］// 王金南，庄国泰．生态补偿机制与政策设计国际研讨会论文集．北京：中国环境科学出版社，2006.

[25] 杜自强，王建，陈正华，等．黑河中上游典型地区草地植被变化及其生态功能损失分析——以山丹县为例［J］．西北植物学报，2006，26(4)：798–804.

[26] 段靖，严岩，王丹寅．流域生态补偿标准中成本核算的原理分析与方法改进［J］．生态学报，2010，30(1)：221–227.

[27] 范弢．滇池流域水生态补偿机制及政策建议研究［J］．生态经济，2010（1）：154-158.

[28] 高清竹，何立环，黄晓霞，等．海河上游农牧交错地区生态系统服务价值的变化［J］．自然资源学报，2002，17（6）：706-712.

[29] 高小萍．我国生态补偿的财政制度研究［M］．北京：经济科学出版社，2010.

[30] 高永胜．河流恢复尺度的内涵［J］．人民黄河，2006，28（2）：13-15.

[31] 高永志，黄北新．对建立跨区域河流污染经济补偿机制的探讨［J］．环境保护，2003（9）：45-47.

[32] 耿涌，戚瑞，张攀．基于水足迹的流域生态补偿标准模型研究［J］．中国人口资源与环境，2009，19（6）：11-16.

[33] 国家科委，国家计委，等．中国21世纪议程——中国21世纪人口、资源、环境与发展白皮书［M］．北京：中国环境科学出版社，1994.

[34] 胡碧玉．流域经济论［D］．成都：四川大学博士学位论文，2004.

[35] 胡新艳．广州市流溪河流域白云区段生态系统服务价值的估算与分析［J］．国土与自然资源研究，2005（2）：47-48.

[36] 胡熠，李建建．闽江流域上下游生态补偿标准与测算方法［J］．发展研究，2006（11）：95-97.

[37] 胡熠．论构建流域跨区水污染经济补偿机制［J］．中共福建省委党校学报，2006（9）：58-62.

[38] 环境科学大辞典编委会．环境科学大辞典［M］．北京：中国环境科学出版社，1991.

[39] 黄宝明，刘东生．关于建立东江源区生态补偿机制的思考［J］．中国水土保持，2007（2）：45-46，55.

[40] 黄德春，华坚，周燕萍．长三角跨界水污染治理机制研究［M］．南京：南京大学出版社，2010.

[41] 黄沈发，王敏，杨泽生．崇明岛生态保护与生态补偿分析［J］．环境科学与技术，2005，28（增刊）：116-118.

[42] 姜文来．水资源价值模型研究［J］．资源科学，1998（1）：35-43.

[43] 蒋爱军，饶日光，闫宏伟，等．国家级公益林管理绩效评价方法探讨［J］．林业资源管理，2013（3）：1-4.

[44] 金栋梁，刘予伟．水资源总量［J］．水资源研究，2006，27（1）：3-5.

[45] 王金南，庄国泰 . 生态补偿机制与政策设计国际研讨会论文集 [C]. 北京：中国环境科学出版社，2006.

[46] 金蓉，石培基，王雪平 . 黑河流域生态补偿机制及效益评估研究 [J]. 人民黄河，2005，27（7）：4–6.

[47] 康慕谊 . 西部生态建设与生态补偿：目标、行动、问题、对策 [M]. 北京：中国环境科学出版社，2005.

[48] 李秉祥，黄泉川 . 建立西部区域可持续发展的生态保护补偿与融资机制研究 [A] // 王金南，庄国泰 . 生态补偿机制与政策设计国际研讨会论文集 . 北京：中国环境科学出版社，2006.

[49] 李浩，刘陶，黄薇 . 跨界水资源冲突的动因分析 [J]. 中国水利，2010（3）：12–14，18.

[50] 李怀恩，庞敏，肖艳，等 . 基于水资源价值的陕西水源区生态补偿量研究 [J]. 西北大学学报（自然科学版），2010，40（1）：149–154.

[51] 李怀恩，尚小英，王媛 . 流域生态补偿标准计算方法研究进展 [J]. 西北大学学报（自然科学版），2009，39（4）：667–671.

[52] 李佳 . 石羊河流域生态补偿效果评价与分析 [D]. 兰州：兰州大学硕士学位论文，2012.

[53] 李琳 . 生态服务补偿：世界自然基金会的看法和实践 [J]. 环境保护，2006，（19）：77–80.

[54] 李琪，杨兰娣 . 流域生态补偿机制对策研究 [J]. 环境科学与管理，2009，34（11）：150–153.

[55] 李万莲，由文辉，王敏 . 淮河流域蚌埠城市水生态系统服务价值评估 [J]. 资源开发与市场，2006，22（5）：457–460.

[56] 李小云，靳乐山，左停 . 生态补偿机制：市场与政府的作用 [M]. 北京：社会科学文献出版社，2007.

[57] 李岩，吕焰，隋文义 . 浑河、太子河及大伙房水库上游流域自然植被生态承载力的探讨 [J]. 环境保护科学，2006，32（3）：70–71.

[58] 凌美娣 . 对生态环境保护补偿机制的政策思考——以杭州市余杭区西北部生态环境分析为例 [J]. 中共宁波市委党校学报，2008（4）：92–95.

[59] 刘春腊，刘卫东 . 中国生态补偿的省域差异及影响因素分析 [J]. 自然资源学报，2014，29（7）：1091–1104.

[60] 刘年丰，谢鸿宇，肖波 . 生态容量及环境价值损失评价 [M]. 北京：化学工业出版社，2005.

[61] 刘玉龙，胡鹏 . 基于帕累托最优的新安江流域生态补偿标准 [J]. 水利学报，2009，40(6)：703-707.

[62] 刘玉龙，许凤冉，张春玲，等 . 流域生态补偿标准计算模型研究 [J]. 中国水利，2006(22)：35-38.

[63] 刘玉龙 . 生态补偿与流域生态共建共享 [M]. 北京：中国水利水电出版社，2007.

[64] 龙锟 . 西部地区生态补偿浅议 [A] // 中国环境科学学会学术年会优秀论文集，2006.

[65] 卢方元 . 环境污染问题的演化博弈分析 [J]. 系统工程理论与实践，2007(9)：148-152.

[66] 卢艳丽 . 大伙房水库生态补偿机制的理论研究与实证研究 [D]. 长春：东北师范大学硕士学位论文，2008.

[67] 罗小娟，曲福田，冯淑怡，等 . 太湖流域生态补偿机制的框架设计研究——基于流域生态补偿理论及国外经验 [J]. 南京农业大学学报（社会科学版），2011，11(1)：82-88.

[68] 吕晓斌，郭凤典 . 环境产权的经济分析 [J]. 特区经济，2008(7)：241-242.

[69] 吕忠梅 . 超越与保守——可持续发展视野下的环境法创新 [M]. 北京：法律出版社，2003.

[70] 马燕，赵建林 . 浅析生态补偿法的基本原则 [A] // 王金南，庄国泰 . 生态补偿机制与政策设计国际研讨会论文集 . 北京：中国环境科学出版社，2006.

[71] 马莹，毛程连 . 流域生态补偿中政府介入问题研究 [J]. 社会主义研究，2010(2)：100-104.

[72] 聂学敏，李俊忠，李志强，等 . 青海湖流域退牧还草工程绩效评价——以天峻县为例 [J]. 安徽农业科学，2013(5)：1978-1979、1984.

[73] 宁众波，徐恒力 . 水资源自然属性和社会属性分析 [J]. 地理与地理信息科学，2004，20(1)：60-62.

[74] 牛叔文，曾明明，刘正广，等 . 黄河上游玛曲生态系统服务价值的估算和生态环境管理的政策设计 [J]. 中国人口资源与环境，2006，16(6)：79-84.

[75] 欧阳志云，王如松，赵景柱 . 生态系统服务功能及其生态经济价值评价 [J]. 应用生态学报，1999，10(5)：635-640.

［76］ 欧阳志云，王效科，苗鸿．中国陆地生态系统服务功能及其生态经济价值的初步研究［J］．生态学报，1999，19（5）：607–612．

［77］ 彭文启，张祥伟，等．现代水环境质量评价理论与方法［M］．北京：化学工业出版社，2005．

［78］ 秦丽杰，邱红．松辽流域水资源区域补偿对策研究［J］．自然资源学报，2005，20（1）：14–19．

［79］ 秦艳红，康慕谊．国内外生态补偿现状及其完善措施［J］．自然资源学报，2007，22（4）：557–567．

［80］ 任世丹，杜群．国外生态补偿制度的实践［J］．环境经济，2009（11）：34–39．

［81］ 任晓明，张晓芳，张敏，等．苏州生态补偿政策与实践评估研究［A］// 中国环境科学学会学术年会论文集（第三卷），2013．

［82］ 阮本清．流域水资源管理［M］．北京：科学出版社，2001．

［83］ 沈满洪，陆菁．论生态保护补偿机制［J］．浙江学刊，2004（4）：217–220．

［84］ 沈满洪．论水权交易与交易成本［J］．人民黄河，2004，26（7）：19–22、46．

［85］ 石培基．西部大开发的生态补偿机制与政策探讨［A］// 王金南，庄国泰．生态补偿机制与政策设计国际研讨会论文集．北京：中国环境科学出版社，2006．

［86］ 苏芳，尚海洋，聂华林．农户参与生态补偿行为意愿影响因素分析［J］．中国人口·资源与环境，2011，21（4）：119–125．

［87］ 粟晓玲，康绍忠，佟玲．内陆河流域生态系统服务价值的动态估算方法与应用——以甘肃河西走廊石羊河流域为例［J］．生态学报，2006，26（6）：2011–2019．

［88］ 孙莉宁．安徽省流域生态补偿机制的探索与思考［J］．绿色视野，2006（2）：24–27．

［89］ 孙世强，关立新．环境产权与经济增长［J］．哈尔滨工业大学学报（社会科学版），2004，6（3）：78–82．

［90］ 孙世强．美国环境产权对我国的启示［J］．税务与经济，2004（6）：36–38．

［91］ 孙思微．基于 AHP 法的农业生态补偿政策绩效评估机制研究［J］．经济视角（中旬），2011（5）：177–178．

［92］ 孙贤斌，黄润．生态省建设背景下的安徽省会经济圈生态补偿效益评价［J］．皖西学院学报，2012（5）：26–29．

［93］ 谭秋成．关于生态补偿标准和机制［J］．中国人口资源与环境，2009，19（6）：1–6．

［94］ 谭映宇，刘瑜，马恒，等．浙江省生态补偿的实践与效益评价研究［J］．环境科学与管理，

2012（5）：156–159.

［95］陶希东．中国跨界区域管理：理论与实践探索［M］．上海：上海社会科学院出版社，2010.

［96］托马斯·思德纳．环境与自然资源管理的政策工具［M］．张蔚文，黄祖辉，译．上海：上海人民出版社，2005.

［97］万军，张惠远，葛察忠，等．中国生态补偿政策评估与框架初探［A］// 庄国泰，王金南．生态补偿机制与政策设计国际研讨会论文集．北京：中国环境科学出版社，2006.

［98］汪锋．农户利益视角下的四川省退耕还林政策绩效研究［D］．成都：四川省社会科学院硕士学位论文，2012.

［99］汪群，周旭，胡兴球．我国跨界水资源管理协商机制框架［J］．水利水电科技进展，2007，27（5）：80–84.

［100］王蓓蓓，王燕，葛颜祥，等．流域生态补偿模式及其选择研究［J］．资源与环境经济，2009（1）：45–50.

［101］王大勇．公共物品理论下高等教育资源配置方式研究［J］．事业财务，2007（1）：7–9.

［102］王浩，陈敏建，唐克旺．水生态环境价值和保护对策［M］．北京：清华大学出版社，北京交通大学出版社，2004.

［103］王华，陆艳．长江三角洲区域跨界水资源冲突及其解决途径［J］．水利技术监督，2010（4）：11–13、29.

［104］王金龙，马为民．关于流域生态补偿问题的研讨［J］．水土保持学报，2002，16（6）：82–83，150.

［105］王金南，万军，张惠远．关于我国生态补偿机制与政策的几点认识［J］．环境保护，2006（19）：24–28.

［106］王金南，万军，张惠远，等．中国生态补偿政策评估与框架初探［A］// 王金南，庄国泰．生态补偿机制与政策设计国际研讨会论文集．北京：中国环境科学出版社，2006.

［107］王金南．正确处理生态补偿机制中十大关系［N］．中国环境报，2006–9–19.

［108］王军，陈龙珠，张国锋，等．面向流域治理的农村“费补共治”型环境政策研究——以白洋淀为例［A］// 北京：中国水污染控制战略与政策创新研讨会会议论文集，2010.

[109] 王俊能，许振成，彭晓春，等 . 流域生态补偿机制的进化博弈分析 [J] . 环境保护科学，2010，36 (1): 37-44.

[110] 王礼先，李中魁 . 试论小流域治理的系统观 [J] . 水土保持通报，1993，13 (3): 47-52.

[111] 王力 . 政府支出与经济增长关系研究 [D] . 北京: 清华大学博士学位论文，2003.

[112] 王敏 . 资源环境产权制度缺陷对收入分配的影响与治理——访著名产权经济研究学者常修泽 [J] . 税务研究，2007 (7): 52-57.

[113] 王万山 . 中国资源环境产权市场建设的制度设计 [J] . 复旦学报 (社会科学版)，2003，(3): 67-72.

[114] 王薇，张征，陈袁袁，等 . 建立和完善西部地区生态经济系统的讨论 [A] // 王金南，庄国泰 . 生态补偿机制与政策设计国际研讨会论文集 . 北京: 中国环境科学出版社，2006.

[115] 王伟华，孙立民，张礼 . 退耕还林生态政策实施效果评价研究 [J]. 民营科技，2013 (9): 207.

[116] 王西琴 . 河流生态蓄水理论、方法与应用 [M] . 北京: 中国水利水电出版社，2007.

[117] 王兴杰，张骞之，刘晓雯，等 . 生态补偿的概念、标准及政府的作用——基于人类活动对生态系统作用类型分析 [J] . 中国人口 · 资源与环境，2010，20 (5): 41-50.

[118] 王亚华 . 水权解释 [M] . 上海: 上海人民出版社，2005.

[119] 吴水荣，顾亚丽 . 国际森林生态补偿实践及其效果评价 [J]. 世界林业研究，2009 (4): 11-16.

[120] 吴晓青，洪尚群 . 区际生态补偿机制是区域间协调发展的关键 [J] . 长江流域资源与环境，2003，12 (1): 13-16.

[121] 吴兴智 . 生态危机治理的现实情境: 一个跨行政区案例 [J] . 改革，2010 (7): 92-98.

[122] 谢永刚 . 水权制度与经济绩效 [M] . 北京: 经济科学出版社，2004.

[123] 辛长爽，金锐 . 水资源价值及其确定方法研究 [J] . 西北水资源与水工程，2002 (4): 15-17、23.

[124] 邢丽 . 关于建立中国生态补偿机制的财政对策研究 [J] . 财政研究，2005 (1): 20-22.

[125] 徐大伟，常亮，范志刚 . 水环境基尼系数的模型构建与排放量优化的实证研究 [J] .

统计研究，2012，29（3）：108–110.

［126］徐大伟，常亮，刘春燕．流域生态补偿意愿的 WTP 与 WTA 差异性研究：基于辽河中游地区居民的 CVM 调查［J］．自然资源学报，2012，28（3）：402–409.

［127］徐大伟，常亮，赵云峰，等．基于 WTP 和 WTA 的流域生态补偿价值研究：以辽河为例［J］．资源科学，2012，34（7）：1354–1361.

［128］徐大伟，李斌．基于生态禀赋权的东西部协调发展新思路——以生态文明建设为视角［J］．贵州社会科学，2014（5）：58–61.

［129］徐大伟，刘民权，李亚伟．黄河流域生态系统服务的条件价值评估研究——基于下游地区郑州段的 WTP 测算［J］．经济科学，2007（6）：77–89.

［130］徐大伟，涂少云，常亮，等．基于演化博弈的流域生态补偿利益冲突分析［J］．中国人口・资源与环境，2012，22（2）：8–14.

［131］徐大伟，郑海霞，刘民权．基于跨区域水质水量指标的流域生态补偿量测算方法研究［J］．中国人口・资源与环境，2008，18（4）：189–194.

［132］徐健，崔晓红，王济干．关于我国流域生态保护和补偿的博弈分析［J］．科技管理研究，2009（1）：91–93.

［133］徐琳瑜，杨志峰，帅磊，等．基于生态服务功能价值的水库工程生态补偿研究［J］．中国人口・资源与环境，2006，16（4）：125–128.

［134］徐嵩龄．生物多样性价值的经济学处理：一些理论障碍及其克服［J］．生物多样性，2001，9（3）：310–318.

［135］许晨阳，钱争鸣，李雍容，等．流域生态补偿的环境责任界定模型研究［J］．自然资源学报，2009，24（8）：1488–1496.

［136］许英勤，吴世新，刘朝霞，等．塔里木河下游垦区绿洲生态系统服务的价值［J］．干旱区地理，2003，26（3）：193–201.

［137］许中旗，李文华，闵庆文，等．锡林河流域生态系统服务价值变化研究［J］．自然资源学报，2005，20（1）：99–104.

［138］亚历山大・基斯．国际环境法［M］．张若思，编译．北京：法律出版社，2000.

［139］杨兰品，任昭．公共物品理论研究新进展［J］．经济学动态，2007（4）：72–76.

［140］杨润高，李红梅．国外环境补偿研究与实践［J］．环境与可持续发展，2006（2）：39–41.

［141］杨树华，王宝荣，王崇云，等．流域生态系统的生态保护及其数字化管理——以云南

金沙江流域为例［M］. 北京：科学出版社，2006.

［142］ 杨新春. 跨界水污染治理中的地方政府合作机制研究——以太湖治理为例［D］. 苏州：苏州大学硕士学位论文，2008.

［143］ 姚桂基. 对建立黑河大通河湟水河源区水资源补偿机制的探讨［J］. 青海环境，2005，15（1）：23-24、27.

［144］ 叶文虎，魏斌，仝川. 城市生态补偿能力衡量和应用［J］. 中国环境科学，1998，18（4）：298-301.

［145］ 于江海，冯晓淼. 评价生态补偿实施效果的方法初探［J］. 安徽农业科学，2006（2）：305-307.

［146］ 于连生. 自然资源价值论及其应用［M］. 北京：化学工业出版社，2004.

［147］ 俞海，任勇. 流域生态补偿机制的关键问题分析——以南水北调中线水源涵养区为例［J］. 资源科学，2007，29（2）：28-33.

［148］ 俞文政，常庆瑞，寇建村. 青海湖流域草地类型变化及其生态服务价值研究［J］. 草业科学，2005，22（9）：14-17.

［149］ 岳思羽. 汉江流域生态补偿效益的评价研究［J］. 环境科学导刊，2012（2）：42-45.

［150］ 张宝林，潘焕学，秦涛. 林业治沙重点工程公共投资绩效研究［J］. 资源科学，2013（8）：1668-1676.

［151］ 张春玲，阮本清，杨小柳. 水资源恢复的补偿理论与机制［M］. 郑州：黄河水利出版社，2006.

［152］ 张惠远，刘桂环. 我国流域生态补偿机制设计［J］. 环境保护，2006（19）：49-54.

［153］ 张巨勇，韩洪云. 非市场产品的价值评估［M］. 北京：中国农业科学技术出版社，2004.

［154］ 张来章，党维勤，郑好，等. 黄河流域水土保持生态补偿机制及实施效果评价［J］. 水土保持通报，2010（3）：176-181.

［155］ 张陆彪，郑海霞. 流域生态服务市场的研究进展与形成机制［J］. 环境保护，2004（12）：38-43.

［156］ 张水龙，冯平. 河流不连续体概念及其在河流生态系统研究中的发展现状［J］. 水科学进展，2005，16（5）：758-762.

［157］ 张永任，左正强. 论环境资源产权［J］. 生态经济，2009（4）：62-64，74.

［158］ 张远，郑丙辉，王西琴，等. 辽河流域浑河、太子河生态需水量研究［J］. 环境科学

学报，2007，27(6): 937–943.
[159] 张志强，徐中民，程国栋.黑河流域张掖地区生态系统服务恢复的条件价值评估[J].生态学报，2002，26(2): 885–893.
[160] 张志强，徐中民，龙爱华，等.黑河流域张掖市生态系统服务恢复价值评估研究——连续型和离散型条件价值评估方法的比较应用[J].自然资源学报，2004，19(2): 230–239.
[161] 赵从举，毕华，张斌，等.海南西部退耕还林还草生态补偿政策的效果评估[J].安徽农业科学，2011(4): 2107–2109.
[162] 赵连阁，胡从枢.东阳—义乌水权交易的经济影响分析[J].农业经济问题，2007，28(4): 47–54.
[163] 赵玉山，朱桂香.国外流域生态补偿的实践模式及对中国的借鉴意义[J].世界农业，2008(4): 14–15.
[164] 赵云峰，侯铁珊，徐大伟.生态补偿银行制度的分析——美国的经验及其对我国的启示[J].生态经济，2012(6): 34–37，41.
[165] 赵云峰，徐大伟，侯铁珊，等.基于AHP的辽河流域排污权初始分配值测算[J].统计与决策，2013(1): 50–53.
[166] 郑海霞，张陆彪.流域生态服务补偿定量标准研究[J].环境保护，2006(1A): 42–46.
[167] 郑海霞.中国流域生态服务补偿机制与政策研究——以四个典型流域为例[D].北京: 中国农业科学院博士后研究工作报告，2006.
[168] 中国21世纪议程管理中心，可持续发展战略研究组.生态补偿: 国际经验与中国实践[M].北京: 社会科学文献出版社，2007.
[169] 中国21世纪议程管理中心.生态补偿原理与应用[M].北京: 社会科学文献出版社，2009.
[170] 中国环境与发展国际合作委员会.生态补偿机制课题组报告[R].http: //www.china.com.cn/tech/zhuanti/wyh/2008-02/26/content_10728024.htm.
[171] 中国生态补偿机制与政策研究课题组.中国生态补偿机制与政策研究[M].北京: 科学出版社，2007.
[172] 中华法学大辞典编委会.中华法学大辞典[M].北京: 中国检察出版社，2003.
[173] 周海炜，钟尉，唐震.我国跨界水污染治理的体制矛盾及其协商解决[J].华中师范

大学学报（自然科学版），2006，40（2）：234-239.

［174］周映华．流域生态补偿的困境与出路——基于东江流域的分析［J］．公共管理学报，2008，5（2）：79-85.

［175］周映华．流域生态补偿及其模式初探［J］．水势论坛，2008（3）：11-16.

［176］周彧，唐震，周海炜．长江三角洲地区跨界水事纠纷协商机制的现状分析［J］．水利经济，2007，25（1）：70-73.

［177］庄国泰，高鹏，王学军．中国生态环境补偿费的理论与实践［J］．中国环境科学，1995，15（6）：413-418.

［178］左其亭．城市水资源承载能力——理论、方法、应用［M］．北京：化学工业出版社，2005.

英文部分

［1］Adhikari B，Agrawal A.Understanding the social and ecological outcomes of pes projects：a review and an analysis［J］.*Conservation & Society*，2013，11（4）：359-374.

［2］Allen O A，Feddema J J.Wetland loss and substitution by the Section 404 permit program in southern California［J］．*Environmental Management*，1996，20（2）：263-274.

［3］Amigues J P，Boulatoff C，Desigues B，et al.The benefits and costs of riparian analysis habitat preservation：a willingness to accept/willingness to pay using contingent valuation approach［J］．*Ecological Economics*，2002（43）：17-31.

［4］Ana V，Jordi P. Ecological compensation and environmental impact assessment in Spain［J］．*Environmental Impact Assessment Review*，2010（30）：357-362.

［5］Anderson P. Ecological restoration and creation：a review［J］．*Biological Journal of the Linnean Society*，1995（56）：187-211.

［6］Aradottir A L，Hagen D. Ecological restoration：approaches and impacts on vegetation，soils and society［J］．*Elsevier Science Advances in Agronomy*，2013（120）：173-222.

［7］Bailey，Martin. *National Income and Price Level*［M］．New York：Mcgraw-Hill，1971.

[8] Barro R J. Government spending in a simple model of endogenous growth [J]. *Journal of Political Economy*, 1990 (98): 103–125.

[9] Brady M, Sahrbacher C, Kellermann K, et al. An agent-based approach to modeling impacts of agricultural policy on land use, biodiversity and ecosystem services [J]. *Landscape Ecology*, 2012, 27 (9): 1363–1381.

[10] Brian C M, Robert C A. Estimating price compensation requirements for eco-certified forestry [J]. *Ecological Economics*, 2001 (36): 149–163.

[11] Drebenstedt C. Regulations, methods and experiences of land reclamation in German opencast mines [J]. *China Land Academic Association Mine Land Reclamation and Ecological Restoration for the 21st Century*, 2000: 11–21.

[12] Chevillat V B O B, Doppler V, Graf R, et al. Whole–farm advisory increases quality and quantity of ecological compensation areas [J]. *Agrarforschung Schweiz*, 2012, 3 (2): 104–111.

[13] Claassen R, Cattaneo A, Johansson R. Cost–effective design of agri-environmental payment programs: U.S. experience in theory and practice [J]. *Ecological Economics*, 2008 (65): 737–752.

[14] Clifton J. Compensation, conservation and communities: an analysis of direct payments initiatives within an Indonesian marine protected area [J]. *Environmental Conservation*, 2013, 40 (3): 287–295.

[15] Costanza R, d'Arge R C, Rudolf de Groot, et al. The value of the world's ecosystem services and nature capital [J]. *Nature*, 1997 (387): 253–260.

[16] Cowell R. Stretching the limits: Environmental compensation, habitat creation and sustainable development [J]. *Transactions of the Institute of British Geographers*, 1997, 22 (3): 292–306.

[17] Crookes D J, Blignaut J N, de Wit M P, et al. System dynamic modelling to assess economic viability and risk trade-offs for ecological restoration in South Africa [J]. *Journal of Environmental Management*, 2013 (120): 138–147.

[18] Cui Baoshan, Liu Xingtu. Review of wetland restoration studies [J]. *Advance in Earth Sciences*, 1999, 14 (4): 358–364.

[19] Cuperus R, Bakermans M M, De Haes H A, et al. Ecological compensation in

Dutch highway planning [J] . *Environmental Management*, 2001, 27 (1): 75–89.

[20] Raje D V, Dhobe P S, Deshpande A W. Consumer's willingness to pay more for municipal supplied water: a case study [J] .*Ecological Economics*, 2002 (42): 391–400.

[21] d' Arge R C. On the economics of transnational externalities. in Mills, E (ed) . *Economic Analysis of Environmental Problems* [M] . New York: Columbia University Press, 1975.

[22] Davereux, Head, Lapham. Monopolistic competition, increasing returns, and the effects of government spending [J] . *Journal of Money, Credit and Banking*, 1996, 28 (2): 233–254.

[23] Duncan D H, Vesk P A. Examining change over time in habitat attributes using Bayesian reinterpretation of categorical assessments [J] .*Ecological Applications*, 2013, 23 (6): 1277–1287.

[24] Ebert U.Approximating WTP and WTA for environmental goods from marginal willingness to pay functions [J] .*Ecological Economics*, 2008 (66): 270–274.

[25] Fan J. Local linear regression smoothers and their minimax efficiencies [J] . *The Annals of Statistics*, 1993 (21): 196–216.

[26] Friedman D. Evolutionary games in economics [J] .*Econometrica*, 1991, 59 (3): 637–666.

[27] Georgios K. Government spending and private consumption: some international evidence [J] . *Journal of Money, Credit and Banking*, 1994, 26 (1): 9–22.

[28] Heckman I. Dummy exogenous variables in a simulation equation system [J] . *Econometrica*, 1978 (46): 403–426.

[29] Hein L, van der Meer P J. REDD+ in the context of ecosystem management [J] . *Current Opinion in Environmental Sustainability*, 2012, 4 (6): 604.

[30] Henry C P, Amoros C, Giuliani Y. Restoration ecology of riverine wetland (II): an example in a former channel of the Rhone River [J] . *Environmental Management*, 1995, 19 (6): 903–913.

[31] Henry C P, Amoros C. Restoration ecology of riverine wetland (I): a scientific case

[J] . *Environmental Management*, 1995, 19 (6): 891–902.

[32] Henry Shipley F L I, MRTPI. The evolution of derelict land reclamation within the United Kingdom: a local government perspective [J] . *China Land Academic Association Mine Land Reclamation and Ecological Restoration for 21st Century*, 2000 : 7–10.

[33] Herzog F, Dreier S, Hofer G, et al. Walter effect of ecological compensation areas on floristic and breeding bird diversity in Swiss agricultural landscapes [J] . *Agriculture, Ecosystems and Environment*, 2005 (108): 189–204.

[34] Hodges J L E. Rank methods for combiation of independent experiments in the analysis of variance [J] . *Annals of Mathematical Statistics*, 1962 (33): 482–497.

[35] Holdren J, Ehrlich P. Human population and the global environment [J] . *Am Science*, 1974, 62 (3): 282–292.

[36] Huber R, Briner S, Peringer A, et al. Modeling social-ecological feedback effects in the implementation of payments for environmental services in Pasture–Woodlands [J] . *Ecology and Society*, 2013, 18 (2): 41.

[37] Karin J, Martin D, Frank W. An ecological-economic modeling procedure to design compensation payments for the efficient spatiotemporal allocation of species protection measures [J] .*Ecological Economics*, 2002 (41): 37–49.

[38] Kristina R, Erik S. Environmental compensation in planning: a review of five different countries with major emphasis on the German system [J] . *European Environment*, 2003 (13): 204–226.

[39] Kritrm B. Spike models in contingent valuation [J] . *American Journal of Agricultural Economics*, 1997 (79): 1013–1023.

[40] Landell–Mills N, Porras I T. *Silver Bullet or Fool 's Gold? A Global Review of Markets for Forest Environmental Services and Their Impact on the Poor* [R] .IIED, 2002.

[41] Larson J S, Mazzarese D B. Rapid assessment of wetlands: history and application to management [J] . *Global Wetlands*, Amsterdam: Elsevier Science Publishers, 1994, 625–636.

[42] Lehmann E L. *Nonparametrics: Statistical Methods Based on Ranks* [M] . New York: Springer, 2006.

[43] Levrel H, Pioch S, Spieler R. Compensatory mitigation in marine ecosystems: which indicators for assessing the "no net loss" goal of ecosystem services and ecological functions? [J]. *Marine Policy*, 2012, 36 (6): 1202–1210.

[44] Loomis J, Kent P, Strange L, et al. Measuring the economic value of restoring ecosystem services in an impaired river basin: results from a contingent valuation survey[J]. *Ecological Economics*, 2000(33): 103–117.

[45] Lubchenco J. Entering the century of the environment: a new social contract for science[J]. *Science*, 1998, 279 (5350): 491–497.

[46] Matulis B S. The narrowing gap between vision and execution: neoliberalization of PES in Costa Rica[J]. *Geoforum*, 2013 (44): 253–260.

[47] Merlo M, Briales E R. Public goods and externalities linked to Mediterranean forests: economic nature and policy[J].*Land Use Policy*, 2000(17): 197–208.

[48] Michael M. Civil liability for oil pollution damage: examining the evolving scope for environmental compensation in the international regime [J]. *Marine Policy*, 2003 (27): 1–12.

[49] Murray B C, Abt R C. Estimating price compensation requirements for eco-certified forestry[J].*Ecological Economics*, 2001(36): 149–163.

[50] OECD. *Economics of Transfrontier Pollution*[D]. OECD, 1976.

[51] Pearce D W, Moran D. *The Economic Value of Biodiversity*[M]. IUCN: Cambridge Press, 1994.

[52] Richard C. Substitution and scalar politics: negotiating environmental compensation in Cardiff Bay[J]. *Geoforum*, 2003 (34): 343 - 358.

[53] Rosenbaum P R R D. Constructing a control group using multivariate matched sampling methods that incorporae the propensity [J]. *American Statistician*, 1985, 1 (39): 33–38.

[54] Rosenbaum, Rubin. The central role of the propensity score in observational studies for causal effects[J]. *Biometrika*, 1983 (70): 41–55.

[55] Ruud C, Kees J Canters, Helias A Udo de Haes, et al. Guidelines for ecological compensation associated with highways[J]. *Biological Conservation*, 1999(90): 41–51.

[56] Ruud Cuperus, Kees J Canters, Annette A G Piepers. Ecological compensation of the impacts of a road: preliminary method for the A50 road link [J]. *Ecological Engineering*, 1996 (7): 327–349.

[57] S P. Payments for environmental services in Costa Rica [J]. *Ecological Economics*, 2008(65): 713–725.

[58] Saz-Salazar S D, Hernandez-Sancho F, Sala-Garrido R.The social benefits of restoring water quality in the context of the Water Framework Directive: a comparison of willingness to pay and willingness to accept [J]. *Science of the Total Environment*, 2009 (407): 4574–4583.

[59] Thomas A B, Jr Carl H. *Hershner and Greiner Megan* [M]. The Oldest Operating Wetland Mitigation Bank in the U.S. Wetland Program, 1997.

[60] UNDP. *Guidelines for Country Studies on Biological Diversity, Nairobi, Kenya* [M]. Oxford: Oxford University Press, 1993.

[61] Vidal O, Lopez-Garcia J, Rendon-Salinas E. Trends in deforestation and forest degradation after a decade of monitoring in the Monarch Butterfly Biosphere Reserve in Mexico [J]. *Conservation Biology*, 2014, 28 (1): 177–186.

[62] Wang Liming, Yang Yanfeng, Wu Qingfeng. Environment emigration stress of slope farmland in the Three Gorges area [J]. *Acta Geographica Sinica*, 2001, 56 (6): 649–656.

[63] Wyant J G, Meganck R A, Ham S H. A planning and decision-making framework for ecological restoration [J]. *Environmental Management*, 1995, 19(6): 789–796.

[64] Xu Zhongmin, Zhang Zhiqiang, Cheng Guodong, et al. Measuring the total economic value of restoring Ejina Banner's ecosystem services [J]. *Acta Geographica Sinica*, 2002, 57 (1): 107–116.

[65] Zammit C. Landowners and conservation markets: social benefits from two Australian government programs [J]. *Land Use Policy*, 2013 (31): 11–16.

[66] Zhao Jingkui, Zhu Mengmei. Land management and its reclamation of American open-pit mine [J]. *China Land Science*, 1991 (1): 31–33.

术语索引

（词条后页码系该词条在书中首次出现时的页码）

Z

后　　记

本书是在2011年度教育部哲学社会科学研究后期资助项目“跨区域流域生态补偿理论前沿问题研究”（项目号：11JHQ031）和中央高校基本科研业务费资助项目“中国特色社会主义生态福利理论研究”（项目号：DUT18RW214）的资助下完成的经济学类科研成果。在本书即将付梓之际，我代表团队全体成员由衷地感谢项目的评审专家对课题申报时所给予的肯定及提出的宝贵意见。感谢教育部对课题的研究和最终成果出版的大力资助！

本书的基础性研究源于我在2006年6月至2008年6月在北京大学经济学院从事应用经济学博士后研究工作，合作导师刘民权教授给我提出了“流域生态公共治理”的研究方向，使我可以较早地开始对我国流域生态补偿理论进行研究。经过深入探索，我和科研团队成员先后对黄河、辽河、怒江、辽宁海岸带等流域和海域开展了一系列的调查研究和实地走访，先后发表了30余篇学术研究成果，提出了具有个人学术见解和创新性思想的学术观点，这为我后续先后获得教育部博士后基金项目、国家自然科学基金面上项目、辽宁省社会经济发展重点项目、辽宁省财政厅科研项目、国家留学基金委访学项目以及教育部哲学社会科学研究后期资助项目提供了非常重要的科研基础。同时，也为我有幸结识国内外生态环境经济研究领域的专家和同行提供了学术交流的条件，并逐步确定了我在生态补偿理论研究领域的学术地位。为此，我深深地向国内外本领域的科研前辈和学术同行表示感谢！正是由于同行专家学术思想的无私奉献、科研精神的传承教导、理论观点的铿锵碰撞以及对学术后辈及同仁的热情支持，才促使本研究成果得以付梓。

学术研究不可能完全由一个人独立开展，它需要课题负责人与科研团队密切配合、合作分工、深入探索、协同攻关才能有效地完成。在此，我向大连理工大学人口、资源与环境经济学学科团队的全体教师致以衷心的感谢！也感谢我指导的博士研究生常亮、赵云峰，以及硕士研究生王佳宏、范志刚、段姗姗、刘春燕、涂少云、杨娜、张雯、李斌、荣金芳等在文献检索、数据收集、问卷设计、实地调研、走访笔录、模型构建、制度分析、政策建议等方面做出的积极贡献与无私奉献。同时，也要感谢大连理工大学管理与经济学部原毅军教授、侯铁珊教授、逯宇铎教授、成力为教授、安辉教授、李延喜教授提出的宝贵意见和修改建议。此外，本人在书稿完成的后期不幸身患重病，书稿的修改环节得到了弟弟徐英伟、妻子史薇茵、研究生李斌和赵鹏的支持，以及高等教育出版社编辑的热情帮助，因而书稿得以顺利完成，在此表示深深的感谢！最后，向对课题完成过程中进行学术交流给予帮助的本领域专家王金南、沈满洪、曹宝、郑海霞等人一并表示最诚挚的感谢！

还要说的是，正是由于课题得到了教育部的认可和大力资助，才使得像我这样一些热爱环境保护事业，致力于我国生态环境经济学前沿理论研究的学者和教师得以施展才华、学以致用。我将在未来的科研事业上殚精竭虑、不懈努力，并积极努力地将更多的科研成果回报给国家和社会。

时光荏苒，步入中年，逝去的是童年无知与年少轻狂，获得的是科研担当与学术自律……

最后，由于本人学识所限，虽然力图使之完善，但本书谬误之处在所难免，敬请读者不吝赐教、批评指正。

徐大伟
2017 年 9 月